石油化工职业技能培训教材

常减压蒸馏装置操作工

中国石油化工集团公司人事部
中国石油天然气集团公司人事服务中心 编

中国石化出版社

内 容 提 要

《常减压蒸馏装置操作工》为《石油化工职业技能培训教材》系列之一，涵盖石油化工生产人员《国家职业标准》中，对该工种初级工、中级工、高级工、技师、高级技师五个级别的专业理论知识和操作技能的要求。包括常减压蒸馏装置的基础知识和所涉及的工艺过程、操作方法、工艺流程、参数调节、开停工操作、事故处理及装置所属的机泵、管道和压力容器、加热炉、换热设备、仪表、防腐等方面知识。主要内容有：原油性质、蒸馏基本知识、蒸馏操作、蒸馏装置设备的使用和维护、仪表控制、生产技术管理、节能及安全环保知识等。

本书是常减压蒸馏装置操作人员进行职业技能培训的必备教材，也是专业技术人员必备的参考书。

图书在版编目(CIP)数据

常减压蒸馏装置操作工/中国石油化工集团公司人事部，中国石油天然气集团公司人事服务中心编．—北京：中国石化出版社，2008(2023.5重印)
石油化工职业技能培训教材
ISBN 978-7-80229-524-7

Ⅰ.常… Ⅱ.①中…②中… Ⅲ.减压蒸馏装置-操作-技术培训-教材 Ⅳ.TE962.07

中国版本图书馆CIP数据核字(2008)第031122号

中国石化出版社出版发行
地址：北京市东城区安定门外大街58号
邮编：100011 电话：(010)57512500
发行部电话：(010)57512575
http://www.sinopec-press.com
E-mail:press@sinopec.com
北京柏力行彩印有限公司印刷
全国各地新华书店经销
*
787×1092毫米 16开本 16.5印张 402千字
2023年5月第1版第5次印刷
定价：40.00元

《石油化工职业技能培训教材》

开发工作领导小组

组　长： 周　原

成　员：（按姓氏笔画顺序）

于洪涛　王子康　王玉霖　王妙云　王者顺　王　彪
付　建　向守源　孙伟君　何敏君　余小余　冷胜军
吴　耘　张　凯　张继田　李　刚　杨继钢　邹建华
陆伟群　周赢冠　苟连杰　赵日峰　唐成建　钱衡格
蒋　凡

编审专家组

（按姓氏笔画顺序）

王　强　史瑞生　孙宝慈　李兆斌　李志英　岑奇顺
杨　徐　郑世桂　姜殿虹　唐　杰　黎宗坚

编审委员会

主　任： 王者顺

副主任： 向守源　周志明

成　员：（按姓氏笔画顺序）

王力健　王凤维　叶方军　任　伟　刘文玉　刘忠华
刘保书　刘瑞善　朱长根　朱家成　江毅平　许　坚
余立辉　吴　云　张云燕　张月娥　张全胜　肖铁岩
陆正伟　罗锡庆　倪春志　贾铁成　高　原　崔　昶
曹宗祥　职丽枫　黄义贤　彭干明　谢　东　谢学民
韩　伟　雷建忠　谭忠阁　潘　慧　穆晓秋

前言

为了进一步加强石油化工行业技能人才队伍建设，满足职业技能培训和鉴定的需要，中国石油化工集团公司人事部、中国石油天然气集团公司人事服务中心联合组织编写了《石油化工职业技能培训教材》。本套教材的编写依照劳动和社会保障部制定的石油化工生产人员《国家职业标准》及中国石油化工集团公司人事部编制的《石油化工职业技能培训考核大纲》，坚持以职业活动为导向，以职业技能为核心，以"实用、管用、够用"为编写原则，结合石油化工行业生产实际，以适应技术进步、技术创新、新工艺、新设备、新材料、新方法等要求，突出实用性、先进性、通用性，力求为石油化工行业生产人员职业技能培训提供一套高质量的教材。

根据国家职业分类和石油化工行业各工种的特点，本套教材采用共性知识集中编写、各工种特有知识单独分册编写的模式。全套教材共分为三个层次，涵盖石油化工生产人员《国家职业标准》各职业(工种)对初级、中级、高级、技师和高级技师各级别的要求。

第一层次《石油化工通用知识》为石油化工行业通用基础知识，涵盖石油化工生产人员《国家职业标准》对各职业(工种)共性知识的要求。主要内容包括：职业道德，相关法律法规知识，安全生产与环境保护，生产管理，质量管理，生产记录、公文和技术文件，制图与识图，计算机基础，职业培训与职业技能鉴定等方面的基本知识。

第二层次为专业基础知识，分为《炼油基础知识》和《化工化纤基础知识》两册。其中《炼油基础知识》涵盖燃料油生产工、润滑油(脂)生产工等职业(工种)的专业基础及相关知识，《化工化纤基础知识》涵盖脂肪烃生产工、烃类衍生物生产工等职业(工种)的专业基础及相关知识。

第三层次为各工种专业理论知识和操作技能，涵盖石油化工生产人员《国家职业标准》对各工种操作技能和相关知识的要求，包括工艺原理、工艺操作、设备使用与维护、事故判断与处理等内容。

《常减压蒸馏装置操作工》为第三层次教材，在编写时采用传统教材模式，不分级别，在编写顺序上遵循由浅到深、先基础理论知识后技能操作的编写原则，把设备使用(操作)知识和工艺操作知识分开编写，使得技能人员通过对有关设备从理论到技能的学习后，达到自觉把所学知识应用到操作中的目的。

《常减压蒸馏装置操作工》由茂名石化负责组织编写，主编黄戟(茂名石化)，参加编写的人员有曾懋辉、邓桂雄、陆雨田(茂名石化)，蒋思武(金陵石化)，冒士华、安茂成(独山子石化)。本教材已经中国石油化工集团公司人事部、中国石油天然气集团公司人事服务中心组织的职业技能培训教材审定委员会审定通过，主审郑世桂，参加审定的人员有岑奇顺、姜殿虹、艾中秋、雷建忠、陈宗达等。中国石化出版社对教材的编写和出版工作给予了通力协作和配合，在此一并表示感谢。

由于石油化工职业技能培训教材涵盖的职业(工种)较多，同工种不同企业的生产装置之间也存在着差别，编写难度较大，加之编写时间紧迫，不足之处在所难免，敬请各使用单位及个人对教材提出宝贵意见和建议，以便教材修订时补充更正。

目　录

第一章　概　　述

第二章　基础知识

第三章　原油电脱盐

第四章　机泵和压缩机

第五章　压力容器和管道

第六章　产 品 精 制

第七章　冷 换 设 备

第八章　加　热　炉

第九章 塔

第十章 装置的开停工

第十一章 仪表与自动化

第十二章 安全生产与装置事故处理

第十三章 环保与清洁生产

第十四章 节 能 管 理

第十五章 腐蚀及防腐

第十六章 生产技术管理

第一章　概　　述

1.1　常减压蒸馏工艺过程

常减压蒸馏是将原油经过加热、分馏、冷却等方法将原油分割成为不同沸点范围的组分，以适应产品和下游工艺装置对原料的要求。常减压蒸馏装置是原油加工的第一道工序，一般包括电脱盐、常压蒸馏和减压蒸馏三个部分。常减压蒸馏是原油的一次加工，在炼油厂加工总流程中有重要作用，常被称为“龙头”装置。一般来说，原油经常减压蒸馏装置加工后，可得到直馏汽油、喷气燃料、灯用煤油、轻柴油、重柴油和燃料油等产品，某些含胶质和沥青质的原油，经减压深拔后还可直接生产出道路沥青。在上述产品中，除汽油由于辛烷值低，不直接作为产品外，其余一般均可直接或经过适当精制后作为产品出厂。常减压装置的另一个主要作用是为下游二次加工装置提供原料。例如，重整原料、乙烯裂解原料、催化裂化原料、加氢裂化原料、润滑油基础油等。但随着加工进口原油的增加，大量的轻烃的产生要求对其进行回收和利用，很多新建装置增加了轻烃回收装置。根据目的产品的不同，常减压蒸馏装置可分为燃料型、燃料－润滑油型和燃料－化工型三类。三者在工艺上并无本质区别，只是在侧线数目和分馏精度上有些差异，燃料－润滑油型常减压装置因侧线数目多且产品都需要汽提，流程复杂，而燃料型、燃料－化工型则较为简单。

1.1.1　燃料型常减压蒸馏

这类的加工方案的目的产品是汽油、煤油、柴油等轻质燃料，常压重油则作为发电厂和钢厂的重质燃料。它的流程虽然简单，但经济效益不高。

在常压塔前常常设置初馏塔或者闪蒸塔，初馏塔或者闪蒸塔的主要作用是将原油在换热升温过程中已经气化的轻质油及时蒸出，使其不进入常压加热炉，以降低加热炉的负荷和原油换热系统的操作压力降，从而节约装置能耗和操作费用；此外原油中的气体烃和水在其中被除去，而使常压分馏塔操作稳定。初馏塔和闪蒸塔的差别，在于前者塔顶出产品，后者不出产品，塔顶油气进入常压塔中上部，因而前者有冷凝和回流设施，而后者无。其原则流程见图1－1。

初馏塔顶产品轻汽油馏分一般作为重整装置原料，由于原油中砷的存在，随着原油温度的升高而分解气化，初馏塔顶汽油馏分含砷量较低，而常压塔顶汽油中的含砷量则较高。有的装置在常减压装置设置了吸附式脱砷设施，将初馏塔、常压塔顶汽油中的砷脱除。

常压塔设置3～4条侧线，生产汽油、溶剂油、煤油（或喷气燃料）、轻柴油、重柴油等产品或者调合组分，为了调整各侧线产品的闪点和馏程范围，各侧线设有汽提塔。

减压塔侧线作为催化裂化或加氢裂化原料，分馏精度要求不高，故只需根据热回收和全塔负荷均匀考虑，设2～3条侧线，且不设汽提塔。减压塔一般按“湿式”或“干式”操作。

1.1.2　燃料－润滑油型常减压蒸馏

当原油性质适于制取润滑油而又有必要时，产品方案可以是生产轻、重燃料油和各种润滑油。其原则流程如图1－2所示。减压系统则较燃料型常减压蒸馏复杂。其中减压塔必然是润滑油型减压塔，以湿式操作为主，塔顶二级抽真空，设有4～5个侧线，每个侧线对黏

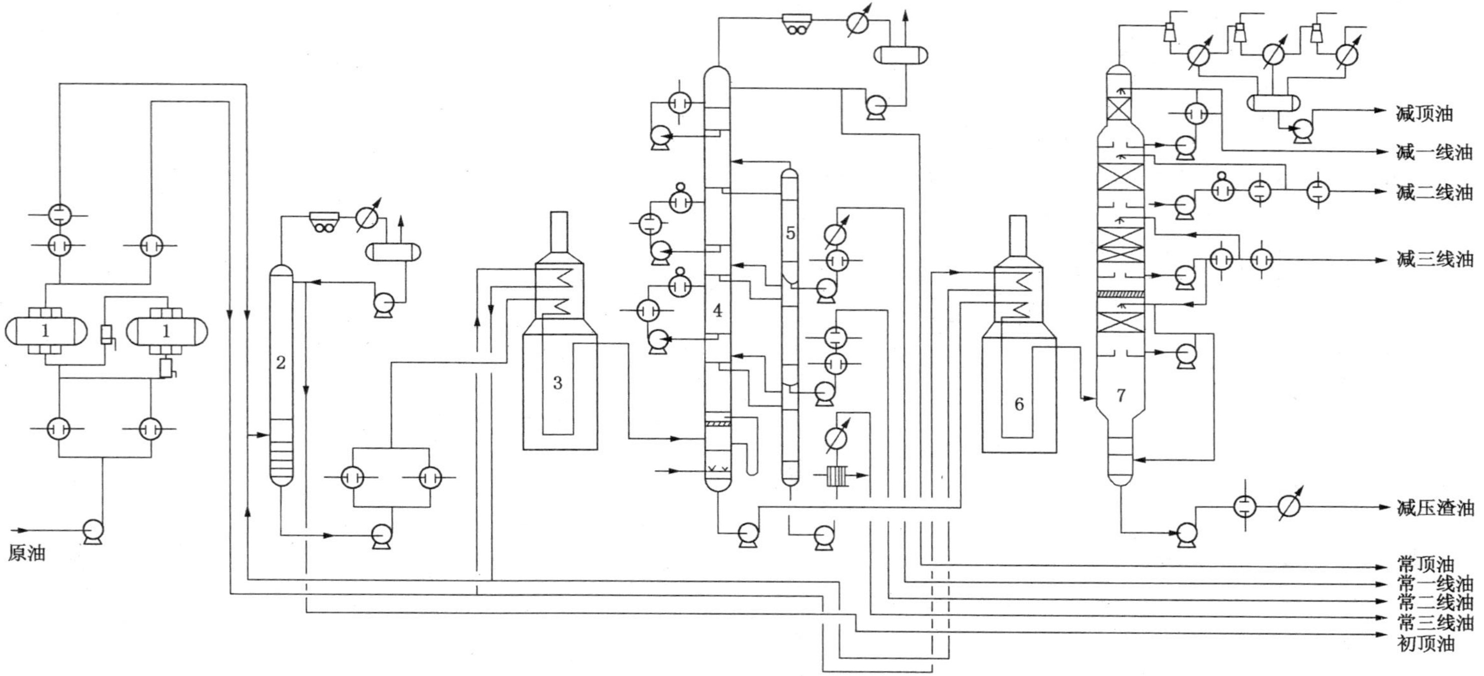

图 1－1　原油蒸馏典型工艺流程（燃料型）

1—电脱盐罐；2—初馏塔；3—常压加热炉；4—常压塔；5—常压汽提塔；6—减压加热炉；7—减压塔

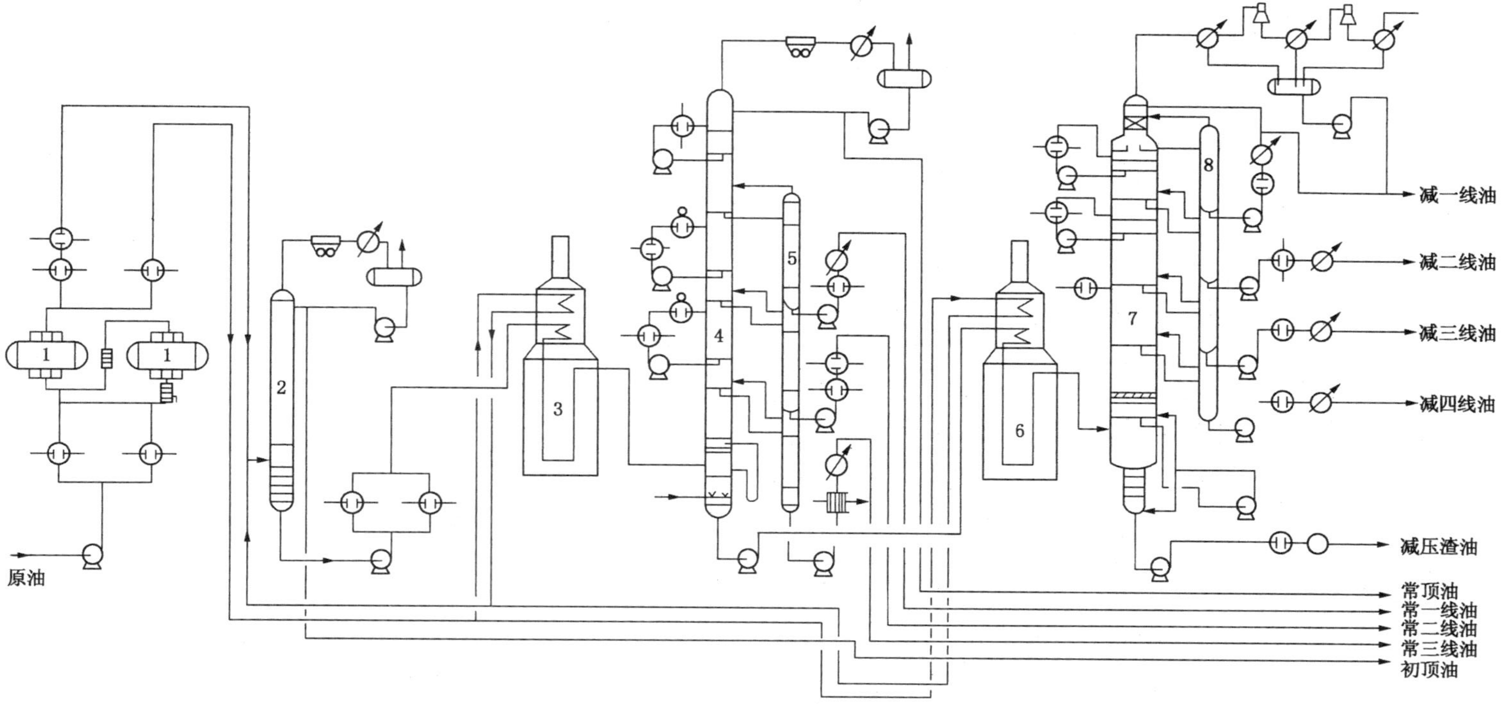

图 1－2　原油蒸馏典型工艺流程（燃料－润滑油型）

1—电脱盐罐；2—初馏塔；3—常压加热炉；4—常压塔；5—常压汽提塔；6—减压加热炉；7—减压塔；8—减压汽提塔

度、馏分宽度、油品颜色和残炭都有指标要求。减压塔各侧线一般都有汽提塔以保证产品的闪点和馏分符合指标要求。减压炉出口最高温度控制不大于400℃，并且炉管采用逐级扩径尽量减少油品受热分解，使润滑油品质下降。为使最重润滑油侧线的颜色和残炭尽可能改善，在最重润滑油侧线与进料段间需要设置1～2个洗涤段，以加强洗涤效果。减压炉管注汽和塔底注汽，降低减压塔内油气分压，以提高拔出率。

1.1.3 燃料－化工型常减压蒸馏

这类方案的目的产品除了轻、重燃料油外，还提供石油化工原料。如果只需要取直馏轻质油供裂解制取烯烃，采取拔头蒸馏就可以，但如果所需要的石油化工原料多，并且也要求多产轻质燃料，就要采取常减压蒸馏。常压塔设1～2条侧线，产品去作裂解原料，分馏精度要求不高，塔盘数目也较少，减压塔系统与燃料油型的基本相同。

1.1.4 原油蒸馏中轻烃回收

近几年来，加工含硫原油越来越多，轻烃回收越来越受到重视，其方法是多样的。回收工艺流程有以下几种：

1.1.4.1 常减压与催化裂化联合回收轻烃

工艺流程如图1－3所示。从闪蒸塔和常压塔蒸馏出来的轻烃，在较低的压力下，经换热和冷却，与汽油分离，富含C_4以下轻烃的气相进入催化裂化气压机入口，通过催化裂化装置的吸收稳定系统，回收液化气和干气。采用这种工艺回收，常压塔塔顶的压力与加工国产原油不回收轻烃相比要高。常减压与催化裂化联合回收轻烃的方法，优点在于常减压装置不需设置新的设备。虽然常压塔顶压力提高了，但各侧线的质量还能达到要求。有的装置采用在常压装置增加一台轻烃压缩机，把常压部分的低压轻烃经压缩增压后再送到催化裂化回收。

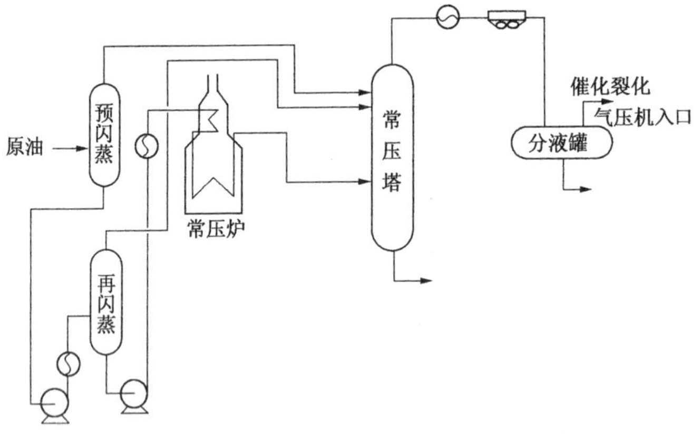

图1－3 常减压与催化裂化联合回收轻烃

1.1.4.2 提压法回收轻烃

提压法轻烃回收，一般在初馏塔上实行。初馏塔没有侧线，没有产品质量控制问题，提高初馏塔的操作压力，含有C_3、C_4轻烃的汽油馏分送到脱丁烷塔分离轻烃。轻烃可以通过催化裂化压缩机，在吸收稳定系统得到回收，常压塔顶冷凝油中也存在轻烃，它也可以通过脱丁烷塔来回收轻烃。我国在8 Mt/a常减压装置已成功地采取提压法回收轻烃。具体流程如图1－4所示。采用提压操作法回收轻烃，在加工伊朗含硫轻质原油时，从脱丁烷塔回收到的C_3、C_4轻烃占原油的0.61%，其质量指标也完全符合液化石油气质量的要求。

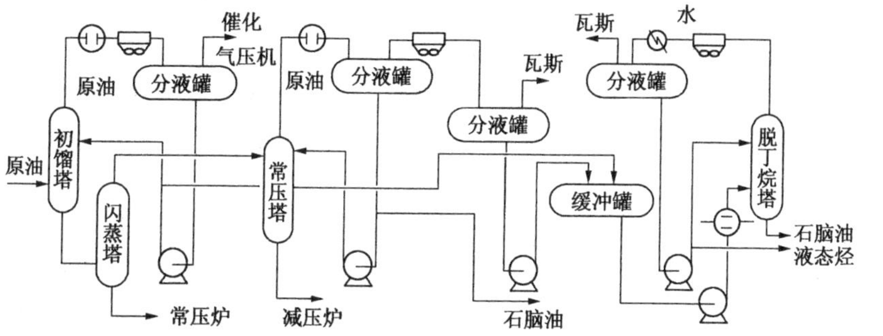

图1－4　提压操作回收轻烃流程示意图

1.1.4.3　*增压机增压方法回收轻烃*

这种方法是在常减压装置设置增压机回收轻烃，常顶汽油馏分通过稳定塔脱除 C_3、C_4，汽油馏分的蒸气压得到保证，初馏点可达50℃。常减压装置用增压机回收轻烃，不仅回收轻烃充分，而且汽油质量得到有效控制。某8Mt/a 常减压装置上采用增压机方法回收轻烃，流程见图1－5所示。

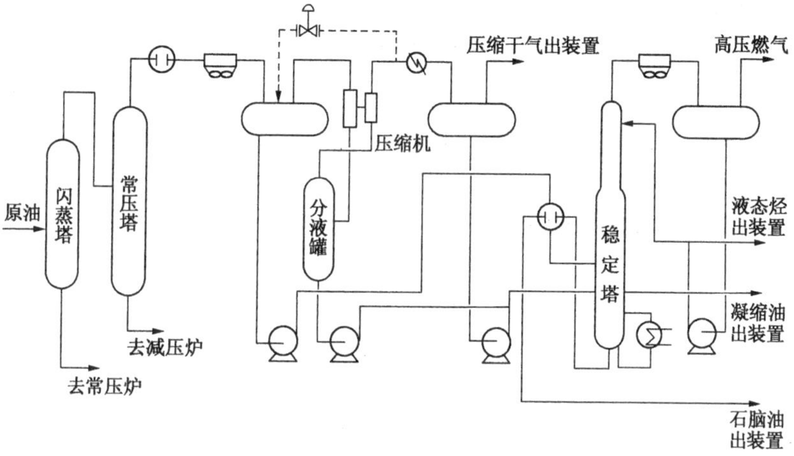

图1－5　用增压机回收轻烃工艺流程

1.2　常减压蒸馏工艺技术的发展

经过几十年的发展，常减压蒸馏已经成为一个较成熟的石油加工工艺，近几年来，常减压蒸馏技术更是不断地发展，在大型化、长周期，工艺流程的改进(两级预闪蒸、带预闪蒸的三级蒸馏、四级蒸馏技术)，新型塔内件，减压深拔和强化蒸馏技术，节能降耗，机械抽真空系统、先进控制系统技术的应用，交直流电脱盐和高速电脱盐等方面取得了较大的发展。

1.2.1　常减压蒸馏大型化、长周期运行

长周期运行是重要的技术经济指标。常减压蒸馏装置的运行周期对炼厂的加工成本具有重要的影响。随着炼厂规模化经营，长周期运行对炼厂的影响更为显著。中国石化和中国石油两大系统所属的常减压蒸馏装置基本上实现了“三年一修”，部分装置达到了“四年一修”

的水平。国外蒸馏装置一般开工周期为4年，较长开工周期已达5~7年。

1.2.2 工艺流程的改进

为满足不同的生产需求，常减压蒸馏工艺继应用初馏塔出多个侧线的负荷转移技术以后，近几年蒸馏工艺流程又有了新的进展，主要应用了两级预闪蒸、带预闪蒸的三级蒸馏、四级蒸馏等流程。

两级闪蒸工艺：在传统的原油一级预闪蒸基础上再增加一级预闪蒸，目标是通过原油在不同的温位闪蒸，既达到减少常压炉和常压塔下部负荷的目的，又有一定的节能作用。该工艺适合于电脱盐罐设计压力较低，脱后原油换热系统压降较大的轻质原油加工的蒸馏流程。

带预闪蒸的三级蒸馏流程：该流程可分为前置闪蒸和后置闪蒸两种。前置闪蒸是在现有初馏塔之前再增加一个闪蒸塔，即原油在进初馏塔之前进入闪蒸塔，闪蒸塔顶油气进入初馏塔，闪蒸塔底油进一步换热后进入初馏塔。后置闪蒸是在现有初馏塔之后再增加一个闪蒸塔，即初底油再进一步闪蒸后进入初底油换热系统。

四级蒸馏技术：是在原初馏－常压－减压三级蒸馏流程的基础上，新增一级减压炉和减压塔等，分别转移部分常压负荷和减压负荷至一级减压塔的新工艺，实现装置扩能目的，同时可提高设备的利用率。

1.2.3 新型塔内件

常减压蒸馏系统的主要进步在于新型或改进塔器内部构件的开发。其发展方向是首先实现汽液充分混合(操作条件甚至远在液泛点以上)，然后用辅助设施实现汽液相分离。这样可以大大提高处理量，脱除以前不能超过液泛点的制约。各塔器内部构件相继出现，据称新型塔板可以将处理能力提高30%~50%或更多。

1.2.4 减压深拔和强化蒸馏技术

为了做到减压深拔，可在以下五方面开展技术措施：一是提高常压塔的拔出率，促进减压塔的深拔出率。二是采用全填料减压塔，提高真空度达到深拔。在温度一定的条件下提高了真空度也就提高了汽化率。全填料减压塔压降小，气相与液相接触面积大，气液分布较好，操作弹性与浮阀相当。三是控制减压塔底油温度，减少裂解气的产生。目的是为了防止渣油在高温下产生裂解和生焦，减少渣油在塔内的停留时间。四是改善减压塔闪蒸段的分离效果，减少雾沫夹带。主要是在进料口设置各种分配器，使气液两相得到较好分离，上升的气相分布均匀。目前减压渣油实沸点切割温度多数在565℃。

强化原油蒸馏过程是一项提高原油蒸馏收率的新技术。原油、重油经加入添加剂后，可以调节超分子结构和溶剂化层的大小，破坏“胶体核”的极性作用，降低表面张力，使原来吸附在溶剂化层中的一部分烃类释放出来，防止自由基链聚合，消除雾沫夹带，从而提高蒸馏效率，提高减压馏分油的收率和质量。强化蒸馏不会影响馏分油的性质，生产装置工艺操作条件及产品质量基本不变，馏分在减渣中的含量已经降到较低水平。

1.2.5 节能降耗

常减压蒸馏装置的节能降耗主要有：优化热量分配，提高换热终温；采用干式减压蒸馏取代湿式减压蒸馏；控制过汽化热；减少加热炉能耗；减压蒸馏采用液环真空泵，大大降低水蒸气及冷凝水用量；采用变频技术，降低电耗；采用“窄点”技术，优化换热网络，提高热源的利用率等。

1.2.6 机械抽真空系统

传统的常减压蒸馏装置的减顶真空系统为蒸汽抽真空器类型，为了有效地提高真空度，很多企业进行了技术改造，采用了机械抽真空流程，机械抽真空与蒸汽抽真空并联流程，或一级蒸汽抽真空、机械抽真空、二级蒸汽抽真空组成的多级混合式抽真空流程等抽真空系统，提高真空度、降低了能耗又减少污水排放。

1.2.7 先进控制系统技术的应用

先进控制技术把化学工艺、计算机、仪表及过程控制有机结合起来，按照优化原则，实现多目标约束控制，目前的软件主要有 DMC、IDCOM、SACA、RMPCT 等。不管采用哪种软件，主要是以下几方面的优化：中间层先进调节（炉总出口温度与各路进料的优化）、塔液位控制、塔各侧线的质量控制指标有自由度的情况下维持它们在期望的优化点或者卡边在期望的边界。通过先进控制应用，降低操作人员的劳动强度，增强装置的抗干扰能力，提高生产稳定性和经济效益。

1.2.8 交直流电脱盐和高速电脱盐

交直流电脱盐是我国拥有自主知识产权的先进技术，主要具有脱盐效率高、对原油适应性强、抗原油处理量波动影响较强的特点。交直流电脱盐与交流电脱盐相比，其节电达到三分之二，近十年来新增的低速电脱盐几乎均为交直流电脱盐。近几年，为适应大型化发展趋势，交直流电脱盐在极板、场强设计等方面作了许多改进，处理能力大幅提高。

高速脱盐具有单罐处理能力大、电耗低、脱盐排水含油少，有利于处理较重、较黏的原油等优点。国外的高速电脱盐技术最主要的特点为：进料位置在电极板之间的油相；进料管分配器采用特殊的高效喷头，原油以水平方向薄片状向四周喷出，电脱盐罐的处理能力主要取决于喷头的能力；采用交（直）流电供电，变压器数量和接电方式的选择比较灵活。高速电脱盐技术改变了原油的进油方式，从油相进油对罐底水层不会产生搅动，不会影响油水界面的稳定，使提高进油速度成为可能，而双层喷嘴的设计保证了有足够量原油喷入电场中，从而可实现小罐体大处理量的目标。

第二章 基础知识

2.1 常减压蒸馏原料性质、组成及评价

2.1.1 原油的主要性质

原油通常是黑色、褐色或黄色的流动或半流动的黏稠液体，密度一般介于0.80～0.98g/cm³之间。世界各地所产的原油在性质上都有不同程度的差异，随着产地的不同而不同。原油的颜色深浅取决于原油中含有胶质和沥青质的多少；原油有的有很浓的臭味，这是由于原油含有一些臭味的硫化物；不同的原油有着不同的凝点，主要是原油中含有一定数量的蜡；原油的密度取决于原油所含有的重质馏分、胶质、沥青质的多少。

原油的元素组成：对于原油，其化学组成基本上由五种元素即碳、氢、硫、氮、氧所组成。原油中碳一般为83.0%～87.0%，氢一般为11.0%～14.0%，硫一般为0.05%～8.0%，氮一般为0.02%～2.0%，氧一般为0.05%～2.00%。微量金属元素包括钒、镍、铁、铜、铅，非金属元素包括氯、硅、磷、砷等，这些元素虽然极为微量，但对原油炼制工艺过程影响很大。

这些元素并非以单质出现，组成原油的化合物主要是碳元素和氢元素，是以烃类化合物的形式存在。

原油中的烃类化合物：主要含有烷烃、环烷烃、芳香烃，一般不含烯烃，只有在原油的二次加工产品中含烯烃。这些烃类组成是以气态、液态、固态的化合物存在。

原油中的非烃化合物：主要包括含硫、含氧、含氮化合物以及胶状、沥青状物质。

原油中含硫化合物的一般分布规律与存在形式：随馏分沸程升高，硫含量增加，大部分集中在重馏分和渣油中，如我国渣油中集中了70%的硫，硫化物存在形态为元素硫、H_2S，硫醇(RSH)、硫醚(RSR′)、二硫化物(RSSR′)、噻吩、砜(既含硫又含氧)。

原油中含氮化合物的一般规律与存在形式：随馏分沸程的升高，含氮化合物增加，但其分布比硫更不均匀。约有90%含氮化合物集中于减压渣油中。石油中的含氮化合物，尤其是较重馏分中的含氮化合物，主要是氮杂环芳香族化合物，一般只是按其酸碱性分为碱性和非碱性。

原油中的氧大部分集中在胶状、沥青状物质中，除此之外，原油中氧均以有机化合物状态存在，可分为酸性氧化物和中性氧化物两类。酸性氧化物中有环烷酸、脂肪酸以及酚类，总称为石油酸。中性氧化物有醛、酮等，它们在原油中含量极少。在原油的酸性氧化物中，以环烷酸为最重要，它约占原油酸性氧化物的90%左右。环烷酸在原油馏分中的分布规律很特殊，在中间馏分中(沸程约为250～350℃左右)环烷酸含量最高，而在低沸馏分以及高沸点重馏分中环烷酸含量都比较低。

原油中微量元素含量最高的是钒，其次是镍。微量元素的分布规律与S、N相似，即随沸点升高含量增加，而且主要浓集在渣油中。存在形态：一是以乳化状态分散于原油中的水中所含的盐类，如K、Na、Ca、Mg的氯化物；二是结合于有机化合物或络合物中，如V、Ni、Fe、Cu等；三是悬浮于原油中的极细的矿物质微粒。

原油的馏分组成：原油是一个多组分的复杂混合物，其沸点范围很宽，从常温一直到500℃以上，所以，无论是对原油进行研究或进行加工利用，都必须对原油进行分馏。分馏就是按照各组分沸点的差别将原油“切割”成若干“馏分”，每个馏分的沸点范围简称为馏程或沸程。一般把原油中从常压蒸馏开始馏出的温度(初馏点)到200℃(或180℃)之间的轻组分称为汽油馏分(或称为轻油、石脑油馏分)，常压蒸馏200℃(或180℃)~350℃之间的中间馏分称为煤柴油馏分或常压瓦斯油(简称为AGO)。由于原油从350℃开始有明显的分解现象，所以对于沸点高于350℃的馏分，需要在减压下进行蒸馏，在减压下蒸出馏分的沸点再换算成常压沸点。一般将相当于350~500℃的高沸点馏分称为减压馏分或润滑油馏分或减压瓦斯油(简称为VGO)；而减压蒸馏后残留的>500℃的油称为减压渣油(简称VR)；同时也将>350℃的油称为常压渣油(简称AR)。

2.1.1.1 几种国产原油的性质

我国产油分布较广，现将几种有代表性的原油情况分述如下：

大庆原油是一种低硫、低胶、高含蜡、凝点高的石蜡基原油，由于含烷烃多，所以各个馏分中，烷烃的相对含量较高，汽油馏分抗爆性能较差，小于180℃的馏分，马达法辛烷值仅为40左右，喷气燃料馏分的密度较小，结晶点较高。由于含硫量较低，在加工中，设备腐蚀问题不明显。大庆原油的重馏分组成较多，故需要二次深度加工，以提高轻质燃料收率。润滑油馏分的黏度特性好，但凝点高，加工时需要脱蜡。

胜利原油密度较大，含硫较多，胶质、沥青质含量较多，属于含硫中间基原油，因此，汽油馏分的辛烷值较大庆原油的高，催化重整原料中的芳香烃潜含量也比大庆催化重整原料高。喷气燃料馏分密度大，结晶点低。减压馏分油可以作为裂化原料，其金属镍含量较大庆油高十倍，因此，减压馏分拔出深度受到限制。润滑油馏分经过脱蜡后，其黏度指数较相应的大庆油低。含硫较高，对设备腐蚀严重，需要采取合适的防腐措施。直馏产品、二次加工产品都需要精制。由于胶质、沥青质含量多，经蒸馏深拔渣油，可以得到质量较好的沥青。

孤岛混合原油是胜利油田中比较特殊的原油，其特点是含硫、氮、胶质较高、酸值大、黏度大、凝点较低，属于环烷-中间基原油。

孤岛原油的馏分较重，200℃以前的馏分占原油的5.8%，300℃以前的馏分占原油的15.8%，500℃以前的总拔出率为原油的45.8%。直馏汽油馏分含环烷烃约60%，但需要精制，以除去含硫、含氮化合物才适合作重整原料。喷气燃料馏分密度大、结晶点低(<-65℃)，体积发热值高，但芳香烃含量高，对燃烧性能不利。直馏柴油的凝点低，能满足轻柴油要求。它的主要不足之处是实际胶质太高，经碱洗后刚满足轻柴油的规格要求。减压馏分中润滑油组分的黏度指数低。大于500℃的减压渣油约占原油的53%，含有大量的胶质、沥青质，尤其是胶质的含量更高，可以直接作为普通道路沥青，还可以用来进一步加工成各种高质量的沥青产品。

中原混合原油的密度小，黏度、胶质和硫、氮含量均较低，属于低硫-石蜡基原油，是国内少有的轻质原油。宽、窄重整原料杂质含量低，可生产芳香烃和高辛烷值汽油。柴油馏分有较高的十六烷值，颜色安定性较好，只是酸度较高，需要进一步精制。减压馏分油比大庆、胜利油有较高的饱和烃含量和更低的芳烃含量，是很好的裂化原料。350~500℃馏分中四环环烷烃含量占环烷烃总量的35%，作为润滑油的原料会影响黏温性能。大于500℃渣油中金属含量不高，可作为深度加工的较好原料。

辽河曙光首站原油密度大，黏度大，含蜡量低，属于低硫环烷-中间基原油。汽油馏分可作为汽油的调合组分。350～565℃催化裂化原料油饱和烃不高，裂化性能不佳，酸值较高。润滑油馏分，适用浅度脱蜡、深度精制生产润滑油。

2.1.1.2 几种进口原油的性质

（1）中东地区

中东地区产油国主要包括沙特阿拉伯、伊朗、伊拉克、阿联酋、科威特、阿曼、卡塔尔、也门、巴林、叙利亚等国家。其中沙特阿拉伯、伊朗、伊拉克、阿联酋、科威特、阿曼6个国家目前的原油产量约占整个中东地区的89%以上。大部分中东原油属于含硫或高硫中间基原油。沙特、伊朗、阿联酋、伊拉克、科威特等含硫中间基原油有如下特点：①直馏汽油馏分收率高，馏程、酸度、硫含量指标符合汽油标准，但除科威特原油外，其他原油的辛烷值均较低。②煤油馏分产率较高。其密度、冰点指标符合我国3号喷气燃料标准，但硫含量和芳烃含量接近甚至超过了标准规定的上限，需经过加氢精制脱硫并使部分芳烃饱和才能生产合格产品。③柴油馏分收率高、凝点低。除沙特中质原油、重质原油酸度较大外，其他柴油馏分的酸度都符合我国优级品的标准。但硫含量均在0.7%～1.7%之间，需要较深的加氢精制才能生产质量较好的柴油产品。④催化裂化原料馏分收率一般在21%～23%。氮含量不高，但硫含量高达1.4%～3.0%，该馏分经过预处理后可作为催化裂化原料。⑤除小部分轻质原油外，其他中东原油的常压渣油和减压渣油一般密度大，硫、氮含量高，残炭、沥青质含量高，镍、钒等重金属（特别是钒）含量高，这将给渣油的深加工带来较大困难。中东地区另一个比较特殊的原油是阿联酋穆尔班原油，它的密度只有0.8239g/cm^3，硫含量也不像其他中东原油那么高，为0.86%，重金属含量较低，而且镍含量比钒含量高。

（2）亚太地区

亚太地区国家主要包括印度尼西亚、越南、巴布亚新几内亚、马来西亚、巴基斯坦和澳大利亚。其中，印度尼西亚是亚太地区最大的产油国和石油输出国。亚太地区所产原油按密度大致可分成轻质、中质和重质三大类。原油的性质除杜里原油外，亚太地区原油轻质油馏分收率较高、硫含量低、酸值低。

我国进口的印尼重质原油主要是杜里原油。杜里原油不仅密度最大，而且酸值、残炭、镍含量在印尼原油中也是最高的，而初馏点至350℃馏分的收率在印尼原油中最低，属低硫环烷－中间基原油。在亚太地区其他原油中，密度小，残炭低，硫、氮、镍、钒含量也很低。蜡含量除马来西亚都兰原油较高为12.80%外，其他原油都在6.16%以下，这些原油基本上都属中间基原油。阿朱纳原油的汽油馏分不仅收率高、酸度低，而且硫含量低，辛烷值高，是很好的汽油调合组分；辛塔、杜里两种原油的汽油馏分收率明显低于阿朱纳原油，且酸值较高。印尼原油的喷气燃料馏分的硫含量低，冰点低，符合3号喷气燃料的质量要求；但酸值较高，需要精制。阿朱纳原油的喷气燃料馏分芳烃含量特别高，达到35%（体积）以上。

印尼原油350～500℃馏分可作为催化裂化原料，其常压渣油除硫含量比较接近外，其他性质差别比较大。马来西亚的塔皮斯原油、文莱原油以及巴布亚新几内亚的库图布原油直馏馏分的性质比较接近。它们的汽油馏分的收率在36%～41%的范围内，其酸度、硫含量符合我国车用汽油标准，但辛烷值较低。文莱、塔皮斯、库图布原油的喷气燃料馏分收率都较高。

越南白虎原油属石蜡基原油，与其他亚太地区原油相比，它的汽油馏分收率不是很高，但硫含量和酸度较低，是较好的汽油调合组分。喷气燃料馏分的硫、芳烃含量低，但冰点太高，可以将其并入柴油馏分，生产合格的0号柴油。白虎原油320～510℃馏分是较好的催化裂化原料。其>320℃的常压渣油残炭低，硫含量低，可作为常压渣油催化裂化原料。白虎减压渣油硫含量、残炭也很低，可用作焦化原料。

澳大利亚斯库阿原油的汽油、煤油、柴油馏分收率较高，酸值低，硫含量低，凝点低，是生产燃料的较好原料。340～530℃馏分是较好的催化裂化原料。

（3）西非油区

西非地区原油硫含量较低，酸值很小，适合我国大部分炼油厂炼制。除加蓬拉比原油、安哥拉卡宾达原油外，其他西非原油属低硫中间基原油。它们一般硫含量、氮含量、凝点、酸值均较低，但卡宾达和刚果杰诺原油残炭较高。除杰诺原油以外，其他几种原油的轻质油收率都较高。

2.1.1.3 我国原油的特点

我国原油大致有以下五个特点：

① 第一特点：原油密度大约为0.85～0.95g/cm^3，凝点高、蜡含量高、庚烷沥青质含量低，属偏重的常规原油；

② 第二特点：碳含量为83.0%～87.0%，氢含量为：11%～14%，原油的H/C原子比偏低；

③ 第三特点：大多数原油的含氮量在0.1%～0.5%之间；含硫量一般<0.5%，属于低硫高氮原油；

④ 第四特点：一般原油中微量元素含量最高的是钒，其次是镍，而我国原油则是镍多，钒少；

⑤ 第五特点：轻馏分少，重馏分多，减渣中H/C相对较高。

2.1.1.4 进口原油的特点

我国进口原油的主要特点可按地区分述如下：

① 中东原油轻质油收率较高，氮含量较低，但硫含量高；蜡含量低，凝点低，金属含量较高，且钒高镍低；胶质含量较低，酸值低，而残炭和沥青质含量较高，基本上属于含硫和高硫中间基原油。中东原油适于多产柴油，多产沥青。

② 除杜里原油外，亚太地区原油轻质油馏分收率较高，硫含量低，酸值低。中质原油性质类似于大庆原油，但中质原油轻馏分收率较大庆原油高。

③ 西非原油一般属低硫石蜡基原油，轻质馏分收率高，硫含量低，酸值低。

④ 独联体原油轻质油收率高，凝点低。

2.1.2 原油评价

对新采的原油，先在实验室进行一系列的分析、试验，习惯上称为原油评价。常规的原油评价包括原油的一般性质分析、原油的实沸点蒸馏数据及窄馏分性质分析、直馏产品及渣油的产率和性质分析。根据需要，也可以增加某些馏分的化学组成、某些重馏分或渣油的二次加工性能等。

原油一般性质分析：密度、黏度、凝点、含蜡量、沥青质、硅胶胶质、残炭、水分含量、含盐量、灰分、机械杂质、元素分析、微量金属及馏程等。

原油的实沸点蒸馏及窄馏分性质分析：分析原油切割窄馏分收率及性质，并给出原油实沸点曲线。实沸点蒸馏是用来考察石油馏分组成的实验方法。

直馏产品及渣油的性质及产率分析：直馏产品一般为较宽组分，一般采用实验测定的方法，取得其较准确的性质数据作为设计和生产的数据。渣油可用四组分 SARA 法进行分析。

2.1.3 原油分类

原油的组成极为复杂，对原油的确切分类是很困难的。原油性质的差异，主要在于化学组成的不同，所以一般偏向于化学分类，但有时为了应用方便，也采用工业分类。化学分类法有关键馏分特性分类法、特性因数分类法、相关系数分类法、结构组成分类法。

美国矿务局分类法：1935 年美国矿务局提出了对原油的关键馏分特性分类法，该方法能够较好地反映原油的化学组成特性，我国也广泛使用该法。按照原油的 API 度和馏分类别对照查表(如表 2－1)来确定该原油属于哪一类。

表 2－1 原油的分类(美国矿务局分类法)

原油类别	轻关键馏分 250～275℃，101.3kPa		重关键馏分① 275～300℃，5.33kPa	
	API 度	馏分类别	API 度	馏分类别
石蜡基	≥40.0	石蜡基	≥30.0	石蜡基
石蜡－中间基	≥40.0	石蜡基	20.1～29.9	中间基
中间－石蜡基	33.1～39.9	中间基	≥30.0	石蜡基
中间基	33.1～39.9	中间基	20.1～29.9	中间基
中间－环烷基	33.1～39.9	中间基	≤20.0	环烷基
环烷－中间基	≤33.0	环烷基	20.1～29.0	中间基
环烷基	≤33.0	环烷基	≤20.0	环烷基
石蜡－环烷基	≥40.0	石蜡基	≤20.0	环烷基
环烷－石蜡基	≤33.0	环烷基	≥30.0	石蜡基

① 相当于常压下的 395～425℃或 1.33kPa 残压下的 240～265℃。

商品分类法：国际原油市场对原油按密度和含硫量分类并计算不同原油的价格。原油密度低有较高的轻油收率，而硫含量高则提高加工成本。

(1) 密度分类(20℃密度)

轻质原油：API 度 >34；密度 <0.852g/cm^3(20℃)；

中质原油：API 度 34～20；密度 0.852～0.930g/cm^3(20℃)；

重质原油：API 度 20～10；密度 0.931～0.998g/cm^3(20℃)；

特稠原油：API 度 <10；密度 >0.998g/cm^3(20℃)。

(2) 硫含量分类

低硫原油：硫含量 <0.5%；

含硫原油：硫含量 0.5%～2.0%；

高硫原油：硫含量 >2.0%。

2.2 常减压蒸馏基本原理

2.2.1 基本原理

原油蒸馏是原油的最初加工，是将原油通过蒸馏的方法分离成各种石油馏分。蒸馏是将原油加热，其中轻组分汽化，将其导出进行冷凝，使原油中轻、重组分得以分离的过程。原油是由烃类和非烃类组成的混合物，它们的沸点不同，分离时，只能得到沸点范围不同的馏分。原油加热是在换热器和加热炉管内进行的。当原油加热到规定温度后，引入分馏塔进行分离。原油在精馏塔内的分离过程称为精馏。

2.2.1.1 相平衡、泡点和露点

（1）相平衡

任何液体内部的分子是不停地运动的，其速度受外界条件的影响，如温度升高，靠近液面的分子运动速度加快，可克服邻近分子的吸力转移到液面以上，即是蒸发。升高温度、降低压力以及增大空间都有利于液体蒸发。

一种液体装在一个密闭的容器中，蒸发出来的分子聚集于液面上的空间，形成气相。气相中的分子也不停地运动，其中一些分子能返回到液相中，这便是冷凝，是蒸发的反过程。蒸发与冷凝是同时存在的，只是在初始阶段，蒸发的速度大于冷凝的速度。随着蒸发出的分子增多，冷凝分子也随之增加。经过一定的时间后，二者速度相等，此时汽液相处于平衡状态。与液体得到平衡状态的气相产生的压力称为饱和蒸气压，此时的液体称为饱和液体。体系的温度称为饱和温度。当外部条件改变时，上述平衡状态即遭破坏，待体系在新的条件下重新建立平衡为止。

（2）泡点与露点

泡点温度是在恒压条件下加热液体混合物，当液体混合物开始汽化出现第一个气泡时的温度。

泡点压力是在恒温条件下逐步降低系统压力，当液体混合物开始汽化出现第一个气泡的压力。

露点温度是在恒压条件下冷却气体混合物，当气体混合物开始冷凝出现第一个液滴时的温度。

露点压力是在恒温条件下压缩气体混合物，当气体混合物开始冷凝出现第一个液滴时的压力。一种液体在升高温度时，饱和蒸气压也随之升高。当升高至某一温度时，其饱和蒸气压与外界压力相等，此时蒸发不仅在液面上进行，液体内部也在汽化，这种现象叫沸腾。沸腾时的温度称为沸点。纯物质的沸点在一定压力下是恒定的，直至蒸发完为止。

原油和石油馏分是由各种烃类组成的混合物，没有固定的沸点，只有一定的沸点范围（也叫馏程或沸程）。在一定压力下，将油品加热，从开始汽化到汽化终止的整个过程，温度都在变化。同样，气相油品的冷凝过程也是如此。

液体油品在一定压力下加热到刚刚出现第一个气泡时的温度称为泡点。最后一滴液体汽化完时的温度称为露点。

对于纯物质而言，在一定压力下，它的泡点、露点、沸点均相等，整个蒸发与冷凝过程都是在气液相平衡状态下进行。混合物各组分的蒸发与冷凝过程也是在气液相平衡状态下进行，不同的是，混合物各组分都在气液相间建立各自的平衡关系。同时，在汽化过程中，混合物液体组成中重组分浓度不断增加，汽化温度也就不断升高。混合物气体冷凝时，气相组成中轻组分浓度不断增加，冷凝温度也就不断下降。

2.2.1.2 精馏原理

蒸馏过程按照操作方式可分为间歇蒸馏和连续蒸馏。按蒸馏方法可分为平衡蒸馏（闪蒸）、简单蒸馏、精馏或特殊精馏等。当一般较易分离的物系或对分离要求不高时，可采用简单蒸馏或闪蒸，较难分离的可采用精馏，很难分离的或用普通精馏不能分离的可采用特殊精馏。按操作压强可分为常压、加压和减压精馏。按待分离混合物中组分的数目可以分为两（双）组分和多组分精馏。原油是由许多种组分组成的混合物，原油的蒸馏属于多组分精馏。

（1）闪蒸－平衡汽化

进料以某种方式(换热、加热炉)被加热至部分汽化，进入容积突然变大的空间内(如转油线、闪蒸罐、蒸馏塔的汽化段)，在一定的温度和压力下，气液两相迅速分离，得到相应的气液两相产物，此即称为闪蒸，又称为平衡蒸馏。如果在加热过程中，气液有足够的接触时间，达到了平衡状态，扩容后气液两相产物迅速分离，则这种汽化方式称为平衡汽化，平衡汽化时得到的气液两相是饱和蒸汽和饱和液体。实际的闪蒸过程不可能达到真正的平衡汽化，只能接近平衡汽化状态，闪蒸只是将混合物简单地分成两种物流：塔底的液相产物和塔顶的气相产物。这两种产物依然是组分很杂的混合物，往往达不到产品要求。

（2）简单蒸馏－渐次汽化

在一定的压力下，液体混合物在蒸馏釜中加热，当被加热到某一温度时，液体开始汽化，生成微量蒸气当即被引出，并继续加热，蒸气不断形成并不断引出，将其冷凝冷却成为液体，将液体收集，一直蒸到所需要的程度为止，这种蒸馏方式称为简单蒸馏。简单蒸馏的处理能力很低，而且分离效率不高，简单蒸馏只用于小型的粗略分离。

（3）精馏

为了满足生产上对分离产品的质量和数量的要求，工业上常采用精馏过程来实现。混合液沸腾所得蒸气凝缩并使一部分凝缩的液体回流，与上升的蒸气逆向接触，称为精馏。在提供回流的情况下，气液相多次逆流接触，进行相间扩散的传质传热，使气相中轻组分浓度沿塔高向上逐步升高，液相中重组分浓度沿塔高向下逐步增大，从而使原始物料中有关组成得到一定程度的分离或提纯，简单蒸馏与精馏的区别就在于有无回流。精馏过程是一个传质、传热、多次汽化、多次冷凝的过程。

原油的分离是在分馏塔内完成的，加热后的原油以气液混合状态进入分馏塔中，在汽化段经一次汽化使绝大部分应蒸发的馏分与液相分离，汽相往上，液相往下。假设塔内温度自下而上逐层降低，那么，上升的油气混合物在塔内就会出现部分冷凝的现象，首先冷凝的是高沸点组分，最后从塔顶以气相出来的组分是沸点最低的组分，从而使混合物中的轻重组分得到一定程度的分离。塔内自下而上的温度差是靠塔顶回流形成的。

精馏过程有两个前提：一是气液相间的浓度差，是传质的推动力；二是合理的温度梯度是传热的推动力，在塔盘上才能进行不断地汽化与冷凝过程。

精馏过程的实质是：不平衡的气液两相，经过热交换，气相多次部分冷凝与液相多次部分汽化相结合的过程，从而使气相中轻组分和液相中的重组分都得到了提浓，最后达到预期的分离效果。

为了使精馏过程能够进行，必须具备以下两个条件：

① 精馏塔内必须要有塔板或填料，它是提供气液充分接触的场所。气液两相在塔板上达到分离的极限是两相达到平衡，分离精确度越高，所需塔板数越多。

② 精馏塔内提供气液相回流，是保证精馏过程传热传质的另一必要条件。气相回流是在塔底加热(如重沸器)或用过热水蒸气汽提，使液相中的轻组分汽化上升到塔的上部进行分离。塔内液相回流的作用是在塔内提供温度低的下降液体，冷凝气相中的重组分，并造成沿塔自下而上温度逐渐降低。为此，必须提供温度较低、组成与回流入口处产品接近的外部回流。

2.2.1.3 回流的作用和回流方式

塔内回流的作用一是提供塔板上的液相回流，造成气液两相充分接触，达到传热、传质的目的，另一个重要的作用，就是取走进入塔内多余的热量，维持全塔热平衡，以控制、调节产品的质量。

从塔顶打入的回流量，常用回流比来表示：

$$回流比=\frac{回流量}{塔顶产品流量}$$

增加回流比，塔板上回流量增加，于是，上升的气相的温度降低得多，重组分就冷凝得多。与此同时，随着回流比增加，从液相回流中补充了更多的轻组分，以致气相中轻组分浓度增加，塔板的分离效果也因此而提高。

回流比与塔板数的关系是，当产品分离程度一定时，加大回流比，可适当减少塔板数。

但是回流比的增加是有限度的，塔内回流量的多少是由全塔热平衡决定的。如果回流比过大，必然使下降的液相中轻组分浓度增大，此时，如果不相应地增加进料的热量或塔底的热量，就会使轻组分来不及汽化，而被带到下层塔板甚至塔底，一方面减少了轻组分的收率，另一方面也会造成侧线产品或塔底产品不合格。

根据回流的取热方式不同，回流可分为：冷回流、热回流、循环回流等形式。

（1）冷回流

冷回流是用塔顶气相馏出物以过冷液体状态打入塔顶的。塔顶冷回流是控制塔顶温度，保证产品质量的重要手段。冷回流入塔后，吸热升温、汽化、再从塔顶蒸出。其吸热量等于塔顶回流取热，回流热一定时，冷回流温度越低，需要的冷回流量就越少，但冷回流的温度受冷却介质、冷却温度的限制。常用的汽油冷回流温度一般为 30～45℃。

（2）热回流

在塔顶装有部分冷凝器，将塔顶蒸气部分冷凝成液体作回流，回流温度与塔顶温度相同（为塔顶馏分的露点），它只吸收汽化潜热，所以，取走同样的热量，热回流量比冷回流量大。热回流也可有效地控制塔顶温度，适用于小型塔。

（3）循环回流

将液体从侧线或塔底抽出，经换热冷却后，重新送回抽出板的上方一块或几块塔板处作回流，吸热后本身温度升高，取出部分回流热，这种回流称为循环回流。循环回流一般采用从塔的某一层塔盘抽出，经换热后返回该层塔盘的上方，每个循环回流一般要占用 2～3 块塔板作为换热塔板，因此，塔板数应相应有所增加。为了减轻由于采用中段循环回流使其上方内回流减少，对分馏效果不利的影响，中段循环回流应设置在尽量靠近上面抽出侧线的位置。

2.2.1.4 汽提蒸馏与减压蒸馏

利用精馏的方法能将原油中沸点不同的混合物分开。但是，原油中重组分的沸点很高，在常压下蒸馏时，需要加热到较高的温度，而当原油被加热到370℃ 以上时，其中大分子烃类对热不稳定，容易裂解，影响产品的质量。因此，在原油蒸馏过程中，为了降低分馏温度，避免大分子烃裂解，常采用水蒸气蒸馏和减压蒸馏。

（1）汽提蒸馏

在原油蒸馏时通入水蒸气，使它们在水蒸气的接触之下进行蒸馏，从而达到降低油品沸点的目的。习惯地把提馏段称为汽提段或汽提塔。生产中，一般都采用温度为 400～420℃ 过热蒸汽（汽提蒸汽），通入塔底或塔的侧线。油是在一定的油气分压下进行蒸馏的，当吹入的水蒸气量越多，形成水蒸气分压就越大，油气分压就越小，油品沸腾所需的温度就越低，从而达到降低油品沸点的目的。提馏段的主要作用是把塔底或侧线产品中的轻馏分蒸出，从而改善产品的分割，并能满足某些产品对闪点的要求。

汽提蒸汽用量与需要提馏出来的轻馏分含量有关，一般采用汽提蒸汽量为被汽提油品质量的2%～4%，侧线产品汽提馏出量约为油品的3%～4.5%，塔底重残油的汽提馏出量约为1%～2%。过多的汽提蒸汽将会增加精馏塔的气相负荷，并且增加用于产生过热水蒸气以及塔顶冷凝的能耗。

近年来常压塔上部侧线采用再沸提馏的方式日益增加，这种做法是基于以下考虑：

① 侧线产品汽提时，产品中会溶解微量水分，会使喷气燃料的冰点或灯用煤油的浊点上升，采用再沸器进行提馏，可以免除这个弊病。

② 水的相对分子质量较油品相对分子质量小得多，故少量的水蒸气具有很大的体积，相当于同样重量的煤油或轻柴油馏分蒸气体积的十倍，在相当大的程度上加大了塔的气相负荷。用再沸器代替侧线汽提有利于提高蒸馏塔的处理能力。

③ 水蒸气的冷凝潜热很大，侧线再沸提馏有助于降低塔顶冷凝器的热负荷、降低能耗，并且减少含油污水的生成量。

（2）减压蒸馏

为了提高油品的拔出率又避免其严重裂解，生产上常用的方法就是提高精馏塔内的真空度，即将蒸馏设备内的气体抽出（包括水蒸气、不凝气及少量的油气等），使塔内的油品在低于大气压力下进行蒸馏，这样，高沸点组分就在低于它们常压沸点的温度下汽化蒸出，不至于产生裂解，这种方法称为减压蒸馏。

减压设备内的实际压力称为残压，大气压减去残压即为真空度。真空度越高，油品蒸馏所需要的温度就越低。润滑油型减压塔顶的残压为5～8kPa，而燃料油型减压塔顶的残压可允许高些。

2.2.2 常减压蒸馏的气液负荷和操作条件确定

由于塔内上下物流的相对分子质量差别较大，因此，塔内的气液相摩尔流量在每层塔板上是不相同的，下面我们以常压塔为例进行分析。为便于分析我们选择几个具有代表性的截面作相应的隔离系统，然后分别作体系的物料平衡和热平衡计算，作出气液相负荷的变化规律。图2－1为常压蒸馏塔全塔热平衡示意图。

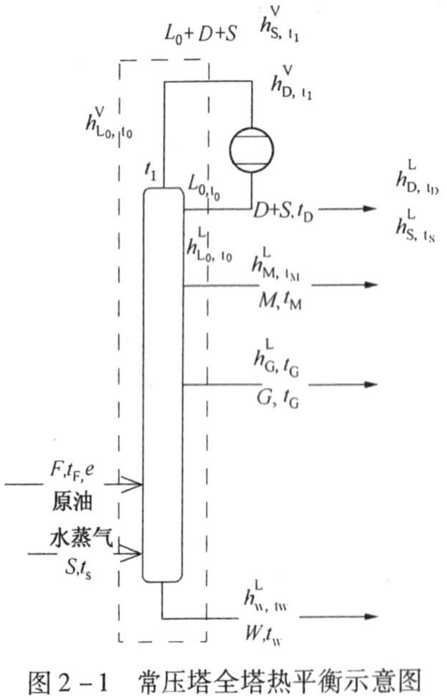

图2－1　常压塔全塔热平衡示意图

首先对以下分析中用到的符号意义进行说明：

式中 D——塔顶汽油流量，kmol/h；

t_F——进料温度，℃；

M——侧线煤油流量，kmol/h；

t_S——汽提蒸汽温度，℃；

G——侧线柴油流量，kmol/h；

t_1——塔顶温度，℃；

F——进料流量，kmol/h；

t_0——回流温度，℃；

W——塔底重油流量，kmol/h；

Q——全塔回流热量，kJ/h；

S——塔底汽提蒸汽用量，kmol/h；

$Q_入$——带入体系的热量，kJ/h；

L_0——塔顶回流量，kmol/h；

$Q_出$——带出体系的热量，kJ/h；

e——进料汽化率，分子分率；

I——物流焓，kJ/kmol。

上角标 V 表示气相，L 表示液相；下角标表示某物流；

t_D、t_M、t_G、t_W——D、M、G、W 的温度,℃；

2.2.2.1 塔顶气液相负荷

图 2－1 为常压蒸馏塔全塔热平衡示意图，用虚线框出隔离体以便做热平衡。为了方便起见，侧线汽提蒸汽暂不计入。

先不考虑塔顶回流，则进入该隔离体的热量 $Q_入$ 为：

$$Q_入 = FeI^{V}_{F,t_F} + F(1-e)I^{L}_{F,t_F} + SI^{V}_{S,t_S}$$

塔顶回流量为：$L_0 = \dfrac{Q}{(I^{V}_{L_0,t_1} - I^{L}_{L_0,t_1})}$，(kmol/h)

塔顶气相负荷为：$V_1 = L_0 + D + S$，(kmol/h)

2.2.2.2 汽化段气液相负荷

如果将过汽化量忽略，则汽化段液相负荷(即精馏段最低一层塔板 n 流下的液相回流量)为：

$$L_n = 0$$

气相负荷(从汽化段进入精馏段的气相流量)为：

$$V_F = L_n + D + S + M + G$$

因为 $$L_n = 0$$

则 $$V_F = D + S + M + G$$

2.2.2.3 最低侧线抽出板下方的气液相负荷

汽化段开始，沿塔高上行，由塔板上取走的回流热逐渐增大。液相回流量沿塔高自下而上是逐渐增大的；与液相回流一样，气相负荷也是沿塔高自下而上逐渐增大。

2.2.2.4 经过侧线抽出板时的气液相负荷

沿塔高自下而上，每经过一个侧线抽出板，液相回流除由塔板温降所造成的少量增加外，还多了一个突增量，突增量等于侧线的抽出量；而抽出板处的气相负荷仅是因塔板温降所造成的液相回流的少量增加而增长比较平缓。气相负荷在侧线抽出板处没有突增，原因是气相的侧线抽出板产品在此处被冷凝成液相的结果。

2.2.2.5 塔顶第一、二层塔板之间的气液相负荷

如上面所述，气液相负荷均沿塔高自下而上地增加，而且每经过一个侧线抽出板，液相负荷有一个额外的突增量。到了塔顶第一层时，进入此塔板为冷回流，因此变化规律又有别于其他塔板。

在塔顶第一、二层塔板之间，气液相负荷达到最高值，越过塔顶第一板后，气液相负荷急剧下降。

得出以下结论，原油精馏塔在没有中段回流时的气液相负荷分布规律如下：

① 从汽化段开始，气液相负荷沿塔高自下而上逐渐增大。

② 液相负荷每到一个侧线抽出板处都有一个突增，突增量等于侧线抽出量；而气相负

荷仍然是平缓上升。

③ 气液相负荷在塔顶第一、二层塔板之间达到最大值，越过塔顶第一层塔板后，气液相负荷同时急剧减小。

由以上分析，我们得出蒸馏塔的气液相负荷分布规律图，如图 2－2 所示。

从以上讨论可知，塔内的气液相分布是不均匀的，即上大下小，而塔径设计是以最大气液相负荷来考虑的。对于一定直径的塔，处理量受到最大蒸气负荷的限制。同时全塔的过剩热全靠塔顶冷凝器取走，一方面要庞大的冷凝设备与大量的冷却水，投资、操作费用高。另一方面低温位的热量不易回收和利用。因此采用了在塔中部设循环回流。有了中段回流后，塔内的气液相负荷分布规律有了很大的改变：

① 设中段回流后，从塔的中部取出一部分回流热，使塔上部回流热减少而气液相负荷降低，此时沿塔上、下负荷就变得比较均匀，如图 2－2 中虚线所示；

② 从塔的汽化段往上，在没有中段循环回流的部位，气液相负荷沿塔高而增大，侧线抽出板处液相负荷有突增，气相负荷仍是平缓上升；

③ 在中段循环回流抽出板处，气液相负荷同时不断减小，至回流入口处为止；

④ 塔内气液相负荷的最大值可能在塔顶第一、二层塔板之间，或在任一中段循环回流抽出板处，取决于回流热的分配。从图 2－2 虚线可以看出，这时最大的气液相负荷要比不设中段回流时小得多，所以对新设计的塔，其塔径可以缩小。对现有的塔，设中段回流后可以提高处理量。

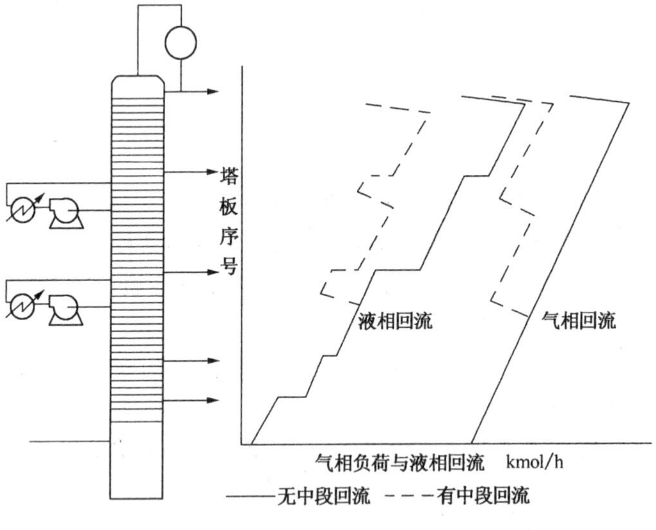

图 2－2　常减压蒸馏气液相负荷分布图

使用中段回流后，中段回流本身温度高，可回收利用这部分热量，提高装置的热回收率。中段回流进塔时处于过冷状态，它在进出口的塔板之间主要起换热作用，使上升蒸气中重组分部分冷凝，起不到正常的精馏作用。若塔内的塔板数较少时，就会影响上部塔板的精馏效果。同时，中部回流取出回流热偏多时，上部回流量可能降低过多，就会影响上部塔板的精馏效果，从而影响质量，因此，中段回流取热一般占全塔回流热的 40% ~60% 为宜。另外，采用中段回流使流程复杂化，对于有一、二个侧线的精馏塔，设一个中段回流为宜，对有三、四个侧线的精馏塔，以采用二个中段回流为宜。在塔顶与第一侧线间一般不设中段回流，此处温位低，热量一般不好利用，同时对负荷的均匀变化所起的作用也不大。另外，中段回流进出温差太大，换热塔板增多，而且温位降低过多，不利于热量利用，中段回流的进口一般在抽出口之上，且在两侧线之间。

2.2.2.6 蒸馏塔主要操作条件的确定

（1）操作压力

蒸馏塔除了以常压塔底重油作为原料的分馏塔为减压操作外，一般常压塔都在稍高于常压下操作。塔径一定时，提高操作压力可以提高塔的处理能力。但提高塔的操作压力，精馏效率将会有所降低，塔顶冷凝器的负荷增大，特别是由于加热炉的出口温度不能任意提高而使轻质油的收率受到影响。

原油常压塔的最低操作压力受塔压的限制，塔内的最小操作压力应使馏出产品能克服冷换设备及管线、管件的压力降。为了克服塔顶的挥发线和冷凝设备的流动阻力，常压塔的压力应稍高于回流罐的压力。国内一般在0.13 ~0.16MPa之间。

通常，系统的压力降可参考以下值取定：炉出口到塔的汽化段之间压降约为0.035MPa，塔顶部至冷凝器出口之间的压降约为0 .02MPa，使用空冷器时压降稍低些。

（2）操作温度

确定塔的各个部位的操作压力后，就可以根据油品性质和热平衡、物料平衡、相平衡等来决定操作温度。

① 汽化段温度。汽化段温度就是进料的绝热闪蒸温度，与原料性质、汽化段压力、水蒸气量以及汽化率有关。汽化段温度就是进料在汽化段油气分压下的平衡汽化达到指定的汽化率时温度。

② 塔底温度。一般采用经验数据，原油蒸馏装置的初馏塔、常压塔及减压塔的塔底温度一般比汽化段温度低5 ~10℃。

③ 塔顶温度。塔顶温度是塔顶产品在其本身油气分压下的平衡汽化的露点温度。

④ 侧线温度。侧线温度是该侧线的抽出温度。

2.2.3 传质传热

2.2.3.1 传质过程

气液两相充分接触时，高温气相中的重组分被冷凝放热，而下降的液相回流中的轻组分被加热、汽化，结果上升的气相被下降的液体冷却，气相重组分不断被冷凝除去，液相轻组分不断汽化而提浓，这就是传质过程。

2.2.3.2 传热过程

传热是由于温度差别引起的能量转移，又称热传递。由热力学第二定律可知，凡是有温度差存在时就必然发生热从高温处传递到低温处。

对传热过程的要求经常有以下两种情况：一种是强化传热过程，如各种换热设备中的传热；另一种是削弱传热过程，如设备和管道的保温以减少热损失。根据传热机理的不同，热传递有三种基本方式：传导、对流和热辐射。传热可依靠其中的一种方式或几种方式同时进行，热流方向总是由高温向低温处流动。

（1）热传导

把一根长铁丝的一端插入炉火中，不一会铁丝的另一端就有烫热的感觉。这就是由于物体中温度较高部分的分子振动比较激烈而与相邻的分子碰撞，将其热能以动能的形式传给温度低的部分。这种物体各部分间不发生相对位移，仅借分子、原子和自由电子等微观粒子的热运动而引起的热量传递称为热传导（又称导热）。导热的特点是：物体中分子并不发生相对位移。导热的条件是系统两部分间存在温度差，此时热量将从高温传向低温部分，或从高温物体传向与其接触的低温物体，直到整个物体的各部分温度相等为止。

若在传热过程中，各点温度只随位置而变化，却不随时间变化的传热过程称为稳定传热。单位时间内所传递的热量是不变的。在石油加工和石油化工过程中，几乎都是稳定传热过程（开停工除外）。

① 导热系数的物理意义。导热系数的物理意义是当壁厚为 1m，单位时间内通过 $1m^2$ 的传热面积，两壁表面温差为 1℃时的热量。导热系数值越大，则物体的导热能力越强。所以，导热系数是物质导热能力的标志，是物质的物理性质之一。其数值和物质的组成结构、温度和压力有关。

a. 固体的导热系数。金属是最好的导热体，纯金属的导热系数一般随温度的升高而降低。合金的导热系数一般比纯金属要低。

b. 液体的导热系数。液体分为金属液体和非金属液体,液态金属的导热系数比一般液体的要高,大多数液态金属的导热系数随温度升高而降低。在非金属液体中,水的导热系数最大。

c. 气体的导热系数。气体的的导热系数随温度升高而增大。在相当大的压强范围内，气体的导热系数随压强的变化很小，可以不计。气体的导热系数很小，对导热不利，但有利于保温。各种物质的导热系数大致范围如下：

金属	2.3 ~420W/m · K
建筑材料	0.25 ~3W/m · K
保温材料	0.025 ~0.25W/m · K
液体	0.09 ~0.6W/m · K
气体	0.006 ~0.4W/m · K

② 平壁的稳定热传导。

a. 单层平壁的热导热。单层平壁的热导热的公式为：

$$Q = \lambda A(t_1 - t_2)/b \qquad (2-1)$$

由式(2－2)可见，单位时间内通过平壁传递的热量与传热面积、导热系数及平壁两侧的温度差成正比，与平壁的厚度成反比。

b. 多层平壁的热导热。以三层平壁为例：

$$Q = \frac{\Delta t_1 + \Delta t_2 + \Delta t_3}{\frac{b_1}{\lambda_1 A} + \frac{b_2}{\lambda_2 A} + \frac{b_3}{\lambda_3 A}} = \frac{t_1 - t_4}{\frac{b_1}{\lambda_1 A} + \frac{b_2}{\lambda_2 A} + \frac{b_3}{\lambda_3 A}} \qquad (2-2)$$

式(2－3)即为三层平壁的热传导速率方程式。多层平壁热传导的总推动力为各层温度差的和，总热阻为各层热阻$\frac{b_i}{\lambda_i A}$的和。

③ 圆筒壁的稳定热导热。在化工生产过程中，常常用到圆筒型的容器。经过圆筒壁的传热，此时由于圆筒的内外半径不等，热流穿过圆筒壁所经过的传热面积不再固定不变，而是随半径改变。

对 n 层圆筒壁：

$$Q = \frac{t_1 - t_{n+1}}{\sum_{i=1}^{n} \frac{\ln(r_{i+1}/r_i)}{2\pi l \lambda_i}} \qquad (2-3)$$

（2）两流体间的热量传递

当物料被加热或冷却时，另一种流体来供给或取走热量。这种用于加热或冷却物料的流体称为载热体。其中起加热作用的叫做加热剂，如水蒸气、烟道气或其他高温流体等；起冷却作用的叫做冷却剂。大多数情况下，不允许冷、热两种流体在换热过程中混合，所以要通过间壁式换热器来进行热量交换。

$$dQ = K(T - t)dA \tag{2-4}$$

式(2-5)中比例系数 K 称为总传热系数。

① 总传热系数。对流传热为一复杂的过程，影响对流传热速率的因素很多。目前采用的比较简单的办法是应用牛顿冷却公式，把许多复杂影响因素归纳在比例系数 a 内。

$$\frac{1}{a_1 dA_1} + \frac{b}{\lambda dA_m} + \frac{1}{a_1 dA_2} = \frac{1}{KdA} \tag{2-5}$$

式故(2-6)中推动力为两流体间的总温差 $T-t$，而比例系数 K 称为总传热系数，简称传热系数。

当传热面为平壁时，$dA_1 = dA_m = dA_2$，式(2-6)即简化为：

$$\frac{1}{K} = \frac{1}{a_1} + \frac{b}{\lambda} + \frac{1}{a_2} \tag{2-6}$$

当传热面为圆筒壁时，两侧的传热面积不等。

$$Q = KA\Delta t_m \tag{2-7}$$

此积分传热方程中的 A 为总传热面积。

为求 K 必须先求对流传热系数 a，此外，还要考虑由于传热表面有污垢积存而增加的污垢热阻。

② 污垢热阻。换热器使用一段时期后，传热速率 Q 会下降很多，这往往是由于传热表面有污垢积存的缘故。因此，污垢热阻一般不可忽视。污垢层的厚度及其导热系数不易估计，通常取经验值，作为计算的依据。

常见流体在传热表面形成的污垢热阻，其大致数值范围可参考表2-2。

表2-2　污垢热阻的大致数值范围①

流　体	污垢热阻		流　体	污垢热阻	
	$m^2 \cdot K/kW$	$m^2 \cdot h \cdot ℃/kcal$		$m^2 \cdot K/kW$	$m^2 \cdot h \cdot ℃/kcal$
水($u<1m/s$)			劣质、不含油	0.09	0.0001
蒸馏水	0.09	0.0001	往复机排出	0.176	0.00021
海　水	0.09	0.0001	液　体		
清净的河水	0.21	0.00024	处理过的盐水	0.264	0.00031
未处理的凉水塔用水	0.58	0.00068	有机物	0.176	0.00021
经处理的凉水塔用水	0.26	0.0003	燃料油	1.06	0.0012
经处理的锅炉用水	0.26	0.0003	焦　油	1.76	0.0021
硬水、井水	0.58	0.00068	气　体		
水蒸气			空　气	0.26~0.53	0.0003~0.00062
优质、不含油	0.052	0.00006	溶剂蒸气	0.14	0.00016

① 以工程制表示的污垢热阻值是由SI制换算并经圆整而得。

若流体容易结垢，换热器使用一定时期后，污垢热阻往往会增加到使传热效率严重下降。所以换热器要根据具体工作条件，定期清洗。

③ 传热系数的大致数值范围。在进行换热器的计算中，须要先估定冷、热流体间的传

热系数。工业换热系数的大致数值范围见表 2－3。由表可见，K 值的范围很大。我们应对不同类型流体间传热时的 K 值，有一数量级的概念。

表 2－3 列管换热器中 K 值的大致范围

进行换热的流体	传热系数 K		进行换热的流体	传热系数 K	
	$W/m^2 \cdot K$	($kcal/m^2 \cdot h \cdot ℃$)		$W/m^2 \cdot K$	($kcal/m^2 \cdot h \cdot ℃$)
由气体到气体	12～35	10～30	由冷凝蒸气到水	290～4700	250～4000
由气体到水	12～60	10～50	由冷凝蒸气到油	60～350	50～300
由煤油到水	350 左右	300 左右	由冷凝蒸气到沸腾油	290～870	250～750
由水到水	800～1800	700～1500	由有机溶剂到轻油	120～400	100～340

④ 平均温度差的计算。

a. 恒温差传热。恒温差传热是指传热温度差不随位置而变的情况。最简单的例子是：间壁的一侧，液体保持在恒定的沸腾温度 t 下蒸发；间壁的另一侧，用饱和蒸气加热，则它将是在一定的温度 t 下的冷凝过程。此时传热温度差是均一不变的，就是$(T-t)$，故称为恒温差传热，因而可用下式计算传热速率：

$$Q = KA(T-t) \tag{2-8}$$

b. 变温差传热。变温差传热是指传热温度差随位置而变的情况，当间壁传热过程中有一侧液体沿壁面流动时不属上述情况，其温度必然随位置而变化。这时，传热温度差也就势必随位置而变化。下面列举几种常见的情况。

逆流时的平均温度差：

$$\Delta t_m = \frac{\Delta t_1 - \Delta t_2}{\ln(\Delta t_1/\Delta t_2)} \tag{2-9}$$

式中 Δt_m 称为对数平均温度差，即换热器进、出口处温度差的对数平均值。

当 $\Delta t_1/\Delta t_2 < 2$ 时，对数平均温度差可用算术平均值 $\Delta t_m = (\Delta t_1 + \Delta t_2)/2$ 代替。

两流体作并流时的平均传热温度差，即平均温度差为流体在换热器两端温度差的对数平均值。

⑤ 传热效率 ε。换热器传热效率 ε 为实际传热速率 Q 和理论上可能的最大传热速率 Q_{max}之比。

$$\varepsilon = Q/Q_{max} \tag{2-10}$$

若热流体的 $m_s c_p$ 较小，

$$\varepsilon = \frac{Q}{Q_{max}} = \frac{m_{s1} c_{p1}(T_1 - T_2)}{m_{s1} c_{p1}(T_1 - t_1)} = \frac{T_1 - T_2}{T_1 - t_1}$$

冷流体的热容流量 $m_s c_p$ 较小时，

$$\varepsilon = \frac{Q}{Q_{max}} = \frac{m_{s2} c_{p2}(t_2 - t_1)}{m_{s2} c_{p2}(T_1 - t_1)} = \frac{t_2 - t_1}{T_1 - t_1}$$

（3）对流

流体各部分间发生相对位移所引起的热传递过程称为热对流（简称对流）。对流的特点是：流体的质点有明显的位移，如果质点的位移是由于流体各处温度不同引起的密度差别，这种对流方式称为自然对流；如果质点位移是由于泵或搅拌器等外力的作用而引起的称为强制对流。对流传热发生在流体中。

由于系统内部温度差的作用，使流体各部分相互混合从而产生的传热现象，称为自然对流传热。由于外力的作用，使流体被迫流动而传热的现象，则称为强制对流传热。

（4）辐射

辐射传热是不需要物体为媒介的，而是直接由热源以辐射能的形式辐射出来，此辐射出来的能量遇到另一物体就会部分或全部地被吸收而转变为热能，实现了热能的传递，这种方式称为辐射传热。凡是温度在绝对零度以上的物体都能产生辐射能，但只有在物体的温度很高时辐射传热能成为主要的传热方式。

实际上，三种传热方式往往不是单独存在的，而常常是互相伴随同时出现，并又以其中的一种或两种为主。

2.3 常减压蒸馏产品、性质及控制要求

2.3.1 常减压蒸馏产品及其性质

2.3.1.1 常减压蒸馏产品

当采用初馏塔时，塔顶可分出窄馏分重整原料或汽油组分。

常压塔能生产如下产品：塔顶生产汽油组分、重整原料、石脑油；常一线生产喷气燃料（航空煤油）、灯用煤油、溶剂油、化肥原料、乙烯裂解原料或特种柴油；常二线生产轻柴油、乙烯裂解原料；常三线生产重柴油或润滑油原料。

减压塔能生产如下产品：减一线出重柴油、乙烯裂解原料，减压各侧线油作为催化裂化原料、加氢裂化原料、润滑油基础油原料和石蜡的原料，减压渣油可作为焦化、溶剂脱沥青、氧化沥青和减黏裂化的原料，以及燃料的调合组分。

2.3.1.2 常减压蒸馏产品性质

常减压蒸馏装置产品的部分质量指标有密度、黏度、凝点、初馏点、干点、馏程、残炭、冰点、结晶点、闪点、水分、微量元素等(轻烃回收装置有 C_5 含量)。

（1）黏度

当油品分子作相对运动时，油品内部呈现出对抗此运动的一种阻力(或摩擦力)称为黏度。黏度是评价油品流动性的指标，是油品特别是润滑油的重要质量指标，对油品流动和输送时的流量和压力降有重要影响。黏度的表示方法有很多，归纳可分为绝对黏度和条件黏度两类，绝对黏度又分动力黏度和运动黏度两种，动力黏度用符号 η_t 表示，单位为 Pa·s，运动黏度以符号 υ_t 表示，单位 m^2/s 或 mm^2/s，石油产品的规格中，大都采用运动黏度，润滑油的牌号很多是根据其运动黏度的大小来规定的。

（2）残炭

将油品放入残炭测定器中，在不通入空气的条件下加热，油品中的多环芳烃、胶质和沥青质等受热蒸发，分解并缩合，排出燃烧气体后所剩下的鳞片状黑色残余物，称为残炭，以质量百分数表示。残炭的多少主要取决于油品的化学组成，残炭多说明油品容易氧化生成胶质或积炭。

（3）冰点

燃料中芳烃含量多，溶解水分增加，当温度降低时，水分便析出结晶冰粒，这个温度叫该燃料的冰点。它是喷气燃料的低温性能控制指标之一。

（4）结晶点

燃料中含蜡量多，当温度下降到一定程度时就会析出石蜡晶体，这个温度叫该燃料的结

晶点。它也是喷气燃料的低温性能控制指标之一，也取决于燃料的化学成分，当馏程切割恰当时，不必脱蜡就能达到 -60℃以下的结晶点。

(5) 闪点

石油产品在规定条件下加热到它的蒸气与火焰接触会发生闪火时的最低温度称为闪点。闪点分为开口闪点和闭口闪点两种。在开口闪点仪中测得的是开口闪点，开口闪点仪中油品蒸气可以自由扩散到周围空气中。测定石油产品的闪点的作用是从油品闪点可判断其馏分组成的轻重：一般规律是馏分组成越轻，油品闪点越低；从闪点可鉴定油品发生火灾的危险性，因为闪点是火灾危险出现的最低温度，闪点越低，燃料越易燃，火灾危险性越大。

(6) 微量元素

微量元素包括金属元素与非金属元素，在金属元素中最重要的是钒(V)、镍(Ni)、铁(Fe)、铜(Cu)、铅(Pb)，在非金属元素中主要有氯(Cl)、硅(Si)、磷(P)、砷(As)等，这些元素虽然含量少，但对原油炼制工艺过程及产品影响很大。

2.3.2 常减压蒸馏产品控制要求

2.3.2.1 汽油

(1) 蒸发性

反映蒸发性的主要指标是馏程和饱和蒸气压。

馏程：一般要求测出10%、50%、90%馏出体积的温度和干点等，规定汽油10%馏出温度是为了保证汽油具有良好的启动性。使用10%馏出温度过高的汽油，冬季发动机启动时可能发生困难，我国车用汽油规定10%馏出温度不大于70℃。规定50%馏出温度是为了确保汽油馏分的组成分布均匀，使发动机具有良好的加速性和平稳性，保证其最大功率和爬坡能力，一般规定车用汽油的50%馏出温度不高于120～145℃。90%馏出温度和干点表示汽油在汽缸中蒸发的完全程度。这个温度过高，表明汽油中重组分过多，使得汽油在汽缸中燃烧不完全，发动机的功率和经济性下降，并造成燃烧室中结焦和形成积炭，影响发动机正常工作。我国规定车用汽油90%馏出温度不高于190℃，干点不高于205℃。

饱和蒸气压：用GB/T 257测定汽油的雷德蒸气压(RVP)，燃料气:液=4:1(38℃)。衡量汽油产生气阻、储存运输中的损耗指标。

(2) 汽油的安定性

反映汽油在常温、液相条件下抵抗氧化的能力。

碘值：100g汽油所消耗的碘的克数。

实际胶质：150℃的热空气吹过100mL汽油表面蒸发至干所留下的棕色或黄色残余物的毫克数。

改善汽油安定性的方法：精制除去不饱和烃和非烃化合物；加入适量的抗氧化剂和金属钝化剂。

(3) 汽油的抗爆性

衡量燃料是否易于发生爆震燃烧的性质，反映汽油抗爆性的指标是辛烷值。辛烷值(Octane Number，ON)是在标准的试验用可变压缩比单缸汽油发动机中，将待测试样与标准燃料试样进行对比试验测得的。测定方法有马达法和研究法。

汽油抗爆性与组成的关系：相对分子质量相近时，辛烷值的高低有如下规律：芳香烃>异构烷烃和异构烯烃>正构烯烃和环烷烃>正构烷烃。

改善汽油抗爆性的方法：调和高辛烷值的催化裂化汽油或催化重整汽油；调和高辛烷值

组分，如烷基化油、MTBE、TAME。

汽油质量发展趋势，欧洲议会1998年通过立法，要求实施清洁汽油配方：

苯含量不大于1%（体积）；芳烃不大于42%（体积）；烯烃不大于18%（体积）；硫含量不大于50μg/g。

2.3.2.2 喷气燃料（航空煤油）

为了保证燃料系统在高空条件下可靠地运行，要求燃料低温性能好，不产生气阻，具有良好热安定性，对高压油泵具有良好的润滑性，不腐蚀金属，有良好的洁静度，其他使用性能，如抗静电性和闪点等符合要求。

（1）喷气燃料的燃烧性

喷气燃料的起动性、燃烧稳定性及燃烧完全度取决于燃料的自燃点、着火延滞期、燃烧极限、燃料蒸发性能和黏度等。

积炭的倾向取决于燃烧室的构造、发动机的工作条件和燃料性质，特别是化学组成。表征积炭倾向的指标是：萘系烃的含量、烟点和辉光值。

烟点：又称无烟火焰高度，是指油料在标准灯具中作点灯试验所能达到的无烟火焰的最大高度，单位mm，指标≮25mm。

热值和密度：喷气燃料的热值有质量热值（kJ/kg）、体积热值（kJ/dm^3）。质量热值大，发动机的推力就大，耗油率低；质量热值与H/C有关。体积热值大，可以延长航程；它与密度有关。

（2）喷气燃料的安定性

储存安定性：喷气燃料在储存过程中易起变化的指标有胶质、酸度和颜色等。

热安定性：燃料中的不安定组分容易氧化生成胶质和沉淀，燃料中的芳烃、胶质和含硫化合物会使热安定性明显变差。

（3）喷气燃料的低温性能

喷气燃料的低温性能指在低温下燃料在飞机燃料系统中能否顺利泵送和过滤的性能，用结晶点或冰点来表示。喷气燃料在降温过程中开始出现结晶的温度称为结晶点。相对分子质量较大的正构烷烃及某些芳烃的结晶点较高，而环烷烃和烯烃的较低。闪点保证燃料在供油系统中不产生气阻。

2.3.2.3 溶剂油

常减压蒸馏装置生产溶剂油时要控制馏程、闪点、芳烃含量、密度等指标，以保证其有良好的溶解能力，适当的挥发度，对金属无腐蚀，符合国家劳动保护和安全生产要求。

2.3.2.4 柴油

常减压蒸馏装置能控制柴油的馏程、凝点、闪点等指标，保证柴油启动性能好，蒸发和燃烧速度快又不引起爆震，保证在低温下不失去流动性又达到储存和运输安全的要求；而控制重柴油的馏程、密度、闪点、黏度等质量指标，保证产出的重柴油易完全燃烧，保证使用的安全和不污染环境。对于轻柴油来说，其使用性能概括起来有以下几个方面：具有良好的雾化性能、蒸发性能和燃烧性能；具有良好的燃料供给性能；对机件没有腐蚀和磨损作用；良好的储存安定性和热安定性。

（1）柴油的雾化性能、蒸发性能和燃烧性能

轻柴油的蒸发性能：国产轻柴油规格指标要求其300℃馏出量不得小于50%，350℃馏出量不小于90%～95%。重柴油的要求不高，没有严格规定馏分组成，只限制了残炭量。

柴油的燃烧性能：柴油的燃烧性能用十六烷值作为衡量的指标，十六烷值也是关系到节能和减少污染的指标，是在标准的单缸柴油中测定的。十六烷值表示与试油抗爆性相同的标准燃料中正十六烷的体积百分数。标准燃料是由人为规定十六烷值为100的正十六烷和十六烷值为0的α－甲基萘按不同体积百分比混合而成。例如，某柴油的抗爆性与含52%正十六烷的标准燃料的抗爆性相同，该油的十六烷值就等于52。十六烷值与化学组成的关系大体规律如下：正构烷烃十六烷值最高，异构烷烃的十六烷值低于正构烷烃，正构烯烃十六烷值较高，环烷烃十六烷值低，芳烃十六烷值最低。

（2）柴油的低温流动性

国产柴油以凝点表示其低温性能，它是保证柴油输送和过滤性的指标。国产柴油用凝点作为商品牌号，例如，0号、－10号轻柴油，分别表示其凝点不高于0℃、－10℃。

（3）柴油的安全性

柴油的使用储存安全性用闪点来表示。

柴油“世界燃油规范”Ⅱ类标准：

十六烷值为53，硫含量为0.03%，总芳烃含量为25%，多芳烃含量为5%（体积分数），95%馏出温度为355℃。

2.3.2.5 炉用燃料油

由于燃料油是直接喷入炉膛燃烧的，主要质量要求有黏度、闪点、凝点、灰分、水分、含硫量和机械杂质等。重油的黏度是为了保证喷雾状态良好，使得燃烧正常、完全。不同类型的喷油嘴，要求使用不同黏度的燃料油，黏度同时也直接影响油品的泵送能力。

2.3.2.6 常压重油作重油催化裂化装置的原料

常压重油作重油催化裂化装置的原料时，需控制常压重油钠离子的含量，以防止催化剂中毒，通常常减压蒸馏装置脱后含盐到3mg/L时，就能满足常压重油的钠离子含量小于1μg/g的要求。

2.3.2.7 减压蜡油作为裂化原料时的控制指标

减压蜡油在炼油厂中一般作为加氢裂化和催化裂化装置的原料，加氢裂化装置对减压蜡油要求控制残炭、重金属含量、含水量的指标，同时要观察颜色和及时检测密度，以防止加氢裂化催化剂中毒失活，防止加氢裂化催剂的强度的降低，进而控制剂耗。减压蜡油做催化裂化原料时，其中的重金属会沉积在催化剂上，使催化剂失去活性，导致脱氢反应增多，气体及生焦量增大。因此，要控制重金属含量，当催化裂化采用掺炼渣油的工艺时（如重油催化裂化工艺），减压蜡油的残炭、重金属含量等指标影响渣油掺入量。

第三章　原油电脱盐

电脱盐是常减压蒸馏的第一道工序。原油中盐和水的存在，给炼油装置的稳定操作、设备防腐带来了危害，因此，在原油蒸馏前必须进行脱水脱盐。伴随着脱盐、脱水技术的日趋成熟，它已变成为下游装置提供优质原料所必不可少的原油预处理工艺，是炼油厂降低能耗、减轻设备结垢和腐蚀、防止催化剂中毒、减少催化剂消耗的重要工艺过程。

3.1　电脱盐的作用

原油中所含的金属盐类，可分为两种类型：一类是油溶性的金属化合物或有机盐类，它们以溶解状态存在于原油中；另一类是水溶性的碱金属或碱土金属盐类，它们除极少数以悬浮结晶态存在于原油中外，大部分溶解在水中并以乳化液的形式存在于原油中。这些金属化合物或盐类对原油加工的全过程和产品质量均有着重要的影响。电脱盐主要是脱除原油中的无机盐。

原油脱盐脱水的重要性：

（1）减少腐蚀介质，减轻设备腐蚀

原油所含无机盐有 NaCl、$CaCl_2$和 $MgCl_2$等。这些盐类在原油蒸馏过程中会发生水解反应生成氯化氢。

过去人们认为在蒸馏过程中 NaCl 是不水解的，因此曾采用注碱（NaOH）措施，便于将 $MgCl_2$和 $CaCl_2$转化成 NaCl 以减少氯化氢的生成。但是这一方法并不可靠，实践证明原油中含有硫酸盐、环烷酸或某些金属元素时，温度低于 300℃ NaCl 便会发生水解反应，盐类水解产生的氯化氢随挥发油气进入分馏塔顶及冷凝冷却系统，遇到冷凝水便溶于水中形成盐酸，这是造成常减压装置初馏塔、常压塔和减压塔塔顶及其冷凝冷却系统设备腐蚀的重要原因。

加工含硫原油时，蒸馏装置的塔顶系统硫化氢含量将急剧上升。如果氯化氢水溶液同时有硫化氢存在，由于硫化氢有类似催化剂的作用，将使腐蚀加剧。

（2）满足产品质量和二次加工要求

原油脱盐不仅仅是防腐蚀的需要，更重要的是为了减少原料油中的金属离子。原油中所含的盐类经蒸馏后主要进入重质馏分中，会造成下游装置的催化剂失活。搞好电脱盐对石油焦、燃料油产品质量的提高有重要作用。氯化氢的存在不仅导致腐蚀，而且会缩短催化剂寿命。金属对催化裂化催化剂的危害也很大，如金属钠会中和催化剂的酸性活性中心，置换掉催化剂的氢元素和稀土，并使 CO 助燃剂中毒。铁离子形成的盐类会造成加氢催化剂床层的压降升高。

（3）提高传热效率，延长开工周期

良好的脱盐操作，可减轻换热器、加热炉等设备的结垢、结焦和腐蚀等问题的发生，有利于提高冷换设备的传热效率，延长装置的开工周期。

3.2　典型电脱盐的工艺流程

目前国内电脱盐装置一般采用二级脱盐，为达到深度脱盐的目的也有采用三级脱盐，工艺流程如图 3－1、图 3－2 所示。

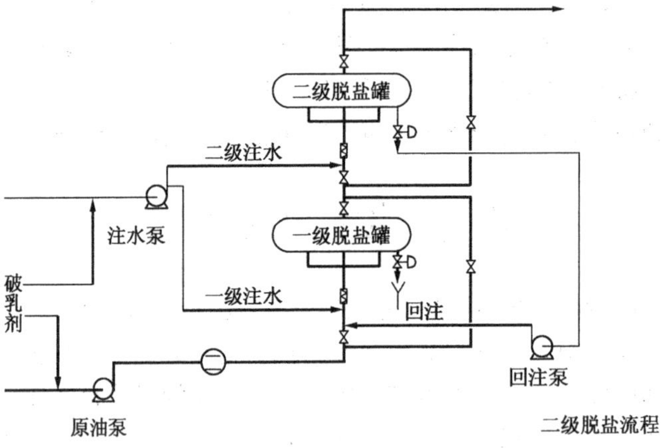

图 3－1　典型二级电脱盐的工艺流程图

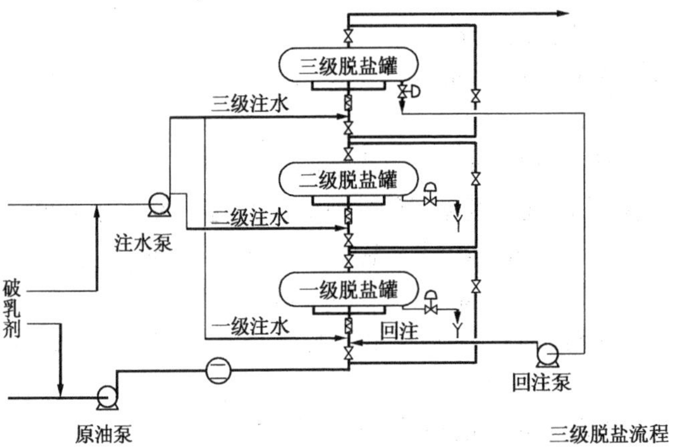

图 3－2　典型三级电脱盐的工艺流程图

3.3　原油电脱盐的原理及目的

原油中含有水，同时也含有胶质、沥青质等天然乳化剂，加之原油在开采和输送过程中，由于剧烈扰动，使水以微滴状态分散在原油中，原油中的乳化剂靠吸附作用浓集在油水界面上，组成牢固的分子膜，形成稳定的乳化液。乳化液的稳定程度取决于乳化剂性质、浓度、原油本身性质、水分散程度、乳化液形成时间长短等因素的影响。强烈的机械搅动、乳化剂浓度高、原油黏度大、乳化液形成的时间长，将增加乳化液的稳定程度。

3.3.1　原理和目的

原油电脱盐主要是通过注水，使原油中的盐溶解在水中，同时加入破乳剂，破坏其乳化状态，在电场的作用下，使微小水滴聚结成大水滴，在重力的作用下，使油水分离。电脱盐目的就是在原油蒸馏前尽最大可能的切除原油中的水和盐、金属等，若能脱除和降低原油中的水和盐的含量，也就减弱和消除了腐蚀。由于原油中的大部分盐类是溶解于水中，因此，电脱盐与脱水是同时进行的。

近年来随着原油加工深度的提高，重油催化裂化以及重整、加氢裂化等临氢工艺技术的开发和广泛应用，原油脱盐已经不仅仅是为了防腐，而且成为对后续加工工艺所用催化剂免受污染的一种保护手段。脱除氯化物的同时还能脱除如镍、钒、砷(包括其中的钠)等对裂化、加氢、重整等催化剂的有害毒物，而且一般是脱盐深度越深，残存的有害物质越少，要求脱后原油含盐 <3 mgNaCl/L 。

3.3.2 原油电脱盐技术

根据原油分配器和电极板形式，衍生出各种电脱盐技术。

(1) 交流电脱盐技术

交流电脱盐罐一般采用三层水平极板，中层送电，极板间距不同，形成上部强电场下部弱电场，当原油自下而上通过高压电场时，含盐的水微滴在电场力的作用下产生偶极性，水滴两端产生相反电荷，在电场力的作用下将水滴拉长，由于电场是交变的，水滴随之产生震荡，同时在破乳剂的作用下，使微小水滴聚结成大水滴，从而实现油水分离。交流电脱盐罐结构如图 3－3 所示。

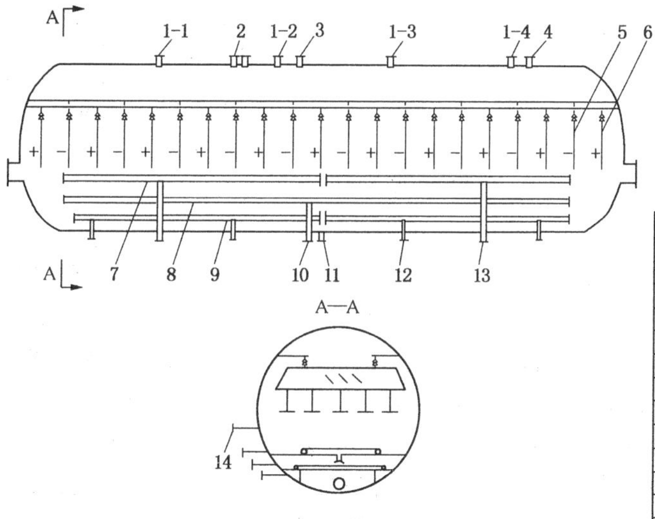

编号	名称
1 1-4	原油出口
2	电源引入口
3	导钠引入口
4	放空口
5	垂直负极板
6	垂直正极板
7	原油分配器
8	水冲洗管
9	污水切水管
10	水冲洗入口
11	底部放空
12	污水切水口
13	原油入口
14	界面排放口

图 3－3　交流电脱盐罐结构图

(2) 交直流电脱盐技术

交直流电脱盐一般为垂直电极，其变压器加整流设备，罐内电场自下而上为交流弱电场、直流弱电场和直流强电场。在下部的交流弱电场中同交流电脱盐一样，一些大颗粒水滴聚结而得到分离。在直流电场中，在电场力的作用下，同样产生偶极性，水滴间吸引复合，只是电场不交变。偶极化后的水滴由于在电场中位置的不平衡，使水滴产生向正负极水平移动，而原油流动和水滴沉降是上下运动，这就比交流电场增大了水滴的复合几率。其特点是脱盐脱水率高，对油品的适应性强，能耗低。

(3) 高速电脱盐技术

美国 Petrolite 公司开发的高速原油电脱盐技术采用三层水平电极板，电场形式为交流电场。与常规交流电脱盐的最大区别是，高速电脱盐区不设弱电场区，上层极板与中间极板的距离相等，且均为强电场；采用特殊结构的进料分配器，使油水混合料直接进入上下两个强电场中。高速脱盐具有单罐处理能力大、电耗低、脱盐排水含油少，有利于处理较重、较黏的原油等优点。交流电脱盐罐结构如图 3－4 所示。

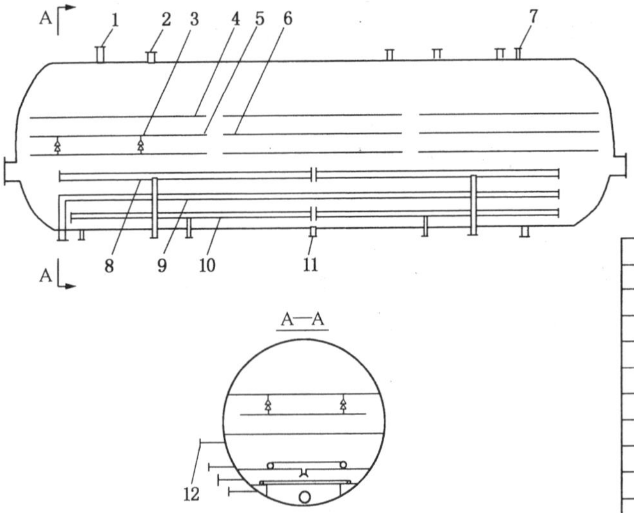

编号	名称
1	原油出口
2	高电压引入口
3	绝缘支持件
4	上层电极板
5	中层极板
6	下层极板
7	顶部放空
8	原油分配器
9	水冲洗管
10	污水切水管
11	底部放空
12	界面引出口

图 3－4　交直流电脱盐罐结构图

(4) 鼠笼式电脱盐技术

鼠笼式电脱盐技术的特点有：采用多层偏心鼠笼式组合电极，形成多层的环形电场，能最大限度占据罐内空间使有效电场空间增大，并可消除电场死角，电场利用率高。电极组合相邻两层电极间距，由顶部到底部逐渐增大，所形成的环形电场由顶到底逐渐减弱，在横截面上分布为“上强下弱”。在罐内油料含水较小的上部为强电场，而在油料含水较大的下部为弱电场，分布较合理。油料在罐内水平流动，环形电场中下降的水滴沿油料流动方向呈水平抛物线下降，减轻了油料与沉降水产生二次污染的返混现象。在沿油料流动方向，设多种鼠笼式组合电极，分别产生弱电场、过渡电场和强电场、分段脱盐、脱水，电场分布较好。鼠笼式电脱盐如图 3－5 所示。

图 3－5　鼠笼式电脱盐示意图

(5) 微波分离技术 MST 工艺

该工艺采用微波范围内的电磁辐射将稳定且难以破坏的乳化液分离为油、水和固体。乳化液中的水相部分优先吸收微波能量，加热后导致絮凝和沉降分离，从而使乳化液失稳，再通过微波分离工艺加速其沉降分离。

3.3.3　提高电脱盐合格率的措施

① 高速电脱盐和低速电脱盐设计选型，结合自身原油性质、现场布置等因素统筹考虑，

可以考虑将两种类型进行结合，以提高电脱盐装置的抗干扰能力。

② 加强对电脱盐装置的工艺技术管理。

③ 提高电脱盐装置自动化控制水平，把重要参数引入主控室或 DCS，实现对控制参数的实时监控。

④ 开展破乳剂的筛选，降低水溶性破乳剂的单耗和成本。根据不同类型原油，针对性的筛选出几种脱盐效果好的破乳剂，提高电脱盐的破乳脱盐效果。

⑤ 在有条件的炼厂开展码头岸罐或长输线注破乳剂，以增加破乳剂的混合强度，提高脱后含盐合格率。

⑥ 适当增加电脱盐装置脱前原油、脱后原油盐含量、电脱盐污水油含量分析频次，定期开展电脱盐装置盐平衡标定。加强对采样、分析过程的监控，减少分析误差。

3.4 电脱盐的主要设备

3.4.1 电脱盐罐内设备

(1) 电脱盐罐

电脱盐罐是电脱盐的主要设备。一般为卧式，国外也有采用球形罐，罐的尺寸取决于原油在强电场中的停留时间，罐内设有两层或三层电极板，一般为三层电极板。设有三层极板的罐，一般在中间极板接电，带电极板与上层极板设计成强电场，与下层极板设计成弱电场。

(2) 电极板

电极板的作用是在电极板间形成均匀电场。电极板的结构采用钢管组合形式，便于安装和检修。

(3) 原油分配器

一般在下层电极板的下方，设有原油入口分配器，分配器的作用是将原油沿罐的水平截面均匀分布，使原油与水的乳化液在电场中均匀上升。

分配器的结构基本上分两种。一种为管式管上均布小孔，另一种为倒槽式，在槽的四周开有小孔，倒槽式分配器适用于黏度大、杂质多的重质原油，可以避免分配器堵塞。

(4) 罐顶集合管

电脱盐罐的上方设有集合管或集合槽，将脱后原油沿水平方向均匀的收集并送出电脱盐罐。

(5) 罐底排水收集管

电脱盐罐底部设有排水收集管，将积沉在罐底的水沿水平方向收集并排出电脱盐罐外。

(6) 罐底反冲洗设施

在电脱盐罐底部设有反冲洗设施，在不停工的情况下，定期将沉积在电脱盐罐底的污泥状杂质搅拌并随着水排出电脱盐罐外。

3.4.2 电脱盐罐外设备

(1) 混合器

在原油进电脱盐罐前，要注破乳剂、注水，使其与原油充分混合，因此，在电脱盐前要设混合器。混合器的结构一般由静态混合器与偏转球型阀组成，静态混合器起混合作用，偏转球型阀带执行机构，可调节混合器前后的压差。

（2）取样冷却器

有的装置在原油电脱盐罐后设有取样冷却器，以利于原油冷却后采样分析。

3.5 电脱盐的正常操作

从电脱盐的工作原理来看，原油电脱盐脱水实质就是一个乳化液的破乳沉降分离过程。它是通过加热、加化学试剂和高压电场等三种措施使乳化液破乳，再经沉降分离。

3.5.1 电脱盐正常维护和检查

检查脱盐温度、压力是否在指标内，油水界面是否正常，观察切水是否带油，电流表所示电流是否正常，注水量是否适当，各连接法兰、阀门是否有泄漏，破乳剂泵运转是否正常，破乳剂加入量是否正常。

3.5.2 电脱盐的在线冲洗操作

因原油含杂质较多，这些固体杂质慢慢地聚积沉降在罐底，影响电脱盐效率，因此，对电脱盐罐要定期进行冲洗。

电脱盐罐的在线冲洗操作步骤：

① 贯通水冲洗流程，关闭需冲洗罐的注水及该罐变压器的送电，开始冲洗操作。电脱盐罐冲洗要一个一个的冲洗，不能同时冲洗。

② 开始冲洗时，注意冲洗量不能大于机泵的额定流量，防止跳闸造成不必要的操作混乱。

③ 观察水界面检查口，开排污阀排水，严格控制油水界面，防止水界面超高或水界面过低跑油。

④ 当排放污水为清水时，可认为已冲洗干净，一般冲洗时间为30min至1h。

⑤ 在冲洗过程中，如果电流发生变化，电流超过标准值时，应及时停止冲洗，加强脱水。

3.5.3 影响电脱盐操作的因素

（1）电脱盐罐进油温度

温度是原油脱盐过程中的一个重要操作条件。提高温度，使原油的黏度降低，减少水滴运动阻力，有利于水滴运动。温度升高还使油水界面的张力降低，水滴受热膨胀，使乳化液膜减弱，有利于破乳和聚结。另外，温度升高增大了布朗运动速度，也增强了聚集力。因此，适当提高温度有利于破乳。

油水密度差在100～130℃之间是上升的，当温度上升至一定值时$CaCl_2$、$MgCl_2$开始水解，同时随着温度的升高，原油的导电率也随之增大，电脱盐变压器二次电流随之增大，变压器电耗随之增高。因此，不同的原油应该有不同的脱盐温度。

目前，常减压装置设计原油进脱盐罐温度虽为120～140℃，但由于实际加工原油性质与设计值有差异，导致原油进脱盐罐温度普遍低于设计值，对脱盐效果有一定影响。提高电脱盐温度的措施如下：

① 适当提高设计值。实际生产中，原油进脱盐罐温度普遍小于设计值，而常减压装置的换热流程都是经过优化的，对于某种原油，优化后的换热流程中进脱盐罐温度只有一个设计值。可将原油进脱盐罐温度提高至130～150℃，留有10℃左右的富余量。

② 合理调整脱盐温度。

a. 热量前移。已设计好的常减压装置，若电脱盐温度较低，可把脱后原油换热相关换热器的热源副线打开将热量前移，以提高原油进脱盐罐温度。

b. 掺炼高温油。实际生产过程中，若原油进脱盐罐温度偏低，为了提高电脱盐温度，可采取将部分高温常压渣油引入到原油进脱盐罐前与原油混合的方法，使原油进脱盐罐温度达到120～130℃的工艺要求，从而改善了脱盐效果。

（2）破乳化剂

破乳剂通过破坏原油乳化液中油与水间的液膜达到其破乳作用。目前生产的破乳剂都有一定的选择性，因此，对每一种原油必须进行破乳剂评选。破乳剂不仅影响脱盐率，而且还影响电脱盐罐的排水含油量。由于破乳剂是通过达到油水乳化液的界面，破坏其乳化膜而达到破乳作用的，因此，破乳剂的浓度、注入量大小、注入点、破乳剂与原油的混合等都直接影响脱盐效果的好坏。

破乳剂一般配制为水溶液，注入点通常有两处。一是原油泵进口；二是二、三级原油注水泵进口随着原油注水打入原油中。

（3）电场强度

电场强度是影响电脱盐效率的一个重要工艺参数。各种原油都有其合适的脱盐电场强度，对国内原油一般使用为700～1000V/cm。

（4）原油停留时间

时间过短将影响水滴的聚结，但时间过长则增大电耗且易于产生电分散作用。合适的停留时间与原油性质、水滴特性和电场强度等密切相关，根据国内炼厂生产实践，当采用前述电场强度情况下，合适的停留时间约为2min(高速电脱盐除外)。

（5）注水量及油水混合程度

原油脱盐过程中加入淡水的目的是洗去原油中的结晶盐，降低脱后原油中残存水的含盐浓度以提高脱盐率。但注水量过多将增加脱盐罐内乳化液层高度，导致电耗增加电场强度降低。目前国内炼厂注水量一级为4%～10%，以5%左右为宜，二级为3%～5%，以3%左右为宜。在较早的常减压装置中，为提高油、水混合强度，电脱盐注水点在原油泵入口，但考虑到离心泵的过度混合，增加破乳难度，目前大部分装置将注水点移至换热系统后进脱盐罐前。提高混合强度的有效手段是将注水点放在原油泵出口，进换热系统前，这样的好处有：使油、水混合充分，又避开离心泵的过度混合；80℃左右洗涤水的注入可降低原油的黏性，提高原油在换热系统中的传热系数；因洗涤水的注入可减少无机盐及悬浮杂质在换热器中的结垢。混合强度小很难保证脱盐效果；混合强度大则乳化层太稳定不易破乳。混合强度因原油品种和脱盐罐内部结构的不同而各异，API度较低的原油(API度15～24)的混合阀压差ΔP采用30～80kPa；加工API度较高的原油(API度25～45)的混合阀压差ΔP采用50～130kPa。

3.6 电脱盐的异常现象及处理

（1）电脱盐连续出现低电压高电流的原因及处理

现象：电控柜出现电流高或送不上电，脱盐脱水效果不好，给后续操作带来了影响。

原因和处理方法：

① 油水界位太高，应加强切水，调节水位，控制油水界位至正常；

② 脱盐罐内形成稳定的乳化层，界面出现较厚的乳化层，应停注水；若还不能清除电

极区的乳化物，将水层及乳化层全排尽，降低罐中界面，停运一段时间，再重新投运，恢复正常后，调节混合阀压降；

③ 破乳剂注入量不够或型号不对，应提高注水量或更换合适的破乳剂；

④ 原油导电率太高，应控制电脱盐罐的操作温度，若导电率仍然高可调节输出电压；

⑤ 处理量过大，原油在罐内停留时间过短。应适当降量或者增加停留时间；

(2) 电脱盐罐出现电流波动的原因及处理

电控柜三相电流出现同时偏高。

① 原油性质变化，导电率太高，造成电流大幅上升，应根据原油性质及时调整脱盐温度、混合强度、破乳剂的类型及注入量；

② 切水不及时，导致水界位高，应加强切水；

③ 变压器套管，进线导管或绝缘子出现电弧现象，应更换故障元件。若出现一相或两相波动，说明是电极板或绝缘棒出现故障，或是电极棒挂有杂物，这时应作甩罐处理，及时更换元件。

(3) 电脱盐罐大量跑油的原因及处理

① 油水界面控制仪表指示失灵，应及时联系修理，参照界面管的实际液位对照界面指示仪表，控制阀失灵后应改现场手动控制；

② 放水太大造成界面太低后跑油，应快速关闭放水阀；

③ 原油注水泵跳闸后未及时发现，界面太低造成跑油，应关闭切水阀门，重新启用注水泵，界面正常后打开切水阀；

④ 电脱盐罐安全阀超过定压值，造成跑油，检查并改通脱后原油后路流程。

(4) 绝缘棒击穿的原因及处理

① 原油中电解质附着在绝缘棒上，形成短路送不上电，应立即停止注水，电脱盐罐改走副线；

② 运行时间过长，绝缘棒老化，绝缘棒质量差被击穿，应及时甩罐，更换绝缘棒；

③ 橡胶棒顶部防雨，雷电后击穿，这时要及时断电甩罐，转油吹扫达安全要求后，进罐检查更换绝缘棒。

(5) 影响电脱盐脱盐率的因素及调节方法

影响电脱盐脱盐率的因素及调节方法见表3－1。

表3－1　电脱盐脱盐率的影响因素及调节方法

	原因分析	解决方法
脱后含盐高	原油、水、破乳剂三者未能完全混合	增加混合强度
	电场强度偏低	调整电场强度
	破乳剂不适应或注水量不足	重新评价破乳剂或调整注入量，增加注水量或进行水质分析
	原油进电脱盐温度偏低	提高电脱盐温度或重新确定工艺条件
	原油乳化严重或酸值较高	优化混合设备压力降
脱后含水高	注水量或混合设备压力降太大	降低混合压力降或降低注水量
	电场强度低或油水界面太低	提高电场强度或升高油水界面
	破乳剂不适应或注水量不足	重新评选破乳剂或调整破乳剂注入量
	原油进电脱盐罐温度低	提高脱盐温度
	原油含水大或电脱盐罐底沉淀物	分析原油的沉淀物和含水量，调节新鲜水注水量或者混合强度

（6）电压或电流大幅度波动的原因及处理方法

电压或电流大幅度波动的原因及处理方法见表3－2。

表3－2　电压或电流大幅度波动的原因及处理方法

影响电压大幅度波动的原因	处理方法
罐内水界面过高	通过看样管检查水的界面，开大切水阀
注水量过大	检查注水流量的界位，开大切水阀，把油水界位控制在正常范围内
变压器套管、进线和绝缘体产生电弧	检查，修理
乳化层过高	加大破乳剂注入量或放掉乳化层，重新建立油水界面

（7）电脱盐跳闸的原因及处理方法

电脱盐跳闸的原因及处理方法见表3－3。

表3－3　电脱盐跳闸的原因及处理方法

跳闸原因	处理方法
脱盐温度过高	调整脱前换热流程，降低原油换热温度并控制在指标内
脱盐罐压力波动过大	调节好原油流量和压力平稳
注水量太少或破乳剂量太少	按要求注水和破乳剂
电源电压波动	找出原因后重新送电
电极绝缘棒被击穿，短路	单独停电脱盐罐退油，更新电极棒
油水界面太高	加强切水
电器设备故障	联系修理
注水量太大，放水来不及	按工艺指标控制注水量
绝缘吊挂被击穿，短路	停用，待停工时更换

（8）脱后原油含水超标原因及处理

① 电脱盐油水界面过高，导致电脱盐罐送不上电，脱后原油含水会超标，将电脱盐罐水界面放至正常。

② 电脱盐罐电器出现问题，导致电脱盐罐送电不正常，要联系维修人员进行检查处理。

③ 破乳剂注入量不足或破乳剂没有注入，检查破乳剂流程和破乳剂泵，处理正常后将破乳剂注入到原油中。

3.7　电脱盐的开工、停工操作

3.7.1　电脱盐的开工操作

（1）准备工作

① 对电脱盐罐进行附件检查。

② 对电脱盐罐进行电器试验。

③ 配制好有关溶剂。

（2）进油操作

在电脱盐开工过程中，一般随着装置的开工而进油。主要步骤如下：

① 检查并将电脱盐系统所有的放空阀门全部关闭，安全阀启用，混合阀开度最大（混合作用最小），电脱盐罐界面、压力仪表启用。

② 按正常生产流程改通原油系统流程。

③ 依次打开每个电脱盐罐顶部排空阀门，见油后分别将顶排空阀门关闭。

④ 在装置进行冷循环时，通过界面放空，检查电脱盐罐的界面高低。

⑤ 随着装置加热炉点火升温，装置热循环、常减压侧线流量正常后，电脱盐罐内原油温度逐渐上升至工艺指标时，电脱盐罐送电。

⑥ 随着整个系统逐渐转向正常，改好破乳剂流程及原油注水流程，启用注破乳剂泵，调节好破乳剂注入量在工艺指标范围内；启用原油注水泵，电脱盐注水量控制在工艺指标范围内。

⑦ 根据脱前原油含盐量和脱后原油含盐量，进行调整，混合阀前后压差控制在工艺指标范围内。混合差压过大，表明混合强度过大，很可能造成机械乳化，使油和水形成稳定的乳化层，造成脱水困难，切水带油；混合差压过小，表明混合强度过小，油中的无机盐很难溶入水中，很可能造成脱后含盐超标。

3.7.2 电脱盐的停工操作

装置要停工或电脱盐出现故障都需进行处理以待检修。决定处理检修的罐都需停注破乳剂，停注水，停电，关闭出口阀，使罐又处于独立系统中，待切尽水，冷却至一定的温度后，退油，待油退尽后可给汽进行蒸罐。为了防止罐内超温，损坏绝缘材料，可一边给水一边给汽。这时打开切水阀进行切水排污，以免罐内水面上存油存脏物，影响检修。一般蒸罐应大于24h。蒸罐完毕后打开人孔，自然通风，待气体分析和明火实验合格后，交付检修。电脱盐罐停工一般分为单体罐停工和整个电脱盐系统停工。

3.7.2.1 电脱盐的单体罐停工操作

如果单体罐出现故障，诸如单体罐需要检修情况下，需要将单体罐从电脱盐系统切除出来。

具体操作步骤如下：

① 将出现故障的单体电脱盐罐停电。

② 打开故障罐的原油副线阀门，关闭原油进故障罐的阀门，注水顶油。

③ 检查界面放水阀，判断水到电脱盐罐的具体位置，防止将水顶入初馏塔或闪蒸塔内，造成冲塔和塔顶安全阀打开事故。推算时间到时，停止本电脱盐罐的原油注水。

④ 打开故障电脱盐罐的顶部放空阀门(否则会造成罐体抽瘪)、底部排水阀门排水。

⑤ 改好流程，将罐内存油退出。退油完毕后，关闭流程上的有关阀门。

⑥ 打开故障罐的蒸汽吹扫阀门，打开顶部和底部阀门，按要求吹扫和蒸洗。

⑦ 关闭故障罐的蒸汽吹扫阀门，待温度降至要求、故障电脱盐罐泄压后，打开故障电脱盐罐人孔。

⑧ 炼高硫原油时要防止打开电脱盐罐后，硫化亚铁自燃，要常打水降温，检验罐内可燃气体浓度和 H_2S 浓度符合指标后才能进入检修，否则重新吹扫直至合格为止。

3.7.2.2 整个电脱盐的停工操作

整个电脱盐系统的停工，一般伴随着装置的停工而停工；也有在装置停工前一天将整个电脱盐系统停下来，将电脱盐系统内存油全部转出。

具体停工步骤如下：

① 系统降温。降温目的：a. 防止退油泵因水汽化抽空。b. 避免油品罐因油温过热造成水汽化出现冒罐事故。降温方法：a. 打开电脱盐副线，关闭电脱盐罐进出口阀门，静置降

温。b. 脱前原油换热器热油端走副线。c. 电脱盐罐在原油系统温度低时参加循环。

② 降温同时停止破乳剂的注入，变压器断电，停止注水。

③ 降温完毕，打开副线阀，关闭进出口阀门，将电脱盐罐切出。

④ 改好退油流程，切除罐内存水。

⑤ 开启退油泵。要注意罐内压力，当罐内压力回零时可以向罐内充加蒸汽或者打开顶放空，避免泵抽空或损坏设备。

⑥ 原油退干后，向罐内冲水以洗涤罐内存油，再开泵抽走。用蒸汽扫通退油线。

⑦ 按要求开蒸汽进行蒸洗。

⑧ 待温度降至要求，故障电脱盐罐泄压后打开人孔通风。

⑨ 炼高硫原油时要防止打开电脱盐罐后硫化亚铁自燃，要常打水降温(现在有些炼厂用硫化亚铁钝化剂进行钝化反应)，检验罐内可燃气体浓度和 H_2S 浓度符合指标后才能进入检修，否则重新吹扫直至合格为止。

第四章　机泵和压缩机

4.1　机泵的类型

石油化工企业大都是连续性生产，所需输送的介质包括原油、各塔侧线产品、回流及其他注剂等，这些介质或高温或低温，或黏度大，易燃易爆、有毒性或腐蚀性。所以，常减压蒸馏装置中所使用的机泵，在其类型、材料及密封装置的结构等方面均应满足这些条件。

泵的分类方法有以下三种：

(1) 按工作原理分类

① 容积式泵。依靠泵内工作室容积大小作周期性地变化来输送液体的泵。如：常减压蒸馏装置中为防止全面停电时塔温、塔压过高而用来打回流用的蒸汽往复泵；塔顶注剂用的活塞或柱塞式计量泵等。

② 叶片式泵。依靠泵高速旋转的叶轮把能量传给液体，从而输送液体的泵。

如：常减压蒸馏装置用来输送原油、各塔侧线产品、软化水等最常用的离心泵。

③ 其他类型泵。

(2) 按泵产生的压力(扬程)分类

可分为高压泵(总扬程在600m以上)、中压泵(总扬程为200～600m)、低压泵(总扬程低于200m)。

4.2　离　心　泵

离心泵是常减压蒸馏装置最常见和最常用的机泵，主要部件包括电机、联轴器、轴承冷却箱、泵轴承、密封、叶轮及泵体等。

由于离心泵无自吸能力，所以启动前必须设法使泵的叶轮及液管内充满液体，运转中也必须防止外界气体渗入泵及其吸液管，否则将影响泵的性能，甚至形成气缚，使泵无法正常工作。

4.2.1　离心泵的性能参数

(1) 扬程

单位质量的液体经泵体后所增加的能量，其单位为m液柱。泵的扬程与管路特性有关。泵运转时，扬程一定大于扬水高度。

(2) 流量

指单位时间内泵所能排出的液体量，用符号Q表示，单位有m^3/s、m^3/min、m^3/h。泵的流量大小与泵的结构、转速等有关，而且不是一个固定值，能在一定的范围内变动。

(3) 转速

泵轴每分钟旋转的次数，用符号n表示，单位是r/min。

(4) 汽蚀余量

离心泵的汽蚀余量是指在泵进口处单位质量液体所具有的超过汽化压力的富余能量，用

符号 Δh_r 表示，单位是 m。汽蚀余量是表示离心泵抗汽蚀性能的一个参数。

（5）功率与效率

泵的功率是指输入功率，也就是原动机传到泵轴上的功率，称为轴功率，用符号 N 表示，单位是 kW。泵的输出功率为有效功率，表示单位时间内泵输出的液体从泵中获得的有效能量，用符号 Ne 表示，单位是 kW 有效功率与轴功率的比值叫效率。功率与效率反映了泵中能量损失的程度。

4.2.2 离心泵的轴封

轴封主要是为了防止高压液体从泵中漏出和防止空气进入泵内，是用于隔绝输送介质于泵内，防止介质外泄的机械设备。常减压蒸馏装置最常见的有填料密封和机械密封。

机械密封在正常工作时，一方面由于密封的贴合面不断地摩擦生热，加速动、静环的磨损及密封圈的老化变形；另一方面，当输送介质含有固体颗粒时，易堵塞弹簧或进入贴合面磨出凹槽，失去密封性能。为了消除这些不良影响，我们在生产操作中必须对不同工作条件下的机械密封装置采取适当冲洗、冷却措施。

（1）冷却

通过间接降温的方法，使摩擦副密封端面周围的密封介质逐渐冷却下来。常采用的冷却方法有夹套冷却法和静环冷却法。夹套冷却法即当介质温度较高时，在夹套中通过冷却水并加以循环带走热量，达到冷却的目的。静环冷却法是在静环上开有冷却槽，或在静环压盖上开有冷却槽。由于冷却法是间接冷却，效果不很显著。

（2）急冷

急冷是将冷却介质（通常为水）直接与动、静环内径（或外径）接触的一种冷却方法，冷却效果较好。但是，当冷却水硬度较高时，沉淀的水垢堆积在轴上，会使密封失效，而且还要采取措施防止冷却水向大气侧泄漏。常减压蒸馏装置中一般采用新鲜水或循环水作为冷却水。

（3）冲洗

机械密封端面冲洗的作用，一是带走密封腔中机械密封的摩擦热、搅拌热等，以降低密封端面温度，保证密封端面上液膜稳定；二是阻止固体杂质和油焦淤积于密封腔中，使密封能在良好、稳定的工作环境中工作，减少磨损和密封零件失效的可能。

最常用的冲洗方法有下列几种：

① 自冲洗。密封介质由泵的出口端通过不同的流道进入密封腔，利用出口与密封腔的压差进行冲洗，构成循环。它又分为正冲洗、反冲洗和贯穿冲洗三种。

② 正冲洗。从泵出口引出冲洗液不经过冷却器注入密封腔，称正冲洗。当密封压力低于排出压力或等于吸入压力时，几乎都采用这种冲洗方法。

③ 反冲洗。从密封腔抽出液体返回吸入口，称为反冲洗。在密封腔压力等于排出压力或与排出压力的压差很小，不能采用正冲洗及一般低沸点液体都采用这种方式。

④ 贯穿冲洗。正反冲洗兼有的冲洗，冲洗液从泵出口引入密封腔，再从密封腔抽出并注入泵吸入口。多用于低沸点液体密封，防止汽化。

⑤ 外冲洗。把外部有压力的介质通入密封腔进行冲洗。此介质应与密封介质相同，或采用其他对工艺生产不产生有害影响的介质。

冲洗方法虽然有许多种，在具体设备上选用哪种方法适合，主要根据密封介质的温度和泵出口及密封腔压力来决定。比如，一般单级离心泵，密封腔的压力小于泵出口压力而大于进口压力，采用正冲洗和反冲洗均可；多级离心泵密封腔一般可与进口或一级出口处相接通，以达到冲洗的目的。

4.2.3 离心泵正常操作与管理的重点要求

① 机泵正常操作要经常对各机泵的进出口压力、电流、封油压力、轴承箱油位油质、油环带油情况、冷却水畅通情况、密封情况、轴承温度和声音、各部位的振动情况及各紧固件螺栓松紧情况作检查。

② 保持机泵(包括泵体、对轮罩、电机外壳、泵座、阀门管线等)及其周围环境卫生。

③ 严格执行润滑油的“三级过滤”和“五定”制度，按规定定期更换润滑油和润滑脂，并做好记录。

④ 严格执行备用泵盘车制度(另外，热油泵停车后应每半小时盘车一次，直到泵体温度降到80℃以下为止)。塔底备用泵保持泵体预热，并给好冷却水；主要用泵(常减压蒸馏装置中一般指塔底、原油、回流备用泵)保持电机电阻合格，达到随时可以切换、使用。

⑤ 发现离心泵抽空应及时调节出口阀(关小或关死)，查明原因，尽快消除，严禁离心泵长时间抽空。

⑥ 变频运行的机泵突然跳闸时，应先按一下停止钮，然后将变频器复位后再开。如果再次跳闸或不能启动时，联系有关人员检查修理。

⑦ 做好各机泵运行工况及有关参数的填写、记录和交接班工作。

4.2.4 离心泵的操作

4.2.4.1 开泵前的准备

(1) 开泵前的准备

① 详细检查泵及出、入口管线的各部件，如阀门、法兰、地脚螺丝、压力表等。

② 检查轴承箱内的润滑油液面和质量是否合乎要求。

③ 改好流程，检查冷却水、封油系统是否畅通，给好各部位冷却水，在预热时，同时要预热封油。

④ 检查电机电阻。

⑤ 热油泵预热。

注：预热方法：

a. 检查泵进口压力表针型阀是否关闭，如果未关，先关进口压力表针型阀。

b. 开泵入口阀，打开泵出口放空阀，排净泵内存水和气体，见油后关闭放空阀。

c. 打开泵预热阀或泵入口阀(或泵预热跨线阀)，逐步增加泵内油品循环量，以控制泵体温度缓慢上升，同时每隔10min盘车一次，预热前要给好各部位冷却水。

d. 经充分预热，当泵体温度接近操作温度后，启动后投入正常备用。

e. 对正常停运不需检修的泵，预热时不需打开泵出口放空阀排净泵内存水和气体。

预热时注意：

a. 开塔底泵预热跨线阀时，应注意检查预热流程是否畅通，防止憋压，如果憋压，立即关闭泵跨线阀，并用吹扫蒸汽吹通泵预热线后，再慢慢开泵预热跨线阀。

b. 预热升温速度50℃/h左右，泵内油品循环量不要提得过快、过大，以免造成泵抽空和预热泵因温升过快产生泄漏或倒转，连续热至泵体法兰处的温度与输送介质的温度相差不大于40℃为宜。

c. 预热过程应按规定盘车，以免受热不均匀造成泵轴弯曲，并要注意盘车是否灵活，如发现时轻时重，则应加快盘车速度。

d. 预热要均匀，不能上冷下热或前热后冷或局部受热。

e. 盘车、检查泵的转动情况，是否有不正常的声音。盘车不动严禁启动，必须查找原因并处理好，确信盘车轻重均匀方可启动。

⑥ 打开进、出口压力表阀。

⑦ 打开泵的入口阀及放空阀，排除泵内存气，使泵内充满液体。

⑧ 检查好泵的安全设施(对轮、防护罩、接地线等)。

⑨ 启动前必须关死出口阀，防止因负荷过大烧坏电机或影响同线路泵的工作。

⑩ 凡经大修过的电机必须单机试运合格(包括旋转方向正确)方能使用。

4.2.4.2 非变频机泵启动及正常维护

① 准备工作就绪后，启动泵。当按下"启动"电钮后，若电机不转，应立即按"停止"按钮，通知有关人员检查。泵启动时，应注意检查旋转方向。同时注意电机电流变化，不允许超过规定电流。待电流、转速和压力达到正常后，密封也不漏，再慢慢打开泵的出口阀，要注意不要使泵在出口阀关闭状态下长时间运行，这样易产生气泡，造成泵抽空。

② 泵的流量用出口阀控制。

③ 泵正常运行时，要定期检查泵出口压力、流量、电流等，不允许超过规定指标。

④ 控制好封油压力(压力应高于泵入口压力0.05～0.1 MPa)。

⑤ 检查泵运转中有无杂音、震动及泄漏，轴承温度有无突然升高等，发现异常，应查明原因，及时处理。

4.2.4.3 变频机泵启动及正常维护

① 变频器投入运行时，在满足工艺要求的前提下，副线阀或调节阀应全开。

② 启动变频机泵时，将仪表盘上的转换开关拨到调频位置，启动泵。当按下"启动"电钮后，若电机不转，应立即按"停止"按钮，通知有关人员检查。泵启动时，应注意检查旋转方向。同时注意电机电流变化，不允许超过规定。待电流、转速和压力达到正常，密封也不漏，再慢慢全开泵出口阀，要注意不要使泵在出口阀关闭状态下长时间运行，这样易产生气泡，使泵抽空。

③ 泵正常运行时，要定期检查泵出口压力、流量、电流等，不允许超过规定指标。

④ 控制好封油压力(压力应高于泵入口压力0.05～0.1 MPa)。

⑤ 检查泵运转中有无杂音、震动及泄漏，轴承温度有无突然升高等，发现异常，应查明原因，及时处理。

4.2.4.4 非变频机泵之间的切换

① 按开泵前的准备步骤做好备用泵准备工作。

② 打开备用泵入口阀。

③ 启动备用泵，待泵的转数和压力等达到正常后，逐渐打开泵的出口阀，同时慢慢关闭待停泵的出口阀，当出口系统压力正常后，再关闭待停泵的出口阀。

④ 切断待停泵电源，按正常停泵步骤停泵。

⑤ 换泵时要注意尽量减少系统因操作带来的流量、压力波动。

4.2.4.5 变频机泵切换到非变频机泵

① 按开泵前的准备步骤做备用泵的准备工作。

② 打开非变频泵入口阀。

③ 启动非变频泵，待泵的转数和压力等达到正常后，逐渐打开泵的出口阀，同时慢慢关闭变频泵的出口阀，当出口系统压力正常后，再关闭变频泵的出口阀。

④ 切断待停泵电源，将转换开关拨到非变频位置，按正常停泵步骤停泵。

⑤ 换泵时要注意尽量减少系统因操作带来的流量、压力波动。

4.2.4.6 非变频机泵切换到变频机泵

① 按开泵前的准备步骤做好开变频备泵的一切准备工作。

② 打开变频泵入口阀。

③ 将转换开关拨到非变频位置，再启动变频机泵，约转动 10s 后，将转换开关拨到变频位置，慢慢全开变频泵出口阀，慢慢关闭非变频泵出口阀。

④ 切断待停泵电源，按正常停泵步骤停泵。

⑤ 换泵时要注意尽量减少系统因操作带来的流量、压力波动。

4.2.4.7 机泵的停泵步骤

① 关闭泵的出口阀。

② 按下“停止”电钮，切断电源。

③ 关闭泵的入口阀，停冲洗油。

④ 关压力表手阀。

⑤ 如泵需检修则吹扫泵体，热油泵吹扫时则要待泵体油温度降至指标方可吹扫。

⑥ 待泵体温度不大于 75℃后停冷却水，塔底泵停止运转时，如不需检修，则将冷却水调小，打开泵预热阀，使泵完全处于预热备用状态。

⑦ 停泵，泵体温度降至常温后按规定盘车。

4.2.4.8 离心泵的流量调节

离心泵流量的调节，实质上是改变泵在管路中运行时的工作点问题。改变泵的工作点有两条途径：改变管路特性曲线或改变泵的性能曲线。

① 改变管路特性曲线通常只能通过改变其斜率来实现。管路特性曲线的斜率主要决定于管路中阻力的大小，所以，可采用改变排液管上阀门开度来改变管路特性曲线斜率。这种方法又称节流调节。

② 改变泵的扬程曲线。在常减压蒸馏装置中为改变泵扬程曲线来达到调节流量的目的，常用的有改变泵转速、切割叶轮和减少叶轮数目三种方法。

a. 改变转速法。在常减压蒸馏装置中应用较普遍的是安装变频器，通过变频调速，不但能达到调节流量的目的，更重要的是电机能根据实际需要的功率大小自动调节转速，大大节约用电的消耗量。

b. 切割叶轮法。车小叶轮，可达到改变泵的工作点、调节流量的目的，但这种方法调节流量只能是减小流量，流量调节范围也不能太大（$<20\%$），而且叶轮一旦切割再不能修复。

c. 减少叶轮数目法。多级离心泵的总扬程是各扬程的叠加，调节泵的叶轮数目可达到改变泵工作点、调节流量之目的。从减少吸入流动阻力损失和提高扩压效果的角度出发，采用此法时宜拆去最后几级叶轮为好。若拆去前几级叶轮，将使吸入流道加长（且截面又是急剧变化），使阻力损失增加，甚至促使离心泵发生汽蚀现象。

4.2.4.9 离心泵的并联操作

两台或多台离心泵同时从一条管路吸取液体，且向同一条管路中排出，称为离心泵的并联工作。离心泵并联工作时，从每一台泵中流过的单位液体所获得的有用能量是相等的，而且等于总管内进、出口间每单位液体所获得的有用能量。

两台性能相同的泵并联工作时所获得的总流量是两台泵共同运行时流量之和，或是其中任一台泵流量的 2 倍，但并不是每一台泵单独运行时的 2 倍。所以离心泵并联工作时，每台泵所产生的扬程相等，它比单独一台泵工作时高一些；泵组总的流量为共同运行时各台泵流量之和，其中每台泵的工作流量却比其单独工作时的流量减少了。并联工作的泵台数愈多，每台泵流量比单独工作时的流量减少的幅度愈大，即总流量增加的比例愈小。因此，一般尽量不要用多台泵并联工作。实际生产中一般只有在下述情况下才考虑采用并联工作：

① 需要的流量很大，以至如此大流量泵在制造方面很困难或造价太高；

② 生产中所需流量波动幅度较大，大流量时用多台泵并联工作，低负荷时从并联管网中停止个别泵的运行。这种情况在石油化工生产中比较常见；

③ 需要备用泵时，便于机组切换；

④ 工程分期进行时，后期工程中的设备采用并联方式与首期工程设备联合工作，这样既充分发挥原有设备的作用，又能满足扩建后负荷增大的需要。

两台泵的性能差异愈大，并联泵组流量增加的比例愈小。因此，并联工作的泵应具有相同或相近的性能。

4.2.5 离心泵的维护

4.2.5.1 离心泵的润滑

（1）润滑油的作用

润滑油的主要作用有：润滑、冷却、冲洗、密封、减振、保护、卸荷。

（2）润滑油的使用要求

① 运行中机泵润滑油的更换方法。

a. 润滑油经过一、二级过滤后装进油壶。

b. 打开机泵加油孔，装上有滤网的漏斗。

c. 打开放油孔，边加油边放油。

d. 观察润滑油颜色正常且无杂质后上紧放油孔。

e. 将润滑油加至正常油位，上紧加油孔。

② 轴承润滑是否正常的鉴别方法。

a. 润滑油不变质。

b. 油面正常。

c. 甩油环正常。

d. 轴承的温度合适。

e. 轴承无异常声音。

③ 润滑油变质的现象有：变色、乳化、含水、含杂质。

④ 润滑油中的水对润滑油的危害：

a. 水分可使润滑油的黏度降低和减弱油膜的强度。

b. 在低于 0℃时水要结冰，严重地影响润滑油的低温流动性。

c. 水分会增加润滑油的泡沫性，使润滑油易于产生泡沫。

d. 水分能加速润滑油的氧化和促进低分子有机酸对金属的腐蚀。

4.2.5.2 离心泵的冷却

当机泵输送介质温度大于100℃时，轴承需要冷却，大于150℃时，密封腔一般需要冷却，大于200℃时，泵的支座一般需要冷却。

冷却水的作用是：

① 降低轴承的温度。

② 带走从轴封渗漏出来的少量液体，并传导出摩擦热。

③ 降低填料函温度，改善机械密封的工作条件，延长其使用寿命。

④ 冷却泵支座，以防止因热膨胀而引起泵与电动机同心度的偏移。

冷却水一般尽量用循环水或新鲜水，只有当它们的硬度大于4.5mg当量/L时，才用软化水并循环使用。泵正常工作时，冷却水的开启大小以排水温度为40℃左右时最合适，冷却效果为最佳。因为端面密封的冷却水开得太大，动环静环的聚四氟乙烯密封圈因水温太低硬化，丧失弹性，密封失效；而太小则起不到冷却效果。

4.2.6 机泵的故障及处理

离心泵的常见的故障主要可分为两类：一是泵本身的机械故障，如密封泄漏、烧轴承等。出现这些故障的原因除配件自身质量、配件安装质量、配件使用寿命外，还与操作也有很大的关系。比如因操作不当机泵抽空易造成机泵密封泄漏，润滑油油位过低易造成烧轴承等故障。另一类是泵和管路系统的故障，如机泵不上量、流量下降等。判断离心泵故障主要通过仪表，特别是观察机泵工作时压力表和真空表读数的变化。例如，在运转中离心泵的排液高度不变，但压力表读数却发生了变化，说明排出管路阻力损失发生了变化。同样如真空表读数发生较大变化，说明吸入管路系统阻力损失发生了变化。同时还可以通过观察电流表读数、听声音、测量轴承温度、机泵振动情况等判断故障的部位及原因。

常减压蒸馏装置中常见的离心泵故障原因及排除方法见表4－1。

表4－1 离心泵故障原因及排除方法

故 障	产生原因	排除方法
开泵后不上压（即抽空）	（1）泵未注满液体 （2）泵轴反向转动 （3）泵内漏入气体 （4）入口线不通或阀门未开 （5）液面过低，进口压力不足	（1）重新注满泵 （2）重接电机导线 （3）停泵检查，打开排空阀排出气体 （4）详细检查流程，吹扫管线，开大入口阀 （5）及时控制正常液面或换罐，增加进口压力
机泵运转中突然抽空	（1）串气 （2）封油汽化、带水或过大 （3）叶轮堵塞或磨损或松脱 （4）预热操作不当或速度过快 （5）冷却水套穿孔或密封不严串水串空气 （6）出口阀开度太小，产生流蜗汽化 （7）进口液面过低 （8）吸入介质温度突然升高产生汽化 （9）由于安装不合适，叶轮与泵体或口环严重磨损 （10）机械密封安装不合适或机械密封损坏	（1）找出串汽点，排除泵内汽体 （2）关小封油，消除封油水源 （3）换泵检修 （4）检查预热情况，暂停预热，再缓慢恢复预热 （5）关小冷却水或换泵检修 （6）开大出口阀 （7）提高液面至正常或换罐 （8）降低入口介质温度 （9）停泵检修 （10）换泵、更换密封

续表

故　障	产 生 原 因	排 除 方 法
泵体振动	(1) 泵轴与电机轴不同心 (2) 地脚螺母松动或地基基础薄弱 (3) 泵发生汽蚀现象 (4) 轴承损坏 (5) 转子不平衡或轴弯曲 (6) 串轴严重 (7) 进出口管线振动	(1) 换泵修理 (2) 换泵修理 (3) 停泵检查，排除故障 (4) 换泵修理 (5) 重新做平衡试验进行校正 (6) 换泵修理 (7) 检查消除管线振动
流量下降或排空	(1) 泵内漏入气体 (2) 密封环磨损 (3) 吸入管中压力接近液体汽化压力 (4) 泵内吸进粘杂质，使叶轮堵塞或多级泵的中间级堵塞 (5) 泵的转数不够或反转 (6) 叶轮松脱或叶轮装反了 (7) 叶轮严重腐蚀而损坏 (8) 泵排出端的压力超过设计压力造成反压超高 (9) 由于温度降低使介质黏度增大或超过设计时的黏度 (10) 由于调节阀开度太小或单向阀失灵，管路堵塞等原因，使泵排出管路阻力增大 (11) 出口管线中有气囊	(1) 停泵检查 (2) 换泵更换密封环 (3) 减少吸入管路阻力 (4) 停泵排除杂物 (5) 换泵处理 (6) 换泵修理 (7) 换泵更换叶轮 (8) 控好排出压力 (9) 提高介质温度 (10) 详细检查流程，设法减小管路阻力 (11) 吹扫管线，排净气体
泵出口压力高	(1) 输送管路出口段堵塞 (2) 压力表失灵	(1) 检查管路排除故障 (2) 更换压力表
启动时电流超过允许值	(1) 电机和泵内有过大摩擦力 (2) 泵出口阀未关 (3) 轴的间隙过小 (4) 盘根压得过紧 (5) 安装质量不合格 (6) 电流表失灵 (7) 泵内有杂物	(1) 停电检查 (2) 关死出口发阀 (3) 停机修理 (4) 停机修理 (5) 停机修理 (6) 停机修理电流表 (7) 停机清除杂物
运转时电流过大	(1) 电机超负荷，泵流量过大 (2) 电机或泵的轴承损坏 (3) 转子和定子安装不良有磨损 (4) 电流表失灵 (5) 电机潮湿，绝缘不好	(1) 关小泵出口阀 (2) 换泵，更换轴承 (3) 停机修理 (4) 停机修理 (5) 停机修理
轴承过热	(1) 润滑油(脂)液面过高或过低，变质或杂质多 (2) 同心度不正 (3) 轴承或密封环磨损 (4) 机泵振动 (5) 冷却水或封油不足 (6) 油环甩脱或不转 (7) 超负荷运转	(1) 调整润滑油或换油 (2) 停泵修理 (3) 停泵修理 (4) 停泵修理 (5) 加大水量和封油量 (6) 停泵修理 (7) 调整排出量

续表

故　障	产 生 原 因	排 除 方 法
密封泄漏大	（1）端面密封面磨损 （2）泵抽空时间长 （3）密封安装不良 （4）盘根压得松 （5）冷却水中断	（1）换泵，更换 （2）迅速消除抽空，适当加大冲洗，泄漏严重时则换泵 （3）停泵修理 （4）停泵修理 （5）及时给上冷却水
电机机身温度过高	（1）绝缘不好 （2）电机轴承不正 （3）超负荷，电流过大 （4）电压太低，电流大	（1）停机检修 （2）停机检修 （3）调整操作 （4）停机查找原因
泵或电机有杂音	（1）轴承无润滑油(脂)或磨损或松动 （2）泵内有杂物 （3）安装质量差，叶轮松动 （4）串轴严重，止推轴承间隙大 （5）半抽空	（1）加足油量或换泵 （2）换泵处理 （3）换泵处理 （4）换泵处理 （5）调整操作
盘车不动	（1）油品凝固 （2）机泵部件损坏卡死 （3）轴弯曲严重	（1）加强盘车和预热 （2）联系修理 （3）联系修理
冲洗油打不进	（1）封油管不通(锈堵、冻死或阀坏) （2）底套松动或磨损严重 （3）安装时油孔未对正	（1）用蒸汽加温管外壁或换泵处理 （2）换泵处理 （3）换泵处理

4.3 往 复 泵

往复泵与离心泵相比，结构较复杂、体积大、成本高、流量不均匀；但在小流量、高扬程方面的优势远远超过离心泵。它具有自吸能力，启动前不需先灌泵；严禁像离心泵那样用出口阀开度调节流量，否则会造成压力过高憋坏设备；输送黏性液体时效率较高；用作计量泵时计量准确。另外，在装置全面停电的情况下，蒸汽往复泵能利用蒸汽正常启动，给初馏塔塔顶、常压塔塔顶打回流，防止塔顶温度、压力过高。往复泵的主要结构包括泵缸、活塞、活塞杆、填料函、阀。

4.3.1 往复泵的分类

往复泵的分类，一般有以下几种：

① 按活塞构造形式可分为：活塞式往复泵、柱塞式往复泵、隔膜式往复泵。

② 按传动方式可分为：动力往复泵、直接作用往复泵 、手动往复泵。

③ 按泵的工作方式可分为：单作用往复泵、双作用往复泵、差动泵。

④ 按泵缸的位置可分为：卧式往复泵(泵缸中心线平行于地平线)、立式往复泵(泵缸中心线垂直于地平线)。

⑤ 按泵缸的数目可分为：单缸、双缸、三缸、多缸。

4.3.2 往复泵的型号

往复泵的型号由汉语拼音字母和数字组成。拼音字母前的数字表示缸数，拼音字母后是一组分数，分子表示流量(m^3/h)，分母表示泵的压力($\square\times10^5$Pa)。汉语拼音字母表示泵的类型和特性，D——电机带动；Q——蒸气机带动；S——清水泵；N——泥浆泵；B——比例泵；L——立式泵等。

例如：

2DS－50/6

- 6——最大工作压力 6×10^5Pa
- 50——最大流量 $50m^3/h$
- S——输送清水
- D——电动往复泵
- 2——双缸

$2QYR_{40}$－56/25

- 25——最大工作压力 25×10^5Pa
- 56——最大流量 $56m^3/h$
- R_{40}——热油泵，介质温度 ×1/10，即 400℃
- Y——输送介质为油
- Q——蒸汽驱动
- 2——双缸

QYR 型泵为热油泵，而 QY 型泵主要用于输送 ±40℃范围内的丙烷、丁烷等液态烃或 150℃以下的油品。

4.3.3　往复泵的性能参数

（1）扬程

往复泵的扬程与流量无关。往复泵所能供给的最大扬程是由泵的机械强度、原动机的功率和工作系统需要而定。

（2）流量

往复泵的流量是指一定时间内泵所能排送的液体量。

$$Q_t = A \cdot S \cdot n = \frac{Vn}{60} = \frac{\pi D^2}{4} \cdot S \cdot n \qquad (4-1)$$

式中　Q_t——理论流量，m^3/s

A——活塞圆面积，m^2；

S——活塞行程，m；

n——活塞每分钟往复次数，次/min；

V——工作体积，m^3；

D——活塞的直径，m。

（3）功率

往复泵功率是指单位时间内对输出液体所作的有效功，即有效功率，符号 N_e。

$$N_e = \rho QHg \quad W \qquad (4-2)$$

式中　ρ——流体的密度，kg/m^3；

Q——实际流量，m^3/s；

H——扬程，m。

(4) 效率

与离心泵一样，轴功率和有效功率之差为泵的损失功率，其大小用泵的效率来衡量。往复泵基本上有三种能量损失：容积损失、水力损失和机械损失。这些能量损失可以分别以各种效率来表示。往复泵总的效率可用符号 η 表示，其值一般在 0.6 ~ 0.95 之间。动力泵可取 0.6 ~ 0.85；蒸汽直接作用往复泵可取 0.8 ~ 0.95。

$$\eta = \frac{N_e}{N} \tag{4-3}$$

式中 N——轴功率，W。

4.3.4 往复泵的性能特点和应用

① 如果泵的强度、密封允许，配备的功率无限大，则泵的排出压力可以无限高。从往复泵的工作原理可知，活塞的一个往复过程所需要的时间是近似恒定的，而液体又是不可压缩的。所以，即使排出阀的开度很小，排出管阻力很大，活塞仍然必须在这个恒定的时间内把缸内的液体排出，故排出压力必然很高。

② 流量与排出压力无直接关系。从式(4 - 1)可以看出，流量仅与活塞面积、行程、往复次数有关，因而往复泵不能用改变排出压力的办法来调节流量。

③ 具有自吸能力。往复泵是依靠活塞在泵缸中改变容积而吸入和排出液体的，因此，泵在启动时能把吸入管内的空气逐渐抽吸上来并排出，启动前不需要灌泵；但初次启动时为避免运动件的干摩擦，需先灌一次泵。

④ 流量不均匀。往复泵活塞的瞬时速度是变化的，故排出流量不均匀，在运转中易产生冲击和振动。

往复泵主要应用在小流量、高扬程的场合以及要求自吸和正确计量方面。

4.3.5 蒸汽往复泵的操作

(1) 开泵前的准备工作

① 检查泵的各部件是否齐全，尤其是两缸主体和连杆机构是否有问题，地脚螺丝等是否牢固。

② 注油器加足合格润滑油，并用手摇动注油器，观察上油情况，各活动部件的注油点按要求加好油。

③ 检查盘根，若损坏应更换新的或增加几圈。

④ 改好泵的进、出口流程，稍开压力表阀。

⑤ 消除泵座及周围的脏杂物。

⑥ 新修的泵联系检修单位到现场协助、检查。

(2) 开泵

① 打开蒸汽管线上的放水阀，将水排尽。

② 打开汽缸底部的放水考克，将水排尽。

③ 打开泵的出口阀，再打开泵的入口阀。

④ 打开泵的乏汽排出阀。

⑤ 稍开进汽阀暖缸，待放水考克排出的蒸汽不含冷凝水后将考克关闭。

⑥ 慢慢开大进汽阀，将泵启动。

(3) 正常操作的管理与维护

① 检查注油器的上油情况，按时对泵的活动部件油眼加油，润滑油牌号要符合要求。

② 泵的操作要平稳，进行中如有杂音和抽空，必须降低冲程数即关小蒸汽进口阀。

③ 经常检查出口压力变化情况，不许超出铭牌指标。

④ 发现盘根漏油时要及时处理，但要注意不能使压盖歪斜或上得过紧。

⑤ 经常检查泵的各部分螺丝是否松动。

(4) 流量、压力、冲程长度和冲程次数的调节

① 冲程长度与冲程次数不变，开大泵出口阀，出口压力降低，但出口阀开大，阻力减小，冲程数跟着加快，流量提高；反之关小出口阀，压力升高，流量下降。

② 其他条件不变，只改变冲程长度，流量值亦增高。增加两个止动螺母之间的距离，冲程长度增大。反之，则减小。

③ 其他条件不变，开大蒸汽进口阀，冲程加快，流量压力均提高。关小蒸汽进口阀，冲程次数减小，流量压力均下降。

(5) 停泵

① 关泵的蒸汽进口阀。

② 关泵的乏汽排出阀。

③ 打开汽缸的放水考克放净余汽。

④ 关掉泵的入口阀，再关掉出口阀及压力表阀。

4.3.6 蒸汽往复泵的常见故障及排除方法

常见的往复泵的故障原因及排除方法见表4-2。

表4-2 常见的往复泵故障原因及排除方法

故障现象	产生原因	排除方法
泵无法正常启动	(1) 乏汽排出阀开得小 (2) 汽缸有冷凝水 (3) 出口阀未开，油缸有压力 (4) 盘根过紧 (5) 汽缸涨圈断裂 (6) 汽缸活塞螺母帽脱落，或拉杆拧紧螺帽脱落 (7) 蒸汽压力不足 (8) 拉杆处于中间位置、错汽门关闭 (9) 摇臂销子脱落 (10) 油缸活塞掉缸	(1) 开大乏汽排出阀 (2) 放掉冷凝水 (3) 打开油缸出口阀 (4) 适当放松压盖螺丝 (5) 停泵更换汽缸涨圈 (6) 停泵装好活塞螺帽和拧紧螺帽 (7) 提高蒸汽压力 (8) 调整拉杆位置 (9) 停泵修理 (10) 停泵修理
活塞捣缸及振动	(1) 冲程长度过大或汽化抽空 (2) 油缸缸套松动 (3) 汽缸的冷凝液未排出	(1) 减冲程长度和往复次数 (2) 联系修理 (3) 排出冷凝液
泵抽不上量	(1) 液体温度太高，汽化或液面过低吸入气体 (2) 入口管线阀门未开或开得太小 (3) 泵入口管凝堵或过滤器堵死 (4) 单向阀门弹簧力不足或卡，单向阀门阀片启开度不够 (5) 单向阀门不严 (6) 油缸和活塞间隙大或涨圈不严 (7) 单向阀门阀片跳出固定位置 (8) 吸入管堵塞(包括阀芯脱落) (9) 吸入管漏气或串蒸汽	(1) 降低液体进口温度，保证一定液面或降低冲程次数 (2) 打开入口阀至适当开度 (3) 扫线或清扫过滤器 (4) 停泵联系修理 (5) 联系研磨单向阀 (6) 停泵、联系更换缸套和涨圈 (7) 联系调整单向阀门阀片 (8) 检查管路、确定部位处理 (9) 详细检查入口流程，找出漏气或串气点处理

续表

故障现象	产生原因	排除方法
单向阀门有敲击声	弹簧松了或断了	停泵检修
汽缸或错汽阀发生咯吱声	润滑不良，错汽歪斜或涨圈太紧，缸内缺油形成干磨	停泵检修，增加注油量加强润滑
错汽阀发生冲击声	进排气不均	检查排气孔
填料压盖漏油、漏气	（1）盘根损坏 （2）填料压盖未上紧或盘根不足 （3）汽缸、油缸填料压盖中心孔不正 （4）拉杆磨损间隙大或表面粗糙 （5）填料压盖两个螺母上得不均匀	（1）更换 （2）联系上紧加足盘根 （3）联系校正 （4）联系更换磨光拉杆 （5）上均匀螺母
压力不稳定或打不上压	（1）单向阀门不平或弹簧力不一致 （2）涨圈在槽内不灵活或弹力不足 （3）压力表失灵 （4）缸套磨损间隙太大 （5）单向阀门垫片损失	（1）研磨单向阀或更弹簧 （2）联系修理或更换涨圈 （3）更换压力表 （4）更换缸套 （5）更换垫片
流量不足	（1）单向阀门关不严 （2）涨圈与缸套间隙大 （3）冲程次数少或冲程太短 （4）液面太低吸入压头不足 （5）管路阻力过大，进口阀未开大	（1）联系研磨单向阀门 （2）联系修理 （3）调节冲程次数或冲程长度 （4）保持正常液面 （5）检查纠正

4.4 计 量 泵

计量泵是以其作用命名的，它是一种流量可以调节的容积式泵，多数为往复式。在常减压蒸馏装置中一般用它作为初馏塔塔顶、常压塔塔顶、减压塔塔顶注缓蚀剂及原油注破乳化剂、注氨的流量调节和正确计量。往复式计量泵有柱塞式和隔膜式两类。

4.4.1 柱塞式计量泵

柱塞式计量泵是一种流量可以无级调节和正确计量的柱塞式往复泵，它由泵缸、传动机构和柱塞行程调节机构组成。一般是通过调节调节机构的柱塞行程，从而达到调节流量的目的。柱塞计量泵结构简单，计量精度高（计量误差为 ±0.5% ~ ±2% 左右），可靠性好，调节范围宽。它尤其适合在高压、小流量的情况下进行计量。

4.4.2 隔膜式计量泵

隔膜式计量泵亦称隔膜泵，是容积泵中较特殊的一种形式。它依靠隔膜片的来回鼓动而吸入和排出液体。隔膜借柱塞给予油路的压力脉动作来回鼓动的称液体作用式；如隔膜是用与其中心相连的推杆机构来驱动的称机械作用式，应用最广泛的是液压传动。隔膜用耐磨、耐腐蚀的弹性材料制成，有平板隔膜、波纹管隔膜和管式隔膜等形式，其中平板隔膜应用最广。

隔膜泵密封性能好的特点，适合输送和计量易燃、易爆、强腐蚀、剧毒、高黏度等液体（如常减压蒸馏装置中塔顶注剂中的氨）。但隔膜式计量泵与柱塞式计量泵比较，它的计量精度低、运转可靠性差、维修亦较困难。

4.4.3 计量泵的使用与维护

（1）启动前的准备工作

① 新安装的泵内外表面应用煤油清洗干净，检查、清洗所有润滑油孔。

② 新安装的管路应清洗干净，检查各连接处是否有堵塞或泄漏的地方。

③ 检查各连接部分是否紧固。

④ 根据泵使用的环境温度，传动机构箱体内应加入润滑油至油标中部为止。

⑤ 用手转动连轴器，使泵转动两圈以上，检查有否影响转运的障碍。

⑥ 开车时排出、吸入管路的阀门都应全开，并将流量调在零的位置，打开进出口连通阀。

⑦ 做好以上准备工作后，联系检修单位检查电源，启动电机，正常后缓慢关进出口连通阀。

⑧ 根据使用要求，可以按泵出厂的流量标定曲线或按实际工作所作的流量标准曲线，查出对应的相对行程长度调节流量。

（2）停泵

停泵顺序：拉下电源，关进出口管路阀门，若长期停泵应排净泵内液体。

（3）使用中的维护

① 要注意压力表、电流表等仪表的读数，压力增加应检查排出管路是否堵塞或阀门开度，电流增高得不正常，要检查泵本身及电器设备是否有问题。

② 要注意各传动部件有无异常响声及泵阀的工作情况。

③ 检查柱塞处的漏损及温升，漏损不应超过表 4－3 的规定。如果漏损太多或温升过高应调节填料压盖。

表 4－3 机泵泄漏量的一般要求

泵公称流量/(L/h)	泄　漏　量
>10	<公称流量的 0.01%
1～10	≤1(mL/h)
>1	<0.2(mL/h)

④ 各运动附件及轴承的温升不应太高。润滑油的温度不超过 60℃。

⑤ 各连接处无泄漏。

⑥ 经常检查润滑情况，润滑油要及时更换，新泵每半月更换一次，2 个月后每半年更换一次(发现变质应立即更换)。

⑦ 泵除因特殊原因必须临时更换一些零件外，运转 4000h 应更换易损部件，运转 8000～16000h 后应进行拆洗、检查。

4.4.4 计量泵常见故障的原因及排除方法

计量泵常见故障的原因及排除方法见表 4－4。

表 4－4 计量泵常见故障的原因及排除方法

故障现象	产生原因	排除方法
电机不能启动	（1）电源无电 （2）电机一相或两相断电	（1）检查电源供电情况 （2）检查保险丝或接触器接点是否良好

续表

故障现象	产生原因	排除方法
不排液或排液不足	(1) 吸入管路堵塞或吸入管路阀门未开 (2) 吸入管太长、压力降大 (3) 吸入或排出阀的阀心掉或有杂物堵 (4) 柱塞填料密封处泄漏严重 (5) 电机转数不足或不稳 (6) 吸入液面太低或液体黏度大	(1) 检查吸入管、过滤管、打开阀门 (2) 加大吸入管、减少压降 (3) 检查阀的密封性，必要时更换阀门 (4) 调节填料压盖或更换新填料 (5) 稳定电机转数 (6) 收配溶剂、加温
泵的出口压力达不到性能参数	(1) 吸入或排出阀的阀心掉或有杂物堵 (2) 柱塞填料处密封泄漏严重 (3) 电机转数不足或不稳 (4) 吸入液面太低或液体黏度大 (5) 柱塞零点偏移	(1) 检查阀的密封性，必要时更换阀，阀座 (2) 调节填料压盖或更换新填料 (3) 稳定电机转数 (4) 收配溶剂、加温 (5) 重新调整柱塞零点
零件过热	(1) 传动机构中油箱内的油量过多或不足，油有杂质 (2) 各运动附件润滑情况不好 (3) 填料压得过紧	(1) 更换新油，使油量适宜 (2) 检查，清洗各油孔 (3) 调整填料压盖
泵内有撞击声	(1) 各运动附件间隙磨损严重 (2) 阀升程太高	(1) 调节或更换零件 (2) 调节升程高度，避免阀的滞后

4.5 压　缩　机

4.5.1 活塞式压缩机

4.5.1.1 活塞式压缩机的型号

活塞式压缩机型号的标注及意义如下：

如 5L－40/8

5——设计序号；

L——汽缸排列呈 L 型；

40——排气量(吸入状态下)，$40m^3/min$；

8——排气压 8×0.0981MPa。

活塞式压缩机机型代号见表 4－5。

表 4－5　活塞式压缩机机型代号

机型代号	结构简介	机型代号	结构简介
L	汽缸呈 L 型排列	P	汽缸水平排列(即Ⅱ型排列)
V	汽缸呈 V 型排列	M	M 型对称平衡式
W	汽缸呈 W 型排列	H	汽型对称平衡式
Z	汽缸直立排列(立式)	D	对置或对称平衡式
S	汽缸呈扇型排列		

4.5.1.2 活塞式压缩机的试车

(1) 试车前的准备

① 确定检修记录准确合格。

② 清扫润滑油箱，加入足够的合格的润滑油。启动油泵，将油压调至一定值，并检查

各润滑点的供油及回油情况。

③ 摇动注油器，使汽缸与填料充分润滑。

④ 开启冷却水阀和回水阀，并检查冷却水的压力及回水情况。

⑤ 拆下各级进、排气阀。

⑥ 盘车应无卡涩现象。

⑦ 启动电机，确定电机转向正确。

（2）试车

① 按操作规程启动机组，检查各部件有无异常现象。

② 检查润滑油压力是否稳定正常。

③ 检查各轴承及滑道润滑，观察回油是否畅通。

④ 检查压缩机所有摩擦部位的温度：滑动轴承不得超过 65℃，滚动轴承不得超过 70℃。

⑤ 连续运行 1h 后，若无任何异常现象，即可停机。

（3）负荷试车

① 缸内通入介质，检查各密封部位有无泄漏。

② 盘车，检查缸内是否有碰撞声。

③ 按机组操作规程启动机组，检查各传动件是否有异常现象。

④ 检查压缩机曲轴轴承、连杆轴承等各部件温度。

⑤ 检查各级汽缸进出口的气体温度和冷却水回水温度。

⑥ 检查各级出口压力，应符合工艺要求。

⑦ 压缩机所属的电气、仪表及联锁装置应达到各专业技术规定的要求。

⑧ 记录运行情况，并及时处理运行中发现的问题。

4.5.1.3 活塞式压缩机的排气量调节

系统的实际耗气量是可能变化的。当耗气量小于压缩机的排气量时，系统中压力不断提高。由于活塞式压缩机的排气量不会因背压的升高而自动降低，此时，在日常操作中若不采取措施减少排气量，系统压力将会达到不允许的程度，可能会出现憋坏设备甚至发生爆炸事故，这就要求对压缩机的排气量进行调节，以适应变化了的耗气量的要求。

通常排气量调节的方法主要有转速调节、管路调节、吸气阀调节、辅助容积调节。

（1）转速调节

转速调节分连续和间断调节两种。

① 连续变速调节。不计泄漏时，压缩机的排气量就是每单位时间内吸入的气体体积量。它与转速有关，要求调节排气量时，可用调节单位时间内转速，即调节驱动机的转速来达到。

这种调节方法只适应于可变转速的驱动机，如内燃机、直流电动机、三相交流整流子电动机。

② 间断地停转调节。当压缩机用不可变速驱动机驱动时，采用压缩机暂时停止运转的办法来调节排气量。当耗气量小于压缩机的排气量时，压缩机出口储气罐压力升高。当压力上升到规定的上限时，压力继电器切断驱动机电源，使驱动机停止运转。这时储气罐耗气而压力下降，当压力降低到规定的下限时，压力继电器接通电源，压缩机启动，又开始供气。这就是压缩机采用间断地停止运转而降低供气量的方法。

该方法的优点是：易于实现自动控制、停转后不消耗动力、经济性好。缺点是频繁启动、停机，增加零部件的磨损，启动动力消耗大。如有较大的储气罐，可减少启动次数。

（2）管路调节

管路调节包括切断吸气调节、节流吸气调节和回流调节。

① 切断吸气调节。对于大、中型压缩机采用频繁的停转调节是不允许的。这时，可以利用专门阀门切断吸气管路，使排气量为零，得到间断调节。此时功率约为正常工况指示功率的2%～3%。切断吸气管路的专门阀门称停止吸气调节阀。它主要由阀体及双阀板组成。阀板的开闭由来自压力调节器的气体压力控制。阀座是双通道的，可以减小调节阀的启动力。

这种调节方法的特点是汽缸停止吸气期间，缸内气体几乎不消耗活塞的机械功。缺点是缸内气体温度过高，可能引起润滑油的热分解；对单作用压缩机，缸内气体压力降至大气压力以下时，可能从活塞环处向缸内吸进空气和润滑油。对一些不允许和空气混合的气体压缩机，应禁止采用这种调节方法。

② 节流吸气调节。在压缩机的进气管路上装节流阀，使吸入汽缸的气体节流降压，减少排气量。节流后吸气量减少，故排气量减少。

这种调节方法的优点是可以实现无级调节。缺点是节流程度不大时，气体耗功增大。这种方法在工业中很少应用。

③ 回流调节。回流调节即吸、排气管连通调节。在压缩机的排气管路上装设旁通管，并与吸气管相连，在旁通管路上安装阀门。当需要降低压缩机的供气量时，打开旁通管路上的阀门，一部分或全部排出的气体便又回到吸气管路中，这样就达到了排气量调节的目的。

（3）顶开吸气阀调节

全行程顶开吸气阀调节时，借助完全顶开吸气阀调节装置在压缩机循环的全部行程中始终处于开启状态，机器空转，排气量为零，从而获得排气量的调节。

4.5.1.4 活塞式压缩机的润滑

压缩机中所有作相对运动的零部件表面间，如活塞环与汽缸、活塞杆与填料、连杆大头与曲柄销、十字头与滑道、主轴与主轴承等，除采用自润滑材料外，都需要进行润滑。

（1）润滑的作用

使相对运动表面间的摩擦变为液体摩擦，以减小磨损，降低功耗；活塞环与气面起冷却作用；冲洗异物以及起防锈防腐作用。

（2）润滑油选择

① 汽缸部分润滑油的选用。对润滑油的基本要求是：在操作温度下有足够的黏度，以便保持一定的油膜强度；在操作条件下有良好的氧化安定性，不与被压缩气体发生化学反应；有较好的水溶性；闪点比排气温度高20～25℃。

② 运动机构润滑油的选择。无十字头压缩机运动机构用润滑油与汽缸润滑油相同。有十字头压缩机运动机构的润滑除了减少磨损，还有冷却摩擦表面，并带走摩擦下来的金属小颗粒的作用。因此，除了对润滑油的性质有要求以外，还应有一定的油量。

运动机构相互摩擦表面处的温度一般低于70℃，且又不直接与压缩介质接触，所以运动机构的润滑通常用机械油。

运动机构的润滑油是循环使用的。在循环系统中使用的润滑油通常半年更换一次，或黏度变化超过原黏度的±20%、酸值达0.6KOHmg/g以上即要更换。

（3）润滑方式

① 汽缸部分的润滑方式。按润滑油到达汽缸镜面的方式，汽缸润滑分飞溅润滑和压力润滑。

飞溅润滑主要用于微、小型单作用压缩机。飞溅到缸壁上的油绝大部分又被刮回油箱，同时有少量随压缩气体排出。此法较简单，但难以控制润滑油量，耗油量大，易形成积炭。

压力润滑即压力注油润滑，它用于有十字头的压缩机。这种方式由注油器将润滑油注入各级汽缸及填料处。其注油点及注油量均可以控制。它是一种应用范围很广的润滑方式注油点根据汽缸直径大小一般为1～4个。注油器多采用单柱塞真空滴油式注油器。

② 传动机构的润滑方式。传动机构的润滑方式也分为飞溅润滑和压力润滑两种。

飞溅润滑是依靠连杆大头装设的打油杆打击油面，使润滑油溅起并飞至那些需要润滑之处，润滑摩擦表面。这种方式不能有效带走热量，又无法对油滤清，故仅适用于小型压缩机。

压力润滑靠油泵将润滑油输至各摩擦面。图4－1为简单的压力润滑系统。工作时油泵由曲轴驱动，润滑油由入口滤清器进入，经油泵送去滤清，然后导入曲轴的油孔并送至润滑面。油泵和滤清器之间的回油阀用来防止泵送油量过大，或滤清器堵塞，使油压无限升高，导致破坏事故。润滑油压力一般为0.08～0.3MPa。

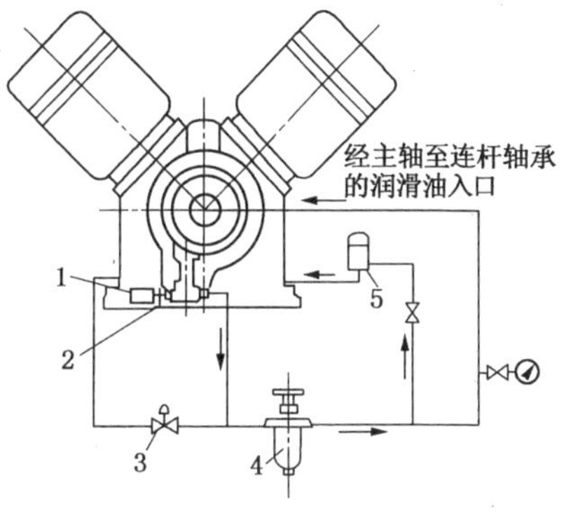

图4－1　简单的润滑系统

1—入口滤清器；2—齿轮泵；3—回油泵；4—细滤器；5—精滤器

4.5.1.5　活塞式压缩机的冷却

活塞式压缩机的冷却包括汽缸冷却、级间冷却及某些压缩机的最终排出气体的后冷却。冷却方式分为风冷和水冷。前者用于小型移动式压缩机，效果差且消耗动力多。大部分压缩机采用水冷。个别场合采用油或其他液体对压缩机冷却。

压缩机的水冷却系统一般分为串联式、并联式和混联式。

① 串联式。即冷却水首先进入中间冷却器，然后通入一级汽缸水套，再进入下一级汽缸水套，从二级汽缸水套出来的水再通入后冷却器。串联式冷却的优点是系统简单，但只适用于两级压缩，因为级数多时，后面各级的冷却较差。

② 并联式。即冷却水分别同时通入各冷却部位，可方便地调节各处水量，发生故障时检查方便，但并联式配管比较复杂。它适用于多级压缩。

③ 混联式。冷却水通入中间冷却器，然后进入各汽缸冷却水套。混联式级数不受限制，且具有串联、并联式的共同优点。

4.5.1.6　活塞式压缩机的日常维护

① 定时巡检做好记录。

② 定时检查各部轴承温度，应符合规定。

③ 定时检查润滑情况，保证润滑良好(包括液位、油温、油压等)。

④ 定时检查冷却水出口温度，应符合规定。

⑤ 定时检查出入口压力、流量及温度。

⑥ 定时检查各密封部位是否泄漏。

⑦ 定时检查各运动件有无异常声音，紧固件有无松动。

⑧ 定期监测机组振动情况。

4.5.1.7 活塞式压缩机常见故障及处理方法

活塞式压缩机常见故障及处理方法见表4－6。

表4－6 活塞式压缩机常见故障及处理方法

故障现象	产生原因	排除方法
轴承温度高	（1）轴承与轴颈接触不均匀或间隙过小 （2）轴颈圆柱度与轴直线度偏差过大 （3）润滑油量不足或油质超标 （4）润滑油进油温度高	（1）检查调整轴承间隙 （2）校轴 （3）调节油泵量或更换润滑油 （4）调节油冷却器水量或水温
汽缸温度高	（1）冷却水管不通畅或给水不足 （2）缺少润滑油	（1）清洗冷却水管，保持充足的给水量 （2）检查注油系统
排气温度超过正常值	（1）排气阀泄漏 （2）吸入温度超过规定值 （3）汽缸或冷却器冷却效果不良	（1）检查排气阀 （2）检查工艺流程 （3）检查冷却
汽缸内和运动部件发生异常声音	（1）汽缸有故障 （2）汽缸余隙容积太小 （3）汽缸内有异物 （4）汽缸内进入液体 （5）汽缸套松动或断裂 （6）活塞杆螺母松动 （7）连杆螺栓、轴承盖螺栓、十字头螺母松动或断裂 （8）主轴承连杆大、小头轴承、十字头滑道间隙过大 （9）各轴承与轴承座接触不良、有间隙 （10）曲轴与联轴器配合松动	（1）检查气阀 （2）调整余隙容积 （3）检查汽缸 （4）检查处理 （5）检查汽缸 （6）紧固螺母 （7）紧固或更换 （8）检查并调整间隙 （9）刮研轴承衬背 （10）检查处理
管路发生不正常的震动	（1）管卡太松或断裂 （2）支撑钢性不够 （3）管架或吊挂不牢	（1）紧固或更换 （2）加固支撑 （3）加固管架或吊挂
油泵的油压不够或没有压力	（1）吸油管不严，内有空气 （2）油泵泵壳和填料不严密漏油 （3）吸油阀有故障或吸油管堵塞 （4）油缸内润滑油太少 （5）滤油器太脏	（1）堵漏 （2）检查处理 （3）检查处理 （4）添加润滑油 （5）清洗过滤网
排出压力降低	（1）活塞环漏气 （2）阀片漏气	（1）检查，更换活塞环 （2）更换阀片
排气量达不到设计要求	（1）气阀泄漏，特别是低压气阀漏气 （2）填料漏气 （3）汽缸余隙容积过大	（1）检查，更换气阀 （2）更换填料 （3）调整汽缸余隙

4.5.2 风机

风机是用来压缩和输送气体的机器。风机按排气压力的大小分为通风机和鼓风机。当排气压力 $P_d \leqslant 14710\text{Pa}$ 时称为通风机。当排气压力 $P_d > 14710\text{Pa}$ 而又小于或等于 $19.6 \times 10^4\text{Pa}$ 时称为鼓风机。常减压蒸馏装置加热炉的供风普遍使用离心式鼓风机，其主要由机壳、转子组件、密封组件、轴承、润滑装置等组成。

4.5.2.1 风机的操作

(1) 开机前的准备工作

① 检查机座及各部件螺丝是否牢固齐全；

② 检查空气过滤网是否有杂物堵塞；

③ 检查风道内是否有杂物；

④ 检查叶轮与风筒间隙是否正常，有无摩擦现象；

⑤ 检查风机传动组的润滑油情况，油位是否合适；

⑥ 盘车有无轻重不均的感觉；

⑦ 检查风机进出口蝶阀调节是否灵活好用。

(2) 启动步骤

① 风机启动前应关闭进口蝶阀，使风机空载启动。

② 检查完好，可启动风机，观察风叶转动情况，若有异常情况立即切断电源处理。

③ 风机运转正常后，慢慢开大进口蝶阀至正常操作时所需的开度位置，并注意观察温度变化情况，风机轴承温度≯80℃，电机轴承≯65℃，电机电流不大于额定值的95%。

4.5.2.2 风机的维护

① 经常检查机体振动及各部件在运转中声音变化情况，保证无杂音，振动符合指标。

② 经常检查风机润滑情况，发现油位低应及时加油或定期更换润滑油。

③ 平时若发现风机运行时有异常情况(响声或温度超高)，应立即停电，炉子改自然通风，联系有关人员处理。

第五章　压力容器和管道

压力容器，从广义上讲，包括所有承受压力载荷的密闭容器。在常减压蒸馏装置实际生产中，压力容器是作为一种特种设备进行分类管理，生产人员需要经过考核合格后才能持证上岗。

5.1　压力容器的定义

根据《压力容器安全技术监察规程》，同时具备下列三个条件的容器称为压力容器：

① 最高工作压力大于或等于0.1MPa(不包括液体静压力)。

② 内直径(非圆形截面指断面最大尺寸)大于或等于0.15m，且容积大于等于0.025m^3。

③ 介质为气体、液化气体或最高工作温度高于或等于标准沸点的液体。

根据以上条件，可以了解常减压蒸馏装置中哪些设备应纳入压力容器的范围。如高温渣油换热器(属于换热压力容器)、沉降罐(属于储存压力容器)等。

5.2　压力容器的基本结构

5.2.1　中低压容器的基本结构

(1) 筒体

常减压蒸馏装置中大多数中、低压容器为圆筒形，圆筒形容器的筒体由二端的封头、筒节等组成。如净化风罐、高压瓦斯罐等。

① 封头。封头有凸形封头、变径段、平盖、锻制紧缩口封头和带法兰的凸形封头。

常减压蒸馏装置中压力容器的封头通常采用椭圆形封头，它以内径为公称直径，一般推荐采用长、短轴比值为2的标准型。

② 筒节。筒节通常由钢板卷焊而成，也有些小容器由无缝钢管代替全部筒节。

③ 容器法兰、管法兰和人孔。

a. 容器法兰：有些容器顶部要求开盖子以便装卸或清理内件，就应加一对容器法兰(也称设备法兰或主法兰)。连接主法兰的螺栓螺母称为主螺栓、主螺母。

压力容器法兰分为甲型平焊法兰、乙型平焊法兰和长颈对焊法兰三种，按密封面形式又可分为光滑密封面、凹凸密封面和榫槽密封面等。有些密封面上根据需要还可焊衬环，如不锈钢衬环等。

b. 管法兰：为了连接管道必须在容器上开孔，常用焊接一根短管外加法兰的方法解决，这样的结构称为接管或插管，它的法兰称为管道法兰，按管法兰标准制作。

c. 人孔：为了检修人员进入容器内部而设的人孔，它的接管、法兰可按专用的标准或自行设计制作，有些人孔不用接管而直接用焊接凸缘加人孔盖组成，焊接凸缘也常用来安装视镜，用作手孔等。

由于筒体上开孔削弱了外壳筒的强度，因而在接管、人孔接管的底部要套焊补强圈以补强筒体，但也可以不用补强圈而采用增大接管或筒体壁厚的方法来补强。一些直径较小的接管如对筒体的削弱作用不大，也可以不用补强措施。

（2）压力容器的支承方式

多数立式容器特别是塔类容器采用裙座，通过裙座底板用地脚螺栓与基础相连。

也有些立式容器不用裙座而用立柱安装在基础上，或是通过支座直接安装在楼板上。

卧式容器常采用两个鞍座放置在基础上，长的储槽也可以用三个鞍座。

（3）压力容器的内部构件

内部构件的种类繁多，可大致分为以下几种：

① 用来换热的内件，如盘管、蛇管、插入式 U 形列管等。

② 用来装设填充材料的内件如筛板。

③ 塔板或塔盘，用来对介质起分离、吸收等作用，数量较多。如泡罩塔板、浮阀塔板、舌型塔板等。

④ 各种分布器，用以使介质均匀流过或均匀喷洒。

⑤ 传动设备，如搅拌器等。

⑥ 各种隔板，有的将容器分隔成几个空间，各自满足工艺流程需要。

⑦ 攀登设备，如大型容器内部上下所需的梯子平台等。

还有些较高温度的容器往往在内壁上有耐高温绝缘衬里，而有些介质腐蚀性强的容器有耐腐蚀衬里或衬砌，这些容器的人孔和大型接管也同样不能忽视内衬。

（4）安全附件

有些容器，特别是储存压缩气体、液化气体的容器必须设置安全附件。如安全阀、爆破片、压力计、液位计、易熔塞等。

为了切断容器与外界的联系以便装卸或清理检修，有些压力容器在接管法兰上不是连接管道或附件，而是直接装设阀门，这样的阀门通称为根部阀。

5.2.2　高压容器的基本结构

常用的高压容器多数为立式圆筒形，由筒体、法兰、盖、封头、主螺栓、主螺母、密封件、管法兰及其紧固件、密封件等组成。

① 筒体。筒体有整体式、多层包扎式、热套式、绕带形式、绕板式等。

② 法兰。高压容器法兰几乎全是锻制高颈法兰，经机械加工而成，与一般高颈法兰不同的是顶部较粗，常用以开设接管通孔，主螺栓孔不是通孔而是攻内丝的不通孔，法兰和筒体连接处要加工成焊接坡口。

③ 盖（主要指人孔盖）。盖为饼形锻件经加工而成，盖与法兰之间安装密封件，应加工成达到密封目的所需的尺寸，盖上钻一圆通孔穿主螺栓用。

④ 封头。封头为碗形锻件经加工而成，也有用厚钢板压成球形的封头，封头和筒体连接处也要加工成焊接坡口。

⑤ 主螺栓与主螺母。主螺栓采用合金钢，加工成双头螺栓，主螺母一般也是合金钢，较小的高压容器的主螺栓、主螺母也可以用中碳钢制造。

⑥ 密封件。

⑦ 管法兰及其紧固件、密封件等。

⑧ 高压容器的支承。

大型立式高压容器也有用裙座的，但小型的也可以用型钢及钢板圈焊成的中空圈架套在底封头的凸肩上用焊接固定，然后在筒体中部或上部用卡箍夹持，也可以通过立柱安装。卧式高压容器的支承与中压容器基本相同。

5.2.3 压力容器的安全附件

5.2.3.1 安全泄放装置

常减压蒸馏装置实际生产中，压力容器会发生操作压力超高的现象，为保护设备，防止事故，我们通常都在压力容器上安装安全泄放装置。安全泄放装置是防止压力容器在使用过程中超压的一种专门装置，它必须保证在压力容器处于正常工作压力时严密不漏，而当容器内的压力由于某种原因一旦超过了规定值时，即能自动地迅速放出容器内的介质，使压力容器始终保持在最高允许的压力范围之内。为此，安全泄放装置必须同时满足其泄放能力大于容器的安全泄放量和在规定的压力下准确动作的性能。安全泄放装置按其结构型式可分阀型、断裂型、熔化型和组合型等。

（1）阀型

即常用的安全阀。安全阀是常减压蒸馏装置中使用最普遍的安全泄放装置，它是通过阀门自动开启排出部分介质来降低容器内压力的，当容器内的压力降到一定程度后阀门自动关闭。因此，不会造成容器内介质的大量外泄和使生产被迫中断，装置动作后本身还可重复使用，不必更换。但其密封性能较差。由于弹簧等的惯性作用，阀的开启有滞后现象，因而泄压反映较慢。阀瓣和阀座的接触面易被某些黏性介质(或介质中的杂质)堵塞或黏住。这类泄放装置适用于比较洁净的气体介质，如常减压蒸馏装置中的蒸汽发生器。

（2）断裂型

常见的是爆破片和爆破帽，后者多用于超高压容器。它是通过爆破元件(膜片)在规定压力下发生断裂而排出介质使容器内压力降低的，其密封性好，卸压反应较快，不受介质中污物的影响。但卸压后必须重新更换爆破元件，使容器停止运行。

（3）熔化型

常用是易熔塞。它是通过易熔合金在规定温度下熔化，使容器内的介质从原来填充有易熔合金的孔中排出来而泄放压力，因此又称为“温度型”。

（4）组合型

它同时具备上述几种类型泄压装置的结构，以改善或弥补单独采用其中一种类型的不足。常见的是弹簧式安全阀与爆破片的组合。这种结构要求两种类型的泄压装置应能互不干扰地独立工作。由于其结构复杂，通常只用于剧毒或存放昂贵介质的容器。

安全泄放装置的有关规定：

① 容器上装有泄放装置时，容器的设计压力应满足：

a. 当容器上装有安全阀时，容器的设计压力应不小于安全阀的开启压力。

b. 当容器上装有爆破片装置时，爆破片的最低标定爆破压力 P_{smin} 可根据容器的最大工作压力 P_w 按表 5－1 选取，或由设计者根据成熟的经验或可靠数据确定。

表 5－1 爆破片选用表

爆破片形式	P_{smin}/MPa	爆破片形式	P_{smin}/MPa
普通正拱型	$1.43P_w$	反拱型	$1.1P_w$
开缝正拱型	$1.25P_w$	正拱型受脉动载荷	$1.7P_w$

② 泄放装置的泄放能力应满足下列要求：

a. 装有单个泄放装置时，应使容器内的压力增值不超过设计压力的10%或20kPa中的较大值；

b. 有多个泄放装置时，应使容器内的压力增值不超过设计压力的12%或30kPa中的较大值；

c. 容器与火焰或其他不能预料的外来热源接近，可能酿成意外危险时，应安装辅助的泄放装置，以使容器内的压力增值不超过设计压力的16%。

③ 动作压力的设定。动作压力系指安全阀的开启压力或爆破片的爆破压力。

a. 装有单个泄放装置时，动作压力应调定至不大于容器的设计压力。

b. 若泄放容量由几个泄放装置提供时，只需将其中一个的动作压力调定不大于容器的设计压力，其他泄放装置的动作压力可调定至较高值，但不得超过容器设计压力的4%。

④ 容器间若采用足够大直径的管道连接，且中间无阀门隔断，则可视为一个容器系统。

⑤ 符合下列条件之一者，必须采用爆破片装置。

a. 容器内储存的物料会导致安全阀失灵时；

b. 不允许有物料泄漏的容器；

c. 容器内压力增长过快，以致安全阀不能适应时；

d. 安全阀不适用的其他情况。

⑥ 泄放装置的装设。

a. 泄放装置的位置应根据使用条件来确定，且考虑到便于检查及维修：安全阀应与容器液面以上的气相空间相连，或与连接在容器气相空间上的管道相连，并须垂直安装；用于液体的安全阀应安装在正常液面以下。安全阀进口管的公称直径至少为15mm；爆破片应与容器液面以上的气相空间相连，其中普通正拱型爆破片也可安装在正常液位以下。

b. 容器与泄放装置之间或泄放装置与泄放口之间，一般不得设置中间截止阀。如需设置中间阀，则必须满足要求。每个泄放装置的中间阀应采用机械联锁控制，以保证在任何时候都能满足容器所要求的泄放量；专供检查和维修用的截止阀，在运行期间必须处于全开位置，且应备有锁住机构。

5.2.3.2 压力表

压力表是指示容器内介质压力的仪表，是压力容器的重要安全装置。按其结构和作用原理，压力表可分为液柱式、弹性元件式、活塞式和电量式四大类。其中常减压蒸馏装置实际使用最普遍的是弹性元件式压力计，包括圈弹簧管式压力表、波纹平膜式压力表等。

（1）压力表的选用

① 选用的压力表，必须与压力容器内的介质相适应。

② 测量精度的选择。压力表的读数与被测介质的实际压力值间的偏差叫做压力表的指示误差。任何一种压力表都会不同程度地存在误差。压力表的指示误差分为基本误差和附加误差两种。

在压力表的表盘上均标有其允许误差占表盘刻度极限值的百分数的数值，即压力表的精度等级。例如，量程为2.5MPa，2.5级精度的压力表，其允许的误差不得大于$\pm 2.5 \times 2.5\% = \pm 0.0625$MPa。

低压容器上装设的压力表精度应不低于2.5级。对于中压以上容器应不低于1.5级，不得使用精度不够的压力表。

③ 量程的选择。压力表的量程即表盘刻度的极限值，它应与容器的工作压力范围相适

应。因为对于同样精度等级的压力表，其量程越大，允许误差的绝对值也越大。如果量程过小，又会使弹性元件经常处于较大的变形状态下，容易产生永久变形，使压力表的指示误差增大。所以，从压力表的寿命和使用方面来考虑，它的使用压力范围，在稳定压力下不应超过刻度极限的70%；在波动压力下，不应超过60%。由此可知，压力表的量程应为容器工作压力的1.5~3倍，最好取2倍。

④ 表盘直径的选择。为了便于观察，压力表的表盘直径一般不应小于100mm。如果压力表装得太高或太远，表盘直径还应增大。

(2) 压力表的安装及使用

① 压力表的安装要求。

a. 装设位置应便于操作人员观察和清洗，且应避免受到辐射热、冻结或震动的不利影响。

b. 压力表与压力容器之间，应装设三通旋塞或针型阀；三通旋塞或针型阀上应有开启标记和锁紧装置；压力表与压力容器之间不得连接其他用途的任何配件或接管。

c. 用于水蒸气介质的压力表，在压力表与压力容器之间应装有存水弯管。

d. 用于具有腐蚀性或高黏度介质的压力表，在压力表与压力容器之间应装设有隔离介质的缓冲装置。

② 压力表的使用。压力表指示的是在大气压力以上的压力值，通常称为表压力。容器的绝对压力为表压再加大气压力。

在压力容器运行中要加强对压力表的维护检查。压力表的导压管应定期吹洗，以免堵塞。压力表有下情况之一时，应停止使用：

a. 有限止钉的压力表，在无压力时指针不能回到限止钉处；无限止钉的压力表，在无压力时，指针距零位的数值超过压力表的允许误差。

b. 表盘封面玻璃破裂或表盘刻度模糊不清。

c. 铅封损坏或超过校验有效期限。

d. 表内弹簧管泄漏或压力表指针松动。

e. 其他影响压力表准确指示的缺陷。

③ 压力表的校验。压力表的校验和维护应符合国家计量部门的有关规定。压力表安装前应进行校验，在刻度盘上应划出指示最高工作压力的红线，注明下次校验日期。压力表校验后应加铅封。

5.2.3.3 温度计

温度计是用来测量物质冷热程度的仪表，可用来测量压力容器介质的温度。根据测量温度的方法不同，可分为接触式温度计和非接触式两种。接触式温度计有液体膨胀式、固体膨胀式、压力式、以及热电阻和热电偶温度计等多种类型。其中，常减压蒸馏装置中操作工用来测量机泵轴承温度的水银(或煤油)温度计属于压力式温度计，而操作室中仪表显示的加热炉辐射室、对流室及各塔顶、侧线等温度则是通过热电偶温度计来测量的。

温度计的安装、使用及校验要求：

① 温度计应定期校验，误差应在允许的范围内。

② 测温点的设置应能满足工艺控制的需要，且测得的温度须具有代表性。例如，需要控制壁温的容器，应将感温元件紧贴容器的外壁或内壁；盛装液化气体的容器，感温元件应置于器内的液相部分，以测量液相的温度。

③ 温度计接口包括无保护套管和带保护套管两类。当有保护套管时，应将套管尽量深入容器内，以减少在套管上的热损失。为了减少测量滞后，可在套管中随不同温度要求填充传热良好的填充物。测温元件露在套管处的部分越短越好，并应用绝热材料包起来。

5.2.3.4 液位计

液位计又称液面计，是用来观察和测量容器内液位位置变化情况的仪表。特别是对于盛装液化气体的容器，液位计是一个必不可少的安全装置。常减压蒸馏装置常用的结构型式有玻璃管式液位计、玻璃板式液位计、浮筒(球)液位计。

① 压力容器用液位计应符合有关标准的规定，并应符合下列要求：

a. 应根据压力容器的介质、最高工作压力和温度正确选用。

b. 在安装使用前，低、中压容器用液位计应进行1.5倍液位计公称压力的水压试验；高压容器用液位计应进行1.25倍液位计公称压力的水压试验。

c. 盛装0℃以下介质的压力容器上，应选用防霜液位计。

d. 寒冷地区室外使用的液位计，应选用夹套型或保温型结构的液位计。

e. 用于易燃、毒性程度为极度、高度危害介质的液体气体压力容器上，应采用板式或自动液位的指示计，并应有防止泄漏的保护装置。

f. 要求液面指示平稳的，不应采用浮子(标)式液位计。

② 液位计应安装在便于观察的位置，如液位计的安装位置不便于观察则应增加其他辅助设施。大型压力容器还应有集中控制的设施和警报装置。液位计的最高和最低安全液位，应作出明显的标记。

③ 加强液位计的维护管理，经常保持完好和清晰。应对液位计实行定期检修制度，使用单位可根据运行实际情况，在管理制度中予以具体规定。

④ 液位计有下列情况之一的，应停止使用：

a. 超过检验周期。

b. 玻璃板(管)有裂纹、破碎。

c. 阀体固死。

d. 经常出现假液位。

5.3 压力容器的试压及维护

5.3.1 压力容器的试压

① 用焊接方法修理或更换主要温室通风压元件的压力容器，经检验合格后应做耐压试验。对于介质毒性程度为极度、高度危害或设计上不允许有微量泄漏的压力容器，还应进行气密性试验。

② 耐压试验包括液压和气压试验，试验的压力应符合设计图样要求。

③ 压力试验前，压力容器各连接部位的紧固螺栓必须装配齐全，紧固妥当。必须用两个量程相同并经校正的压力表。压力表精度等级要求：对于低压的不应低于2.5级，中、高压的应不低于1.5级，刻度极限值为最高工作压力的1.5~3倍，表盘直径不应小于100mm，并装于试验装置上便于观察的部位。

④ 耐压试验场地应有可靠的安全防护措施，并应经检查认可。耐压试验过程中不得进行与试验无关的工作，无关人员不得在试验现场停留。

5.3.2 压力容器试压的标准

压力容器耐压试验必须执行压力容器有关标准，其中：

液压试验：$P_T = 1.25P$

气压试验：$P_T = 1.25P$

式中，P_T指试验压力，MPa；P 指设计压力，MPa。

5.3.3 压力容器耐压试验的操作方法

（1）液压试验的操作方法

① 充液将容器内空气排干净。充液过程中应保持容器表面的干燥。

② 待压力容器壁温与液体温度接近时，缓慢升压至设计压力，确认无泄漏后继续升压到规定的试验压力，待达到规定试验压力后，保持压力(时间一般不少于 30min)。然后将容器压力降至规定试验压力的 80%，对所有焊接接头和连接部位进行全面检查，无泄漏即可消压。如有渗漏，修补后重新试验。检查期间压力应保持不变，不得采用连续加压以维持试验压力不变的做法。

③ 液压试验完毕后，应将容器内液体排放干净。

（2）气压试验的操作方法

① 应先缓慢升压至规定试验压力的 10%，保压 5～10min，并对所有焊缝和连接部位进行初次检查。

② 继续升压到规定试验压力的 50%，如无异常现象，其后按每级试验压力为规定试验压力的 10%，逐级升到试验压力，保压 10～30min。

③ 降至规定压力的 87%，保压足够的时间进行检查。

④ 气压试验时，采用肥皂液或其他检漏液检查无漏气、无可见的异常变形即为合格。检查期间压力应保持不变。不得采用连续加压以维持试验压力不变的做法。

5.3.4 压力容器的维护

① 压力容器操作人员经安全技术教育和考核合格，持证上岗。严格执行工艺操作规程和岗位操作规程，严禁超温、超压、超装、超负荷运行。

② 定时巡检，发生下列其中任何一种异常现象时，应立即采取紧急措施，并按报告程序及时向有关部门报告，并作记录。

a. 最高工作压力、介质温度或壁温以及介质组成中的某种腐蚀成分超过许用值，采取措施仍不能得到有效控制。

b. 主要受压元件发生裂缝、鼓包、变形、泄漏等危及安全的缺陷。

c. 安全附件失效。

d. 接管、紧固件损坏，难以保证安全运行。

e. 发生火灾，直接威胁到压力容器安全运行。

f. 过量充装。

g. 液位失去控制，采取措施仍不能得到有效控制。

h. 压力容器与管道发生严重振动，危及安全运行。

③ 定时检查容器的喷淋、切液系统，保持好用，保温层牢靠，外壁防腐层完整。

④ 压力容器内部有压力，不得进行任何修理或紧固。对于特殊生产过程，开(停)车升(降)温过程中，需要带温带压紧固螺栓时，应制定有效的安全操作要求和防护措施，并经有关人员批准，安全部门监督实施。

⑤ 做好停用和备用容器的维护检查，防止器内剩余介质引起反应或腐蚀，对长期停用的容器，应清洗并排净介质，用氮气等封存，启用时应做检验。

5.4 压力管道

5.4.1 压力管道的定义

根据《特种设备安全监察条例》规定，常减压蒸馏装置的压力管道是指利用一定的压力，用于输送气体或者液体的管状设备，其范围规定为最高工作压力大于或者等于 0.1MPa（表压）的气体、液化气体、蒸气介质或者可燃、易燃、有毒、有腐蚀性、最高工作温度高于或者等于标准沸点的液体介质，且公称直径大于 25mm 的工业管道（含附属设施及安全保护装置）。如常压塔塔底抽出线、减压塔渣油线等。

5.4.2 压力管道的分类

常减压蒸馏装置中，压力管道属于工业管道即 GC 类，一般分为 GC_1、GC_2、GC_3 三个级别。

（1）符合下列条件之一的工业管道为 GC_1 级

① 输送现行国家标准《职业接触毒物危害程度分级》GB 5044 中规定的毒性程度为极度危害介质的管道；

② 输送现行国家标准《石油化工企业设计防火规范》GB 50160 及《建筑防火规范》GBJ 16 中规定的火灾危险性为甲、乙类可燃气体或甲类可燃液体，并且设计压力≥4.0MPa 的管道；

③ 输送可燃流体介质、有毒流体介质，设计压力≥4.0MPa，并且设计温度≥400℃的管道；

④ 输送流体介质并且设计压力≥10.0MPa 的管道。

（2）符合下列条件之一的工业管道为 GC_2 级

① 输送现行国家标准《石油化工企业设计防火规范》GB 50160 及《建筑防火规范》GBJ 16 中规定的火灾危险性为甲、乙类可燃气体或甲类可燃液体，并且设计压力 <4.0MPa 的管道；

② 输送可燃流体介质、有毒流体介质，设计压力 <4.0MPa，并且设计温度≥400℃的管道；

③ 输送可燃流体介质、无毒流体介质，设计压力 <10.0MPa，并且设计温度≥400℃的管道；

④ 输送流体介质，设计压力 <10.0MPa，并且设计温度 <400℃的管道。

（3）符合下列条件之一的 GC_2 级工业管道划分为 GC_3 级

① 输送可燃流体介质、无毒流体介质，设计压力 <1.0MPa，并且设计温度 <400℃的管道；

② 输送非可燃流体介质、无毒流体介质，设计压力 <4.0MPa，并且设计温度 <400℃的管道。

5.4.3 压力管道的选材

压力管道的选材首先要考虑材料对操作条件的适应性，然后再综合考虑材料的加工性能、经济性能和供货货源。压力管道常用材料的应用限制条件如下：

（1）普通碳素钢

常用的普通碳素钢有：Q235A、Q235B、Q235C。

(2) 优质碳素钢

优质碳素钢是常减压蒸馏装置中低温部位(一般指240℃以下)应用最广的碳钢，常用的优质碳素钢有10#(如加热炉对流室炉管)、20#(各塔顶挥发线)、16Mn三种。

(3) 铬钼合金钢

常用的铬钼合金钢材料有12CrMo、15CrMo、Cr5Mo、Cr9Mo等，对应的材料标准有GB 9948、GB 5310、GB 6479、GB 3077等。

(4) 不锈耐热钢

常用的不锈钢耐热钢有：0Cr18Ni9（TP304）、0Cr18Ni10Ti（TP321）、00Cr19Ni10(304L)、0Cr17Ni12Mo2(316)、00Cr17Ni14Mo2(316L)等，对应的材料标准有：GB 14976、GB 2270、GB 1220、GB 4237、GB 4238等。

5.4.4 压力管道的安装、验收

常减压蒸馏装置中设计压力400Pa(绝压)~42MPa(表压)，设计温度-196~850℃的有毒(毒性程度为极度危害、高度危害、中度危害、轻度危害)、可燃介质钢制管道的新建、改建和扩建工程按SH 3501标准施工及验收。介质为无毒、不可燃(如风、蒸汽、水等)的管道按GB 50235标准进行施工及验收。

在检查、验收压力管道时应注意以下几方面的内容：

(1) 泄漏检查

主要检查管子及其他组成件泄漏情况。

(2) 绝热层、防腐层检查

主要检查管道绝热层有无破损、脱落、跑冷等情况；防腐层是否完好。

(3)位置与变形检查

① 管道与管道、管道与相邻设备之间有无相互碰撞及摩擦情况；

② 管道是否存在挠曲、下沉以及异常变形等。

(4)支吊架检查

① 支吊架是否脱落、变形、腐蚀损坏或焊接头开裂；

② 支架与管道接触处有无积水现象；

③ 恒力弹簧支吊架转体位移指示是否越限；

④ 变力弹簧支吊架是否异常变形、偏斜或失载；

⑤ 刚性支吊架状态是否异常；

⑥ 吊杆及连接配件是否损坏或异常；

⑦ 转导向支架间隙是否合适，有无卡涩现象；

⑧ 阻尼器、减振器位移是否异常，液压阻尼器液位是否正常；

⑨ 承载结构与支撑辅助钢结构是否有明显变形，主要受力焊接头是否有宏观裂纹。

(5) 阀门检查

① 阀门表面是否存在腐蚀现象；

② 阀体表面是否有裂纹、严重缩孔等缺陷；

③ 阀门连接螺栓是否松动；

④ 阀门操作是否灵活。

(6) 法兰检查

① 法兰是否偏口，紧固件是否齐全并符合要求，有无松动和腐蚀现象；

② 法兰面是否发生异常翘曲、变形。

(7) 膨胀节检查

① 波纹管膨胀节表面有无划痕、凹痕、腐蚀穿孔、开裂等现象；

② 波纹管波间距是否正常、有无失稳现象；

③ 铰链型膨胀节的铰链、销轴有无变形、脱落等损坏现象；

④ 拉杆式膨胀节的拉杆、螺栓、连接支座有无异常现象。

5.4.5 压力管道的使用维护

压力管道的日常使用管理的基本要求：

① 制订压力管道管理制度。

② 建立压力管道基础资料。

③ 压力管道日常巡回检查。

应建立压力管道巡回检查制度，巡回检查制度应包括操作人员的巡回检查和设备技术人员的巡回检查要求。压力管道巡回检查着重从管道及其附件的严密性、管道的位移、管道的振动、管道的支吊架、管道的外部腐蚀等方面进行。

a. 管道及其严密性的检查：严密性检查一般通过人的视觉、听觉、嗅觉直接地予以确定。管道及其附件发生泄漏时，应及时汇报处理。

b. 管道振动的检查。管道的振动检查可通过手摸和耳听来确定，必要时使用振动测量仪测量振动值的大小，判定是否超标。若振动偏大，还要检查管道的防振设施(如管卡、减振器等)是否损坏失效。

c. 管道位移的检查。通过目视和测量检查，管线位移有无超过设计计算值或管道已于相邻管道相抵触等异常现象。

d. 支吊架的检查。通过目视检查弹簧支吊架工作位置是否与设计不符、承重支架有无脱空、导向支架是否卡死或损坏、管托有无滑落。

④ 压力管道在线检验

压力管道在线检验一年至少进行一次，在线检验的项目和内容根据具体规定执行。

5.4.6 压力管道的定期检验

按规定要求，常减压蒸馏装置压力管道全面检验一般 3 ~ 6 年一次。但出现以下情况的管道应适当缩短检验周期。

① 新投用的管道(首次检验检验周期)；

② 发现应力腐蚀或严重局部腐蚀的管道；

③ 承受交变载荷，可能导致疲劳失效的管道；

④ 材料产生劣化的管道；

⑤ 在线检验中发现存在严重问题的管道；

⑥ 检验人员和使用单位认为应该缩短检验周期的管道。

压力管道检验主要项目包括射线检验(RT)、渗透探伤(PT)、硬度测定、材质鉴定、测厚(临时测厚、定点测厚和全面测厚)。在常减压蒸馏装置中，射线检验、渗透探伤主要在对加热炉辐射室炉管、瓦斯管线等进行理化检验时进行；材质鉴定主要针对 Cr5Mo 以上合金钢管线；对于易腐蚀设备如 240℃以上的高温管线、塔顶挥发线等一般进行定点测厚。

5.4.7 压力管道腐蚀与防护措施

在常减压蒸馏装置，压力管道使用条件复杂，且介质大多有毒、可燃、具有腐蚀性。近几年来，压力管道在运行中出现不少故障，主要表现为腐蚀减薄穿孔、开裂、法兰泄漏、振动等方面，下面就常见的管道故障进行简单的分析。

（1）高温硫腐蚀

随着加工高含硫原油数量的增加，管线高温硫腐蚀问题日益突出。高温硫腐蚀造成的后果危害性较大，所以它是常减压蒸馏装置压力管道使用管理的最大安全隐患。

① 腐蚀主要部位。常减压蒸馏装置三塔底线、各塔侧线、转油线等高温部位。

② 高温硫腐蚀介质来源。高温硫的腐蚀介质主要是原油及其在加工中产生的活性硫。原油中的活性硫组分包括元素硫、硫化氢、硫醇、烷基或烷基硫醚、二硫醚等，元素硫、硫化氢和低级硫醇能直接与金属发生腐蚀反应。在二次加工过程中原油中的有机硫化物如高级硫醇、多硫化物、硫醚等能分解成活性较强的一些硫化物如硫化氢、低级硫醇，这些产物在高温时又与金属发生反应产生腐蚀。有机硫化物受热分解的程度与受热的温度和硫化物本身的热稳定性有关。

③ 高温硫腐蚀过程。高温硫腐蚀实质上是以硫化氢为主的活性硫的腐蚀。实际的腐蚀率与活性硫含量及介质温度等因素有关。温度在375～425℃时，活性硫的腐蚀性最强。主要反应式如下：

$$Fe + H_2S \longrightarrow FeS + H_2$$

$$H_2S \longrightarrow S + H_2\ (350 \sim 400℃)$$

$$RCH_2CH_2SH + Fe \longrightarrow RCH{=}CH_2 + FeS + H_2$$

生成的硫化铁膜能减缓腐蚀反应速度，但在流速高的部位如弯头、大小头、三通等，硫化铁膜保护不到，腐蚀速率会更大一些。

④ 预防与检测。除了在工艺上采取原油混炼或脱硫工艺来降低硫含量减轻高温硫腐蚀外，防止高温硫腐蚀事故的主要措施是加强监测，并在腐蚀严重的高温部位选用抗腐蚀性较好的中高含Cr合金钢，如Cr5Mo和不锈钢，目前高温硫腐蚀选材主要依据Mcconomy曲线。需要注意的是，弯头、三通、大小头等管件受高温硫腐蚀具体部位与介质的流态有很大关系。

（2）低温硫化氢腐蚀

所谓低温部位，一般是指温度低于230℃且有水存在的部位。常减压蒸馏装置低温硫化氢腐蚀类型很多，主要是塔顶的 $HCl + H_2S + H_2O$ 腐蚀环境。

蒸馏塔顶的 $HCl + H_2S + H_2O$ 腐蚀为电化学腐蚀，表现为均匀腐蚀、点蚀和应力腐蚀开裂。主要影响因素有氯离子浓度、pH值和硫化氢含量。一般采用工艺防腐措施（“三注”工艺）。在选材上若能控制好指标，可选用碳钢材料。若单从选材上解决防腐问题，可选用双相不锈钢，不能选用奥氏体不锈钢，因有浓度很高的氯离子存在。

湿硫化氢产生腐蚀的基本条件是水的存在，而硫化氢的活性随着温度的升高而增强，因此，在气相变为液相的相变部位腐蚀最为严重，这可从历次的设备管线检查监测中证实。

5.4.8 管道振动与消除

管线振动往往不被人们重视，但其产生的后果危害性较大。

① 管道振动产生的类型。管线振动的类型主要有：往复式压缩机和往复泵的进出口管道在介质压力波动作用下引起的波动，两相流动介质引起的管道振动，风或地震引起的管道振动，介质冲击造成的振动等。

② 管道振动的控制措施。

a. 因压缩机活塞等运动部件的不平衡力和不平衡转矩作用而引起管道的振动。消除或减轻此类振动的方法是从机器本身设计和加大机器基础质量来控制，如：在压缩机曲轴臂上加平衡锤，消除不平衡转矩；活塞采用双作用对称布置，使惯性力平衡；加大机器基础质量（至少是机器的5倍）来降低振幅等。

b. 因往复式压缩机的间歇性吸气和排气，进出口管路中气体压力和速度也呈间歇性变化，形成气流脉动，从而造成管道振动。降低此种振动的方法有：在压缩机出口处设置孔板使管道产生局部瞬时高压，降低压力不均匀度来降低振动（孔板孔径比0.43～0.5，厚2～5mm，内径锐利棱角）；增设缓冲罐减小压力不均匀度来降低振动。缓冲罐的设置有以下几点要求：位置尽量靠近汽缸，合适的体积（大于10倍活塞行程容积且不小于0.028m^3），出入口管口位置设置合理。

c. 因气流脉动引起管道的共振。可通过设计振动计算，求解出管道的固有频率，核算与气流脉动引起的激发频率关系，确定是否发生共振，如果发生共振，则修改管道的结构。采用增加支撑的数量，改变支撑的形式，采用固定支架、防振管卡、减振器等措施。

第六章　产 品 精 制

原油经加工得到的直馏产品都不同程度地含有硫、氮、氧等杂质，它们对油品的使用性能都有一定的影响，除少数含杂质少的原油所生产的某些产品可直接作为产品或调和组分外，大多数原油生产的产品均需要进行精制。直馏汽油的主要精制对象为硫化氢等；喷气燃料的主要精制对象是硫、硫化物、有机酸和不饱和烃等；灯用煤油则重点除去烯烃、芳烃、沥青质、胶质等；柴油的主要精制对象是含氧化合物如环烷酸、酚类及含硫化合物等。

6.1　精 制 原 理

将半成品中的某些杂质或不理想的成分除掉，以改善油品质量的加工过程称为精制过程。原油常减压蒸馏装置生产的直接产品或产品调和组分的轻质汽油、溶剂油、喷气燃料、灯用煤油以及轻柴油等，都不同程度地含有硫、氧、氮等杂质，需要进行精制处理。对各种过程中得到的半成品进一步加工精制，提高其质量。用化学药剂来脱除油品中某些有害物质的燃料油品精制方法就是化学精制，主要是指酸碱精制和脱硫精制。

6.1.1　酸碱精制

常减压蒸馏装置生产直接得到的汽油、煤油、灯油、柴油的馏分中含有硫化物和氮化物，会造成油品性质不稳定、质量差，将这些物质除去的常用方法是酸碱精制。目前使用酸碱精制与高压电场加速沉降分离相结合的方法。图 6－1 为原理图。原料与碱液在文氏管和混合柱中进行混合、反应。混合物进入电分离器，电分离器通入高压交流电或者直流电，碱渣在高压电场下进行凝聚、分离，碱渣自电分离器底部排出。经碱洗后的油品自顶部流出，与硫酸混合后进入酸洗分离器，酸渣自电分离器底部排出，酸洗后的油品自顶部流出与碱液在文氏管和混合柱中进行混合、反应，然后进入碱洗电分离器，碱渣自电分离器底部排出，碱洗后的油品自顶部流出与碱液在文氏管和混合柱中进行混合、反应，然后进入水洗沉降罐，除去碱和钠盐的水溶液，废水自罐底排出，顶部流出经过精制的油品。

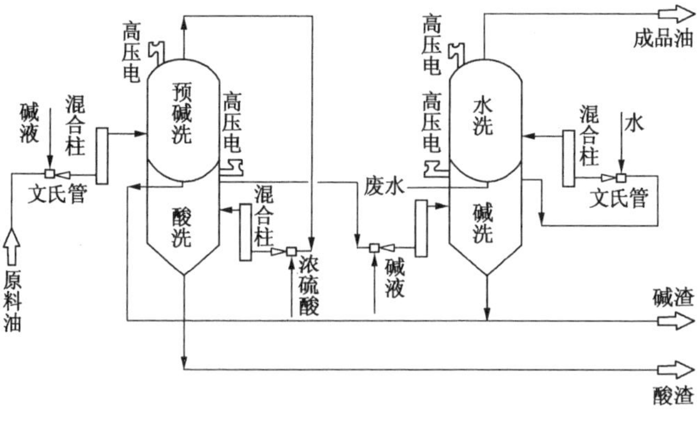

图 6－1　酸碱精制－电沉降分离过程的原理流程

(1) 碱洗

在碱洗过程中，用一定浓度的氢氧化钠水溶液与油品混合，碱液与油品中的烃类不起作用，它只与酸性的非烃类起反应，生成相应的盐类，这些盐类大部分都溶于水，而以碱渣形式排出去。碱洗可以除去油品中的含氧化合物(如环烷酸、酚)和一些硫化物等。

(2) 硫酸洗

在精制条件下浓硫酸对油品起着化学试剂、溶剂和催化剂的作用。浓硫酸可以与油品中的一些烃类和非烃类化合物进行反应，或者以催化剂的形式参与化学反应，异构烷和芳香烃可与硫酸进行一定的反应，生成物溶解于水而被除去。

(3) 高压电场沉降分离

酸和碱在油品中分散成适当直径的微粒，在高电压的直流或交流电场作用下，加速了导电微粒在油品中的运动，强化油品中不饱和烃、硫化物、氮化物等与酸碱的反应，同时加速反应产物颗粒间的相互碰撞，促进了酸碱渣的聚集和沉降，达到有效的分离。

6.1.2 脱硫精制

有的炼油厂加工的原油中含硫高，其直馏产品的精制主要是脱除硫化物，而汽油等所含硫化物大部分为硫醇，故必须除去或将其转化为无害的二硫化物，直馏石油产品的脱硫醇装置主要有下列几种方法：

(1) 催化氧化脱硫醇

精制汽油和灯油一般用固定床催化氧化脱硫醇法，常用流程见图6－2所示。汽油或灯油进入脱硫醇塔前进行碱洗，以中和油中溶解的H_2S。经碱洗的油与空气混合后进入固定床反应器，在吸附了磺化钛菁钴碱液的活性炭床上进行氧化反应，使硫醇转化为二硫化物后进入沉降分离罐进行分离，沉降分离罐顶部出来的气体经柴油吸收塔和水封罐后排入大气，底部出来的就是脱硫醇汽油，脱硫醇率大于94%。

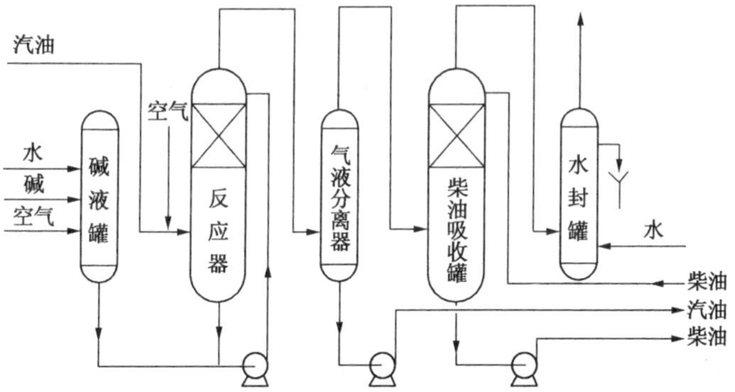

图6－2 固定床催化氧化脱硫醇流程示意图

(2) 分子筛吸附精制

用分子筛吸附油品中的杂质是另外一种对直馏产品进行精制的方法，常用流程见图6－3所示。所用吸附剂为CaY(Ⅱ)型分子筛，脱附剂为水蒸气，进行气相吸附。在吸附过程中主要是应用Y(Ⅱ)型分子筛的极性进行吸附。分子筛吸附杂质后，吸附能力逐渐下降，当下降到一定程度后就要脱附，可用水蒸气脱附。

(3) 煤油脱臭精制

煤油无碱脱臭Merox工艺为环球油品公司(UOP)专利技术，典型的煤油/喷气燃料无碱脱臭 Merox 工艺的原则流程图见 6-4 所示。煤油进入装置中的水聚结器，除去原料中的游离水，然后流进反应器进行脱硫醇反应，再进入分离器，脱除氨水。除氨水后的油进入水洗罐，洗去残留的氨。接着在矿盐过滤器内脱除煤油中携带和溶解的水，而白土过滤吸附除去任何不希望存在的物质，如铜离子、油溶性表面活性剂、金属化合物等，最后出装置进罐储存。除氨后的水从水洗罐的顶部进入，底部排出，然后进入反应物分离器，接着排出装置。

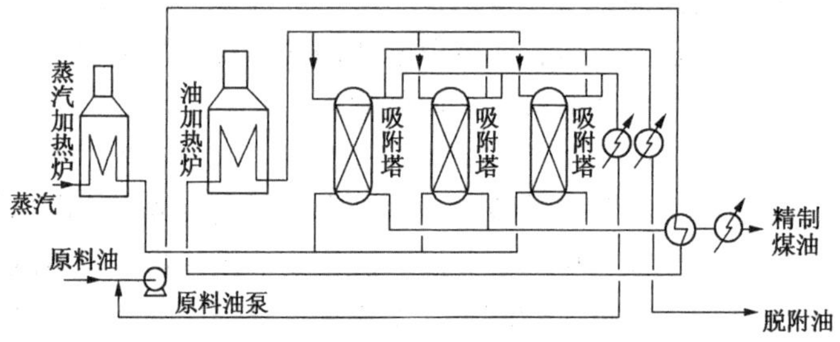

图 6-3　分子筛吸附精制流程图

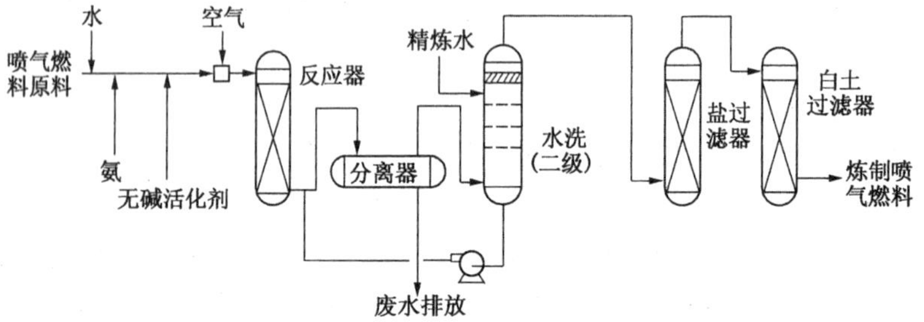

图 6-4　典型的煤油/喷气燃料无碱脱臭 Merox 工艺的原则流程

6.2　产品精制的操作

6.2.1　酸碱精制

（1）操作条件

酸碱精制一方面能除去轻质油品中的有害物质，另一方面也会和油品中有用组分反应造成精制损失，须正确的选择精制条件。

① 温度。采用较高的精制温度对除去芳香烃、不饱和烃以及胶质是有利的，但叠合损失较大，产品收率低；可采用较低的温度，有利于脱除去硫化物，酸洗一般是在常温下进行。

② 酸浓度。酸浓度一般为 93% ~98%，硫酸浓度增大会引起酸渣损失。在精制含硫量较大的油品时，为保证产品含硫量合格，需要在低温下使用硫酸，并尽可能地缩短接触时间，这样的条件下不仅提高脱硫率，同时由于降低温度后，硫酸与烃类作用减缓，使硫酸可以溶解更多的硫化物。

③ 碱浓度。在碱洗过程中，为了增加流体体积，提高混合程度和减少钠离子带出，一般采用低浓度碱，有的装置精制由于乳化严重，浓度也降到过 3% ~5%。碱用量一般为原料质量的 0.02% ~0.2%。油品碱洗时，油中的酸性物质与碱反应生成为碱渣，不溶于水，

碱渣可以用酸中和，回收环烷酸和酚类等化工原料。

④ 电场梯度。在高压电场作用下进行酸碱精制，主要是加速沉降分离。分散在油品中的酸渣或碱渣微粒，在高压电场作用下，加速了导电微粒在油品中的运动，促进颗粒间的相互碰撞，加速酸渣或碱渣微粒的聚集和沉降使其分离。电场梯度一般为1600～3000V/cm，过低起不到均匀及快速分离的作用，过高则不利于酸渣沉降。

（2）操作步骤

① 检查和准备。

a. 电器系统及仪表系统的检查。

b. 工艺和设备的检查。如压力表、温度计、安全阀、采样管是否齐全好用。

c. 空载试验。合格后封闭人孔。

② 试压。精制罐检修完，各项检查和试验合格后进行试水压。步骤如下：启用冲洗水泵，安全阀手阀关闭，顶部放空预先打开见水后关闭，进行试压试验。

③ 开工操作。装油检查精制罐的工艺流程，装油时关好有关阀门，将油品改进罐，当油升至一定液位后关闭顶部放空阀，以免跑油。放掉绝缘短管内的气体。

④ 送电。再次检查电器设备，各项参数达要求后对罐进行送电，检查电流、电压。

6.2.2 煤油脱臭精制

（1）除氨操作

煤油/喷气燃料无碱脱臭 Merox 工艺采用两段逆流水洗涤系统，来除去油中的氨。逆流过程是指油从前一级流入后一级时，依次与更干净的水接触，使得出装置产品中可能存在的氨量通过多段平衡的方法而达到最小。因此，最后一级中，“最干净”的油将和最纯净的水接触。相反，在第一级中，在反应物分离器内，碱度最大（最脏），油和碱度最大（最脏）的水溶液接触。

系统中注水量应根据氨注入量和原料量而定，水注入量越多，接触就越充分，从油中脱除氨的效果也就越好。典型情况是注水量为所要求原料流量的2%左右。

氨洗后的水流通常送到酸性水汽提塔。如果需要，可以用专门的氨水汽提塔提取出氨，并再次返回反应器入口注入系统内。在氨水汽提塔内，环烷酸胺进行热分解，生成氨和环烷酸。氨气在塔顶拔出回收并循环返回反应器入口，而环烷酸会留在汽提水中，然后送出装置外处理。

（2）煤油/喷气燃料无碱脱臭 Merox 工艺正常操作

在正常操作期间，装置要不断调节，以保证喷气燃料质量合格。

开停工操作：

① 首次运行。

a. 检查。对设备和工艺流程进行检查。

b. 试压。当检查确认所有的内部构件已正确安装就位，在压力等级低的容器和设备与特殊容器之间、静设备与正在检测的设备之间、在适当的位置装上盲板，相互隔离。在试压期间，所有的放空阀都必须关死，按规定进行水力试压。

c. 试泵。新泵必须先运转足够长的时间，确保机泵能够正常使用。

d. 仪表。为了安装正确，仪表必须经过认真检查，以保证仪表操作时的可靠性。

② 正常开工。

a. 检查确定盐和白土过滤器走旁路，各容器相互隔离。

b. 用水、蒸汽或惰性气体(如氮气)，把装置内的空气赶净，但不准用蒸汽来置换盐和白土过滤器内的空气。

c. 充 N_2 至微正压下，排掉管线和容器内的凝结水，然后关闭所有的放空阀和排凝阀，使系统处于氮气的环境下。

d. 用 N_2 置换尽盐和白土过滤器内的空气，并用氮气加以保护。

e. 引新鲜水至水洗罐和反应物分离器。

f. 在进料前，以最大的注氨速度从注氨泵把氨注入管线中，同时按设计流量把水注入管线内。这有利于反应器床层达到碱性化，是必不可少的步骤。

g. 打开原料流经管线上的所有阀门，开通装置原料油流程。

h. 设定装置压力为最终值的约 2/3 处。

i. 启动进料泵，按设计流量的 1/2 将物料引入装置。

j. 把各充满油的容器内的 N_2 从高点排空。

k. 当反应器开始进油时，开始注入 Merox CF 活化剂，并按推荐的注水量开始向反应器入口注水。同时，开始建立水洗罐水循环。

l. 当装置建立油流程以后，调整装置压力控制器，使之回到最后设定值。

m. 启动空气压缩机，向反应器注空气。

n. 当操作建立后，氨注入量应根据氨水浓度和原料的酸度而定。

o. 提进料量至设计值。

③ 正常停工。

a. 关闭至少一个进料阀(切断进料)，并停注空气。

b. 将产品改去轻污油罐区。

c. 停注氨、Merox CF 活性剂和水(包括原料注水和水洗塔注水)。

d. 打开 Merox 装置旁路，如需要，关闭出、入口阀门。

e. 在安全规定允许下，通过排凝等措施放尽油和水，排空装置。用盲板隔离后用水冲洗，用蒸汽吹扫装置，并用 N_2 把反应器和白土过滤器密封加以保护。

6.3 产品精制异常现象及处理

6.3.1 腐蚀不合格的原因和处理

(1) 原因

① 加酸量不足或不稳，引起硫腐蚀；

② 加碱量不足或不稳，碱浓度或碱渣使用循环时间过长引起；

③ 加碱量过大或碱渣液面过高，反应强碱性引起；

④ 送电不稳脱渣不净；

⑤ 加水量不足或不稳；

⑥ 混合器混合强度不足或过大。

(2) 处理

① 提高加酸量，平稳操作；

② 提高加碱量、碱浓度，换新鲜碱液；

③ 调整加碱量和碱渣液面；

④ 解决送电问题；

⑤ 调整水量或水温，平稳操作；

⑥ 检查混合器是否出现故障。

6.3.2 反应碱性

（1）原因

① 电离器未送电或送电不正常；

② 水洗中断或水量不足；

③ 加碱量过大或碱浓度过高；

④ 碱渣液面高；

⑤ 水洗乳化；

⑥ 原油性质变化影响馏分油性质，操作条件没有跟上；

⑦ 原料处理量变化。

（2）处理

① 电离器未送电或送电不正常则联系电工检修；

② 加大水洗量；

③ 减小加碱量或降低碱浓度；

④ 及时降低碱渣液面；

⑤ 及时压净乳化油；

⑥ 稳定原油性质及处理量。

6.3.3 柴油精制时乳化

（1）原因

① 油品温度过低；

② 碱渣液面高携带严重；

③ 油品、碱液、水间的温差大；

④ 原料油环烷酸含量增高；

⑤ 送电不正常；

⑥ 原油性质变化影响馏分油性质，操作条件没有跟上；

⑦ 原料处理量变化，电离罐超负荷。

（2）处理

① 适当提高柴油温度；

② 降低碱渣或乳化油液面；

③ 稳定原料及处理量，避免电离罐超负荷；

④ 送电不正常则联系电工检查。

6.3.4 电离罐送电困难的原因和处理措施

在操作过程中，送电困难的主要原因有：电器故障；油品含水过多；处理量过大，携带碱渣；油品温度过高或过低。

处理措施：检查是电气故障还是电离器故障；检查安全门是否好用，电极棒导线是否接好；检查各界面情况，油品是否乳化。如果不是上述原因，停止加碱，从文氏管向电离器内吹蒸汽，吹开电极棒上的杂物。

6.3.5 文氏管混合器堵塞的判断和处理

由于碱与油品中的酸性物质反应生成了盐，将文氏管喷头与扩散管间的间隙堵塞。如果各阀及泵的工作正常，加碱量、加水量提不起来或至零，电离器前压力升高甚至前部憋压就判断是文氏管混合器堵塞。主要处理方法：停止加碱，通入蒸汽将盐溶解冲洗，严重时需将油品改出，拆下文氏管混合器进行清理。

第七章　冷 换 设 备

常减压蒸馏装置中，从常压塔、减压塔出来的油品均具有较高的温度，若要出装置必须进行冷却到一定的温度。同时，原油从罐区出来也需要经过加热才能进入塔、炉进行进一步的加热及加工。热的产品需冷却，冷的原油需加热，一般通过冷换设备来进行热量的交换。由于常减压蒸馏装置中冷换设备较多，所以怎样开好冷换设备，搞好冷换设备的操作水平，是合理利用热源，提高装置热量回收率，做好装置节能降耗的一项重要措施。

7.1　常用冷换设备的类型及表示方法

7.1.1　常用冷换设备的类型

常减压蒸馏装置使用的冷换设备主要是管壳式换热器，其中用量最多的是浮头式换热器。此外，还有固定管板式换热器、U 形管式换热器。它们是以使用温度、压力及两侧流动介质特性为选用依据。总的优点是结构简单、价廉、选材广、清洗方便、适应性强。但在传热效率、紧凑性、单位传热面金属耗量等方面，不及板型和其他类型换热器。

7.1.2　常用冷换设备表示方法

（1）浮头式换热器

如 AES500 - 1. 6 - 54 - 6/25 - 4 表示为平盖管箱，公称直径 500mm，管程和壳程设计压力均为 1. 6MPa，公称换热面积 $54m^2$，较高级碳钢或低合金钢(即 I 类材质)冷拨换热管外径 25mm，管长 6m，4 管程，单壳程的浮头式换热器。

（2）固定管板式换热器

如 BEM700 - 2. 5/1. 6 - 200 - 9/25 - 4 表示为封头管箱，公称直径 700mm，管程设计压力为 2. 5MPa，壳程设计压力为 1. 6MPa，公称换热面积 $200m^2$，较高级碳钢或低合金钢(即 I 类材质)冷拨换热管外径 25mm，管长 9m，4 管程，单壳程的固定管板式换热器。

（3）U 形管式换热器

如 BIU500 - 4. 0/1. 6 - 75 - 6/19 - 2 表示为封头管箱，公称直径 500mm，管程设计压力为 4. 0MPa，壳程设计压力为 1. 6MPa，公称换热面积 $75m^2$，较高级碳钢或低合金钢(即 I 类材质)冷拨换热管外径 19mm，管长 6m，2 管程，单壳程的 U 形管式换热器。

7.2　冷换设备的结构及其作用

7.2.1　固定管板式换热器的基本结构

固定管板式换热器的两端管板,采用焊接方法与壳体连接固定。这种换热器结构简单;在相同的壳体直径内排管最多,比较紧凑;在有折流板的壳侧流动中,对传热有害的 E 旁路最小,管程可以分成任一偶数程数。由于两个管板被换热管互相支撑,与其他管壳式换热器相比,管板最薄,但壳侧清洗较难,不能进行机械清洗,所以宜用于不易结垢和清洁的流体。当管束和壳体之间的温差太大而产生不同的热膨胀时,常会使管子与管板的接口脱开,从而发生介质泄漏;为此常在外壳上焊一膨胀节,但它仅能减小而不能完全消除由于温差而产生的热应力,且在多程换热器中,这种方法不能照顾到管子间的相对位移。由此可见,这种换热器比较适用于温差较小(一般管子与壳体壁温小于50℃),但壳程压力不高以及壳程结垢不严重或能用化学清洗的场合。由于此类换热器集中了管壳式换热器的优点,因此应用相当广泛。

7.2.2 浮头式换热器的基本结构

浮头式换热器可分为壳程出、入口设内导流筒或外导流筒结构。浮头式换热器是针对固定管板式换热器的缺陷在结构上作了改进，两端管板只在一端管板与壳体固定，而另一端的管板可以在壳体中自由的，故当两种介质温差较大时，管束与壳体之间不产生温差应力。浮头端设计成可拆结构，这样为检修、清洗提供了方便。但结构较复杂，而且浮头端小盖在操作时无法知道泄漏情况，所以在安装时要特别注意其密封。浮头式换热器适用于管壳壁间温差较大，或易于腐蚀和易于结垢的场合。

7.2.3 U形管式换热器的基本结构

U形管式换热器仅有一块管板，它是将管子弯成U形，管子两端固定在同一块管板上。由于壳体和管子分开，管束可以自由伸缩，不会因管壁、壳壁之间的温度差而产生过大热应力，热补偿性能好。管程为双管程，故管内流速可提高。因U形管式换热器仅有一块管板，且无浮头，所以结构简单，管束可以从壳体中抽出，管外便于清洗，但管内清洗困难。所以管内的液体必须是清洁及不易结垢的物料。管子的更换除外侧管子外，管束内层的管子不可能更换。管束中心部分存在空隙，所以流体易走短路(旁流)，影响传热效果，故通常在此处设有假管或中间挡板以减少这一流动死区。另外，管束中心处的管板上排列的管子减少，结构不紧凑；且U形管的弯管部分曲率不同，管子长度不一，因而流体分布不如固定管板式换热器均匀；管子因渗漏而只能堵死，这将造成传热面积的损失。

如壳程需要经常清洗的管束，则要求采用正方形排列，一般情况下都按三角形排列，管程为偶数。

壳程内可按工艺要求设置纵向隔板组成双壳程换热器，增加壳侧介质流速和使管壳程介质呈全逆流流动，提高换热设备的传热效果。纵向隔板安装在平行于传热管方向。

7.2.4 空冷器的基本结构

空冷器的基本结构形式都大致相同，一般由管束、风机、百叶窗、喷淋系统组成。

7.2.5 折流板的作用

为达到逆流换热，采用多管程，壳程内设置折流挡板来配合趋向于逆流换热，以提高传热系数。常用的两种折流板形式：弓形和盘-环形。

折流板间距B与换热器用途、壳程流体的流量、黏度、压降有关，最小间距为20%D(壳体直径)或50mm，最大间距不超过或接近纵向流动，传热效果差。经验表明最佳的板间距约为$D/3$。当换热器的挡板选定后，在检修更换换热器芯子时，折流板的挡板间距不易随意更换，以免影响传热效果。

壳程如加装纵向挡板，可使流速成倍地增加，但流阻增长更快，加上安装困难，一般尽量避免纵向挡板。横向折流板的板间距合理缩小后可使流速和流程加大，流动方向不断变更，使层流附面层减薄，从而增大膜系数，容易造成湍流。因此，常使流率低、黏度大的流体通过壳程，如常减压蒸馏装置中渣油与其他油品换热时，渣油一般走壳程。

7.2.6 换热器管束的排列方式

管束中管子有四种排列形式：a表示等边三角形；b表示正方形；c表示正方形错列(转

角45°)；d表示圆形排列。此外还有转角三角形等。

常减压蒸馏装置中一般采用正方形错列(转角45°)方式较多。但无论那种排列法，最外圈管子的管壁与壳内壁的间距不应小于10mm。

7.3 冷换设备的使用

7.3.1 冷换设备的开工

冷换设备开工指装置开工过程中，换热器必须完成的工作程序或达到装置开工条件对换热器的必备要求。换热器和冷却器的开工程序基本相同，但有所区别。

换热器基本开工程序：升温→螺栓预紧→置换空气及冷却器水侧预膜处理。

(1) 升温

使换热器达到装置所要求的基本温度，一般使用蒸汽作为预热的热载体。加热初期排气阀应打开，有汽泄出后关闭。疏水器应保持在良好状态，及时排出冷凝水。升温应逐渐地进行，加热速度不能过快。

(2) 螺栓预紧

为确保介质在运行过程中不发生泄漏，要求对换热器主密封面螺栓逐根进行热紧，消除螺栓热膨胀可能造成的压紧力下降。

在螺栓连接中，采用设计合理的预紧碟簧，可有效防止由于螺栓热膨胀造成的压紧力下降。一般可免除热紧。

(3) 置换空气

对要求隔绝空气的装置，需用氮气置换空气(联系分析换热设备放空点氮气含量是否达到标准)。

(4) 冷却器水侧预膜处理

为保证换热器在循环冷水系统中能长期、正常、稳定地运行，必须在投入运行前进行预处理，预处理包括清洗和预膜两项工作。

7.3.2 冷换设备开停操作的注意事项

① 使用换热器、冷却器，应先开冷流，后开热流，停用则先停热流，后停冷流。

② 开停换热器要缓慢进行，注意冷热变化，不能逼压，保证安全。

③ 冷却器扫线时要先关死上下水阀，并打开放空阀放水。

④ 停用冷换设备时，先开副线阀，后关进出口阀，把设备内的存油吹扫干净，以防凝冻或备拆修，要注意油温<200℃方许吹扫。

⑤ 一程吹扫，另一程要留有通路，防止设备内介质受热膨胀或汽化产生压力憋坏设备。

⑥ 检查时要注意检查法兰、垫片有无泄漏，一旦发现泄漏较大时，应立即停用该换热器，并查找原因。

⑦ 冷换设备检修验收，管、壳程均要试压。

7.4 冷换设备的维护及检修

7.4.1 冷换设备的维护

7.4.1.1 冷换设备的日常检查

日常检查是及早发现和处理突发性故障的重要手段。检查内容包括：运行异声、压力、温度、流量、泄漏、介质、基础支架、保温层、振动、仪表灵敏度等。

（1）温度

温度是换热器运行中主要的操作指标。测定及检查换热器串各流体的进、出口温度计变化，可以分析判断介质流量的大小及换热情况的好坏。换热器管程（或壳程）介质进出口温度差值越大，说明传热效果越好。若介质进出口温度差值变小，我们则应考虑是否要清洗管束以保证一定的传热效率。

要防止温度的急剧变化。因温度剧变会造成换热器内件，特别是管束与管板的膨胀和收缩不一致，产生温差应力，引起管束与管板脱离或局部变形及裂缝，还会加快腐蚀及产生热疲劳裂纹。

（2）压力

通对流体压力及进出口压力差的测定和检查，可判断换热器内部结垢、堵塞情况及流体流量大小或泄漏情况。高压流体往低压流体中泄漏，使低压流体压力很快上升，甚至超压，并可能产生各种不良后果，对运行中的高压换热器应特别警惕这一点。

（3）泄漏

换热器在运行中液体介质的外漏是比较容易发现的。对低毒介质的气体外漏，可以直接抹上肥皂水或发泡剂来检查，亦可借助试纸变色情况。检查换热器外壳体表面涂层的剥落污染情况，来预测壳体的泄漏，是低压换热器检查壳体外泄漏一种常用方法。对严禁泄漏的中高毒性介质，最常用的方法是在易泄漏口如法兰、接管处涂对该毒性介质反应非常灵敏的涂料。有毒介质发生微小泄漏，涂料颜色即会发生明显的变化，以此可作出迅速判断，采取措施。

定期对壳体各连接处周围空气取样分析，也能判断泄漏及泄漏量的大小，此法不仅准确可靠，操作方便，而且对外部、内部泄漏都适用，并且实现自动分析、记录及报警。

内部泄漏，操作人员不易直接发现。但可从介质的温度、压力、流量、异声、振动及其异常现象来判断。例如：某一换热器管内是压力较高的气体，管间是压力较低的液体，当列管穿孔时，管内的气体窜到管间液体中，从液体压力表中马上会发映出压力上升、压力波动大。由于气体窜入液体，引起液体剧烈的翻腾，造成压力波动，用听音棒会发现壳体有异常的响音。如有较多的泄漏，用手摸壳体和液体出口管，会有振动的感觉。

对于冷却器，可在冷却水出口处对低压介质管上装上取样接管，定期取样检查，判断有无被冷却介质混入。当被冷却介质是气体时，可在冷却水出口管道上部装积气报警器，以此检测泄漏。

对一般换热器（不使用冷却水），在出口处对低压介质定期取样，可知有无泄漏，试验项目根据两介质的特性选取，如色相、密度、黏度和成分等。

（4）振动

换热器内的流体一般有较高的流速，由于流体的脉冲和横向流动都会引起基础支架的振动，如支架结构、位置不适合或螺栓的松动、折断等会使振动加剧。要求控制振动偏差在一定范围，否则需要检查处理。

（5）保温

保温（保冷）层的损坏会直接影响换热器的传热效率。另外，由于保温（冷却）层一旦破损，在壳体外部就将积附水分，使壳体发生局部腐蚀。因此，发现保温（冷却）层破损应尽快修补，并且要采取措施，防止水分进入保温层内部。

7.4.1.2 冷换设备的腐蚀部位

换热器的主要腐蚀部位是管子、管子与管板连接处及壳体。

(1) 管子的腐蚀

管子的腐蚀包括有全面腐蚀与局部腐蚀两种。全面腐蚀减薄时，寿命可以预测，局部腐蚀减薄则比较复杂，其危害性更大。一般腐蚀常发生在管子入口处40～50cm处的管端，这与介质进入时的涡流磨损与腐蚀共存有关，管子内侧有遗物堆积或黏着也易产生点腐蚀。

(2) 管子与管板连接处的腐蚀

腐蚀主要分布在管板边，管板孔与管子之间的缝隙区，对单纯的强度胀连接会产生应力腐蚀裂纹。

(3) 壳体的腐蚀

壳体及其附件完全是焊接结构，因此，焊缝及热影响区易发生腐蚀、裂纹，特别是处理腐蚀性介质时，由于焊接质量不好更容易发生壳体腐蚀。

当壳体材质与折流板材质的电解电位不同，折流板材质的电位高于壳体，且壳侧介质为电解质时，壳体内侧因此受到电化学腐蚀，尤其当电解质是含离子化合物的水时腐蚀更剧烈。这种腐蚀易发生在卧式换热器的下部。防止此类型腐蚀的方法有：

① 壳体为电解质时，应避免选不同电解质电位材质的折流板。

② 在已制成的换热器中有折流板对壳体的电化学腐蚀，做到定期检查，折流板部分的壳体要重点检查。

③ 对已造成的壳体减薄，检修时对减薄部分堆焊。

④ 壳体外侧进行补强。

⑤ 对必须采用高电位折流板的情况，壳体内侧应作贴衬处理。

7.4.1.3 冷换设备的防腐措施

防止冷换设备腐蚀最根本的方法是采用能耐介质腐蚀的金属和非金属材料，或采取有效的防腐蚀措施。

(1) 换热涂层

在换热器与腐蚀介质接触的表面，通过一定的涂覆方法，覆盖上一层耐腐蚀的涂料保护层，以避免碳钢与腐蚀介质直接接触，这是一种最经济有效的方法。

(2) 金属保护层

在换热器与腐蚀介质接触的表面，通过一定的方法覆盖上一层耐蚀性较强的金属或合金，隔绝腐蚀介质与换热器接触。常用的方法有衬里、金属堆焊、复合板、复合管和金属喷涂、渗金属等。

(3) 电化学保护

采用阴极保护和阳极保护两种。阴极保护是利用外加直流电源，使金属表面变为阴极而达到保护的目的。此法耗电量大、费用高，用得不多。阳极保护是把被保护的换热器接以外加电源的阳极，使金属表面生成钝化膜，从而得到保护。

7.4.1.4 冷换设备的防止应力腐蚀措施

换热管的应力腐蚀多发生在管和管板焊接部位，以及管与折流板交界处。这些部位都有局部应力集中，在腐蚀介质状态条件下，易产生 Cl^- 的聚集及氧的浓差，从而容易在管表面形成点坑或缝隙腐蚀，使它成为SCC的裂源。管子与折流板交界处，往往是由于管子长，折流板多，管子稍有弯曲，容易造成管壁与折流板处产生局部应力集中，加之间隙的存在，故其交界处成为应力腐蚀的薄弱环节。对于换热器的应力腐蚀，可采取以下方法防护：

（1）消除 Cl^- 浓缩积聚的条件

对管子与管板采用新型的内孔焊接连接结构。这样可以从根本上消除管头的缝隙，杜绝 Cl^- 在这里浓缩的可能性。但这种连接形式需要专用的焊接设备，近年国外已开始在原子能工业换热器、蒸汽发生器等重要设备中应用。

（2）胀管段应占全管板厚度

目前消除管与管板间隙最简单实用的做法是强度焊加贴胀，但胀管深度应达管板底部，以消除全部缝隙。

7.4.1.5　冷换设备的防振措施

（1）换热器管子产生振动的原因

换热器管子产生振动的原因主要有两种：一种是外界激振源能引起的振动，如往复式机械（例如往复式压缩式压缩机）的脉动气引起的激振，或通过支撑构件或连接管道传来的振动。另一种是流体流动激振，又可分为管侧和壳侧流体激发的振动。由于一般情况下管侧流动激发的振动振幅小，危害性不大，往往可以忽略，除非在流速远远高于正常流速的情况下，管侧激发很大的振幅，对换热器的危害最大。

换热管子振动损坏情况主要有两种，即管子的磨损和管子材料的疲劳断裂。管子磨损又分为两种情况：一种是在振动很大的振动情况下，管子与管子相互接触而磨损（磨平穿漏）成菱形，这种情况绝大数产生在振动位移最大的中间跨度处。另一种是管子与支撑板由于振动发生相对运动而产生磨损，导致管壁逐渐变薄而最后磨穿。另外，由于折流板（支承板）上的管孔通常都比管子外径大 0.8 ~ 1.2mm，振动管的管壁有可能被折流板（或支承板）切割、断裂。且当折流板很薄而材料比管材硬时尤其突出。接头的松弛与腐蚀同时存在的情况下，振动磨损增加，这种磨损形状呈马鞍形。管子穿出管板处，也会由于振动而使管孔尖锐的边缘对管子起切割作用。

管子的疲劳断裂则是由于周期的循环激振（包括出现共振或微振的情况下）所造成的。因为当管子振动时，会出现反复弯曲作用的周期性交变应力。如果管子长久地承受很强的交变应力，管子的某些应力最高部位就会出现疲劳破裂。

振动破坏的位置一般出现在下列位置处：

① 传热管件支承跨度中间位置处，由于管间相互碰撞，外观呈现明显磨口。

② 紧靠折流板缺口处，换热管于折流板发生碰撞而遭磨损。

③ 折流板管孔内，传热管振动时折流板管孔边缘对传热管的锯切、碰撞，严重时会导致管子断裂。

④ 传热管原有的一些细小裂纹或缺陷，因振动逐渐扩展，最终导致破坏。

管子振动破坏多发生在壳程时气体或蒸汽的场合，操作压力高于 0.8MPa 更明显。壳程为液体时，也会发生管子振动破坏，但一般限于流体局部高速区的少数管子。

（2）主要防振措施

由以上分析可知，防振的措施需从两个方面入手，降低局部高速流体的流速和改变换热元件的固有频率，采取的主要方法有：

① 降低流体在壳程的流速。当传热管的固有频率一定时，降低壳程流速就可避免激发共振，若运行条件不能改变，可在换热器进出口管处设计防护板、导流筒或液体出口分配器等，降低壳程进出口处流速，使流体脉动值降到最低。当管束已采取防振动措施而效果不明

显时，工艺上应考虑调整介质的流速。

② 提高管子的固有频率。这可大减少共振的机会，提高频率最有效的方法就是减少跨距。管子的固有频率与跨距的平方成反比，跨距若减少 20%，固有频率则可提高 50%。对于 U 形管束，为了提高固有频率，可在管间绕以带条或插入杆、板以阻止管子运动。

③ 改变折流板的形式，以改变换热管的支承状况。近年来发展的折流杆式管束，螺旋折流板板式管束，都大大改变了管子的支承条件。

需要指出的是，设计仍是解决流体诱发振动的关键所在，一个合格的工艺设计，应能避免换热器管束产生大的振动。在实际生产中，当工艺发生较大变化时，可以通过上述方法减少或避免产生振动。

7.4.2 冷换设备的检修

7.4.2.1 冷换设备管束泄漏处理

随着焊接技术的进步，石油化工所用换热器管束中，管子与管板的连接方法绝大部分已是焊接或胀焊结合。管与管板连接焊缝泄漏，是管束泄漏处理的难点。采用补焊并不是一种好方法，原因是管子与管板孔之间存在有间隙，在使用过程中必然有杂质进入，使得焊接时产生强烈的气泡、夹渣、夹层。而且局部焊接造成的应力集中，有可能拉裂补焊点附近管口，造成新的泄漏点。

因此，对于强度焊接连接管束，防止焊口失效的最好方法：一是合理地选材即根据介质合理选用管板和换热管，特别要防止管板与管子间产生电化学腐蚀；其二，焊口根部要确保焊透。其三，生产实践说明，强度焊后贴胀是保证焊口不失效的有效手段。

对纯强度胀接管束，胀口发生渗漏，放压后可进行补胀，补胀数量最多不超过三次。

管束换热管因腐蚀穿孔，是管束泄漏的主要形式。处理方法：泄压后用有一定锥度且与管子同类材质的金属堵头，将泄漏管堵死，堵头强力打紧固定不用焊接。

漏点检查是一个多次反复过程，随着试验压力加大，有可能出现新的漏点，视管束的新旧程度，检查漏点的最终压力为 1.1 ~ 1.25 倍的工作压力。

同一管程内，堵管数一般不超过其总数的 10%。在工艺指标允许范围内，可以适当增加堵管数。即管束更换的一般依据，应是管程单程堵管数接近或达到 10% 单程总管数。

7.4.2.2 内浮头泄漏处理

浮头式换热器内浮头泄漏是比较常见的，维修也比较麻烦。浮头的连接实际上是法兰连接，处理一般与法兰连接基本相同。维修时应按法兰联接的方法检查法兰密封面及浮头垫片是否符合技术要求的规定，法兰螺栓拧紧是否正确。经常泄漏的浮头，其根本原因是密封面破坏引起，在密封面无法加工而管束各方面都还能满足使用要求的前提下，可采取将浮头和管板焊死的办法，以确保换热器能连续运行。

7.4.2.3 冷换设备的试压

试压时压力缓慢上升至规定压力(即试验压力)。低压换热器恒压时间不低于 5min，中、高压换热器不低于 20min，然后降到操作压力进行详细检查，无破裂、渗漏残余变形为合格。如有泄漏等问题，处理后再试验。实际生产中试验压力确定值的依据是一般为最高操作压力。

(1) 浮头式换热器试压

浮头式换热器全过程试压分三步进行：

① 第一步试验管束固定管板、浮动管板与管子连接口，具体做法：

a. 将管束与壳体间的垫圈放入法兰密封面处，一般的做法是用润滑油脂粘住，并用聚四氟密封带缚在法兰上。

b. 用抽芯机将管束顶入壳体。

c. 浮头侧上试压胎具，固定管板侧上假法兰。

d. 试验压力：根据设备新旧程度，试验压力为最高工作压力的 1.1 ~ 1.25 倍。

e. 此程试压有可能是一个反复的过程，在不同的试验压力下，可能有不同的漏点，应及时消除，故第一程试压与管束漏点检查是同时进行的。

② 第二步管箱及浮头试压，具体做法：

a. 回装管箱和浮头封头。

b. 从管箱法兰入水。由于此程试压涉及管箱压力容器，按规定，试验压力为最高工作压力的 1.25 倍，稳压 30min 后，降压至最高工作压力，稳压 10min 无泄漏为合格。

③ 第三步壳体和外头盖试压，目的是试验壳体压力容器、固定管板与壳体法兰密封面、外头盖法兰与壳体法兰密封面。具体做法：

a. 回装外头盖。

b. 壳体法兰入水，试验压力为最高工作压力的 1.25 倍，稳压 30min 后，降压至最高工作压力，稳压 10min 无泄漏为合格。此程试压最好保留二程试压管箱压力为工作压力，以保护固定管板与管子连接，防止管板出现新的泄漏点。

（2）U 形管式换热器试压

U 形换热器试压分壳程和管箱两步：

① 壳程试压的目的：检查管板与管子连接口，检查管板与壳体法兰间密封，壳体压力容器强度试验。具体做法：

a. 回装密封圈和 U 形管束。

b. 管束管箱侧装试压用压环。壳程水压试验压力为最高工作压力的 1.1 ~ 1.25 倍。壳程试压过程也是检查管板与管子连接焊缝的过程，应仔细检查管口，并最终消除泄漏管和管口。

② 管程试压的目的：检查管箱与管板间密封，管箱压力容器强度试验。具体做法：

a. 回装垫圈（垫片）、管箱。同样在管箱回装前，必须严格检查密封面，确保干净。

b. 升压。试验压力为管程最高工作压力的 1.25 倍。

（3）固定管板式换热器试压

固定管板换热器水压试验同 U 形管换热器水压试验，也是对壳程、管程进行试压，但更简单，壳程试验不用试验试压压环，可直接在壳程通水进行强度试压。对于高压固定管板反应器（换热器），管箱与管板制成一个整体，管程工作压力远远大于壳程压力，壳程试压压力不足以确保管板上连接口和管子不泄漏，因此，必须进行氨试漏。

7.4.2.4 冷换设备常见故障及处理方法

常减压蒸馏装置中引起换热器发生故障的原因多种多样，但最终造成的危害的因素主要有两种：泄漏和换热效果差。

（1）泄漏

泄漏可分为外泄漏及内泄漏。外泄漏主要有换热器大盖、管箱密封处泄漏，换热器壳体接管有砂眼、裂纹等穿孔泄漏；内泄漏主要是内浮头密封泄漏及管束穿孔泄漏。换热器出现泄漏时，首先应及时关闭换热器进出口阀门，切断物料。特别是高温介质外泄漏时处理不及时易造成火灾事故。

常减压蒸馏装置中换热器外泄漏现象比较明显，可直接观察到有无泄漏，处理也较容易。但内泄漏不能直接观察到有无泄漏，可以从介质温度、压力、流量、异声、振动、外观等进行分析判断。如某台换热器是原油与柴油进行换热，管程走柴油，壳程走原油，由于原油压力高，若发生泄漏则只能是原油窜入柴油中，这时可能会出现：管程压力上升，壳程压降增大，柴油颜色变黑、质量不合格等现象。根据这些现象可判断换热器内泄漏。

（2）换热效果差

造成换热器效果差的原因主要有：

① 介质流速过快，造成换热时间过短，影响换热。这时应及时调整介质流速，保证介质的换热时间。

② 两种热交换介质的温差值过小。如果是作为低温源的冷却介质入口温度（如冷却器循环水入口温度）过高，应及时降低介质入口温度。

③ 换热器管束结垢、结焦、堵塞。这时应及时停下并通知有关单位进行清洗、疏通处理。

（3）停用处理注意事项

一台须进行检修的换热器应进行停用及处理。停用时应先关热源后关冷源，先关进口再关出口。为不影响其他操作，在停用前应先打开副线阀。停用完毕后，对换热器进行蒸汽吹扫，吹扫干净后交检修单位处理。特别注意的是当冷却器在对油品介质进行吹扫时，应关闭水进出口阀、放空阀，以防由于水汽化造成换热器超压损坏密封面和内构件。同时水源侧一般不能进行吹扫，防止破坏防腐层，影响换热器的使用寿命。

7.5 空冷器的使用、维护及检修

7.5.1 空冷器的使用

每台空冷器有其特定的设计条件。应按设计条件规定的参数（如：热负荷、压力、温度气象条件、风机转速、叶片角度、百叶窗开度等）运行，不能随意改动。

7.5.1.1 管束

① 管内介质、温度、压力均应符合设计条件，严禁超压、超温操作。

② 管内升压、升温时，应缓慢逐级递升，以免因骤热冲击而损坏设备。

③ 空冷器正常操作时，应先开启风机，再向管束内通入介质，停止操作时，应先停止向管束内通入介质，后停风机。

④ 易凝介质于冬季操作时，其程序与第③条相反。

⑤ 负压操作的空冷器（如：减压蒸馏塔顶空冷器）开机时，应先开启抽汽器，管内达到规定真空度时再开启风机，然后通入管内介质；停机时，按相反程序操作。冬季操作时，开启抽汽器达到规定真空度后，先通入管内介质，再启动风机，以免管内冻结无法进行。

⑥ 停工时，应用低压蒸汽（不超过原有介质温度）吹扫并排净凝液，以免冻结或腐蚀。

7.5.1.2 风机

① 叶片角的调节应根据实际工况按规定操作。

② 叶片角不得超过设计规定的最大叶片角（ϕ_{max}），否则将烧毁电机；尤其在自动调角风机反向安装时，操作中尤应注意。

③ 调速风机的转速应根据设计工况按设计进行操作，不得超过设计规定的最大转速（n_{max}）。调速器操作一般分启动、运行操作程序两大步。调节方法一般都设有“调速投入”、“调速切除”（恒速运行）、“自动调速”、“手动调速”等选择开关。各种调速类型操作程序不完全相同，因此操作时首先必须做到以下几点：

a. 检查电源相位正确无误。

b. 盘面信号灯、指示仪表、选择开关位置正确。

c. 自控仪表、电机、风机均正常，具备开工条件。

d. 严格按随机说明书及现场操作堆积的操作程序执行。

④ 自动调节（调角或调速）风机，可由自动仪表系统根据介质出口温度（或压力）控制。但对叶片角（由信号压力）或转速（由电压）的实际值应作定期检测。

⑤ 开工前应检查：

a. 风机及其周围设备（风箱、管束）是否坚固良好，有无异物。

b. 认真检查叶片根部与轮毂是否连接紧固，紧固件若是涨环（或半圆挡环），则应检查该件是否全部位于环形槽内，紧定螺钉是否拧紧。

c. 手动盘车（转动叶轮）检查，叶尖间隙是否足够，最大叶片角时是否与风筒安全网碰撞。

⑥ 开工后应检查：

a. 有无过大振动或异响，否则应立即停车检查。

b. 若为自动调节风机，应手动给定信号，检查风机是否可以在全调节行程内工作，即叶片角或转速可自最小值至最大值。自动调角风机，尚需检查其安装方式（正向或反向）是否符合设计规定。

⑦ 手调角风机应按期（如季节）停机调节叶片角，以节约电耗。

7.5.1.3 百叶窗

百叶窗的操作应根据空冷器的设计要求确定。作调节风量之用时，应根据实际操作工况控制其叶片开启度；若是自动调角式，则应由自动仪表系统控制。作为抵御特殊气象干扰（如暴雨）或热风再循环运行之用时，应控制其叶片于全开、全闭位置。

7.5.1.4 喷淋系统

① 喷淋系统于环境气温超过空冷器干式运行的设计气温时启用。该气温在设计时确定，一般在25～30℃之间。

② 喷淋水水质的要求应符合有关规定，并应定期检验。喷淋水应经过滤。

③ 喷水压力应符合设计要求，水压应稳定。

④ 喷水应成雾状，不得有线状水柱；喷射锥度不应低于设计值。有不良现象产生时，应即检修或更换喷头。

⑤ 采用“脉冲喷水法”喷淋时，其喷、停时间的调节应按设计规定值或现场调节。

7.5.2 空冷器的维护

7.5.2.1 管束

① 检查管束各密封面不得有泄漏现象。如有泄漏时，丝堵式管箱可将丝堵适当拧紧。仍无效果时，应停机更换垫圈或丝堵，盖板式管箱可将连接螺柱适当拧紧。如仍泄漏，则停机更换垫片。高压管箱的螺柱拧紧时，应遵守相应的的操作规程。

凡需更换垫片或螺接紧固件时，应先停机并将油品放空，然后进行维护。

② 翅片管管端泄漏时，允许将管子重胀。重胀次数不能超过 2 次，并注意不得过胀。

无法用胀接修复时应更换翅片管。作为临时措施，允许用金属塞堵塞，堵塞一般不能超过单一管程管子总数的 10%。

③ 如需在管束表面上作检查时，应在翅片管上垫以木板或橡胶板，以免损坏翅片。

④ 铝翅片如被碰倒时，应用专用工具(扁口钳)扶直。

⑤ 定期清除翅片上的尘垢以减少空气的阻力，保持冷却能力。清除方法为用高压水或压缩空气或热蒸汽加水冲刷。

⑥ 检查管束热补偿结构工作是否正常。热位移导向螺栓、支架、挡板是否浮动灵活。

⑦ 检查空气流道密封片是否固紧密。如有不适合处，应予矫形修复。

⑧ 定期维护时，应用蒸汽(温度不超过 100℃)及水冲刷管束内部，务必将污垢除净。并应检查腐蚀厚度，其值不应超过规定值(碳素钢为 3mm)。检查后重新安装时，应更换丝堵垫片及法兰垫片。

⑨ 定期维护时，应在管束外表面(不包括铝翅片表面)涂一层银粉漆。

7.5.2.2 风机

① 所有润滑部位(减速器、轴承座)应按期注油。减速器用油按说明书规定，油面应在油位指示器指示范围内。轴承用钠基润滑油脂。

② 皮带传动机构的皮带应保持一定的张紧力。如有松弛，应拧紧调整螺丝。如松弛至无法张紧，或多根三角皮带张力相差过大时，应成组更换。

③ 应定期清除叶片表面污垢，将污垢全部除净，并重新涂漆。

④ 风机经定期维护后，应按说明书重新装配完好。并应特别注意：

a. 叶片若非互换件时，应按出厂编号安装；否则应重作静平衡检查。

b. 叶片角应符合规定。各叶片的叶片角应保持一致。

c. 叶片间隙应符合规定。

d. 旋转方向应符合规定。

e. 叶片旋转平面应与主轴垂直，允许叶尖的轴向跳动不大于 10mm，否则应调整，调整部位为其锥形轴套上的调整螺钉。

f. 试车时应无超过规定的振动(于底座测量不超过 150μm)及异响，轴承应无松动或过热。底座安装螺栓亦无松动。

⑤ 自动调角风机定期维护时，经重新装配后还应特别检查以下各项：

a. 安装方式(正装、反装)应符合设计要求。

b. 作气密检验，无泄漏。

c. 信号气压为 0.02MPa 时，叶片开始转动，否则应调节定位器的调节螺钉。

d. 信号气压为 0.02 ~ 0.1MPa 时，叶片角能在最小至最大(或最大至最小)间转动。

e. 机械密封件应无泄漏。

7.5.2.3 空冷调速装置的定期维护

① 检查电动机应无异声、无焦味，定子温度不超过允许规定。绕线式电机炭刷火花正常，接地线完整。

② 控制柜盘面信号灯、仪表指示正常，对应量正确，保持盘面整洁。

③ 自控仪表、调节器输出量、速度指示与调速柜对应指示相符。

④ 调速范围不得超过设计范围。

⑤ 对可控硅类型号的调速柜应备有一定数量的快速熔断器等易损备件。

7.5.2.4 定期维护的注意事项

① 主轴承的磨损程度，并作定期更换；

② 齿轮减速器应按使用说明书规定检修，易损件(垫圈等)应及时更换，装配时应调整齿隙至规定值，轴承配合亦应适度。

① 百叶窗。

a. 百叶窗叶片应转动灵活，叶片于转动时应同步(或同位)，不得有松动或滞动等现象。

b. 手动柄(杠杆或螺杆等减速机构)应动作灵活。

c. 叶片间隙应符合规定。叶片与框架间隙：管箱端不超过6mm，侧隙不超过3mm，否则应重新调整。

d. 对开式百叶窗相邻两片应互有滞后，不得互相干扰而无法闭紧。

e. 气动执行机构应作检查，保证叶片可作0°~90°全行程转动。

② 喷淋系统。

a. 经常检查水压与水质是否符合操作规定。

b. 定期清洗过滤器。

定期清洗喷嘴。有雾化不良、喷水锥度过小、喷水出现水柱等现象的喷嘴,应予修理或更换。

7.5.2.5 空冷器翅片管的清洗

空冷器翅片管外表面长时间使用后聚集了灰垢，特别是湿式空冷翅片表面生长绿藻，由于这些污垢、灰垢、绿藻的传热效率只有碳钢的几十分之一，同时还会产生垢下腐蚀，加速腐蚀的进行。因此，根据空冷器的腐蚀、结垢情况，在其运行一定时间后及时进行化学除垢清洗，既可以达到提高换热效果，又能达到延长设备使用寿命的目的。

翅片清洗程序：

① 常可直接用水冲洗翅片，主要清除表面积尘及附着不大牢固的腐蚀产物或其他垢物，清洗时注意防止翅片倒伏。

② 如现场环境允许，可以用专用的清洗液通过高压泵对翅片的表面冲洗。但清洗剂冲洗后应再用工业水冲洗除去残余的清洗剂。

③ 空冷器翅片管的清洗，如果采用干冰清洗新技术进行，可能会取得更理想的效果，也不会对环境造成任何污染，但估计费用会更高。

④ 清洗效果的检查验收。

7.5.3 空冷器的检修

7.5.3.1 检修周期

根据生产装置特点、介质性质、腐蚀速度、运行周期等情况，各企业自行决定检修周期。

7.5.3.2 检修内容

① 检查管箱及管束。

② 更换腐蚀严重的管箱丝堵、管箱法兰的联接螺栓及丝堵、法兰垫片。

③ 检查修复风筒、百叶窗及喷水设施。

④ 处理泄漏的管子。

⑤ 校验安全附件。

⑥ 整体更换管束。

⑦ 对管束进行试压。

⑧ 检查修理轴流风机。

7.5.3.3 检修与质量标准

（1）修前准备

① 掌握运行情况，备齐必要的资料。

② 备齐检修工具、配件及材料。

③ 切断风机电源，将空冷器内介质排净并吹扫置换干净，符合安全检修条件。

（2）检查

① 检查管箱法兰，管箱上丝堵的泄漏及其垫片的腐蚀情况。

② 检查管束的腐蚀及翅片损坏情况。

③ 检查管箱、管内部腐蚀及结垢。

④ 检查风筒百叶窗等腐蚀及严密情况，检查喷水设施是否畅通。

⑤ 检查框架及其他构件的腐蚀和紧固件的稳固情况。

（2）轴流风机检修

① 消除漏点等缺陷。

② 检查机组对中及皮带张紧程度。

③ 检查并紧固各地脚螺栓。

④ 清扫机组积垢，特别是各叶片上的积垢一定要清除。

⑤ 检查并紧固叶片组的背帽和各紧固螺栓，检查并调整叶片角度。

⑥ 检查联轴器状况。

⑦ 调校减速箱振动开关或振动、油温在线状态监测报警装置。

⑧ 查看减速箱齿轮磨损情况。

⑨ 检查各润滑部位的油位、油质情况，视情况加油、加脂或更换。

⑩ 拆卸并检查叶片、轮毂；检查、调整叶顶与风筒的间隙；叶片称重、整个叶轮做静平衡校验。

⑪ 解体检查减速箱。

⑫ 检查修理齿轮及传动轴并找正。

⑬ 检查轴承及 O 形橡胶圈等易损件。

⑭ 检查空冷器风机传动系统。

⑮ 调校半自调、自调风机的操纵系统。

⑯ 检查、修补机座和基础，检查或更换地脚螺栓，校验机体水平度。

⑰ 风机机组防腐处理。

⑱ 电机检查、修理、加油。

7.5.3.4 空冷器管束检修

（1）换垫

检查空冷器管箱丝堵垫片泄漏情况，泄漏时可采用把紧丝堵或更换垫片消漏。垫片更换时，应根据介质选用合适的垫片，一般选用 08 钢垫、紫铜垫或不锈钢垫。更换时，应清除垫片槽中的杂物和消除垫片槽缺陷。

（2）清垢

空冷器经过使用后，会在干式空冷翅管表面积垢或在湿式空冷翅管表面生长绿藻，影响冷却效果，应清除干净。清垢可采用人工机械除垢、压力水除垢和化学除垢。当采用压力水除垢时，应防止翅片倒伏。

（3）热管堵漏

空冷器管束经过一段时间的运行后，由于腐蚀等原因造成穿漏，可以采用化学粘补、打卡注胶和堵管等修理方法处理。当换热管泄漏量小时，可在不停车的情况下将管外的翅片除去，然后再进行化学粘补包扎或打卡注胶堵漏；如果不能用上述方法消漏，则应将管束停车吹扫干净拆开管箱上的丝堵，在换热管两端用金属圆台体堵塞，以达到消漏。

（4）换管

当空冷器管束非均匀腐蚀或制造缺陷而泄漏时，可采用换管消漏。首先将要更换的管子拆下，清洗管箱管孔。更换新管时，将管子中间稍拉弯曲，即可从两端管板孔穿入，穿入后进行胀接或焊接。

（5）消除其他缺陷

（6）构架、壁板防腐

构架、壁板防腐可与设备停车检修同时进行。湿式空冷器的壁板容易产生防腐穿孔，设备检修应注意检查，当发现穿孔时，应及时更换壁板。

（7）喷淋系统检修

喷淋系统检修主要检查喷嘴是否堵塞，更换损坏部件；检查过滤器，更换损坏过滤网；清扫喷淋水内循环系统的回水罐或水池。

（8）质量标准

① 管箱丝堵垫片应符合技术要求，其表面不得有贯穿纵向的沟纹及影响密封性能的缺陷。

② 管箱、管内应清洁。

③ 胀管不宜在气温低于0℃条件下进行。管子胀接后，其胀接处及过渡部分应圆滑。

④ 管束同一管程内，堵管一般不得超过单一管程管子总数的10%。

⑤ 如在管箱上进行扩孔等修理，应符合有关规定。

⑥ 喷水设施应畅通无泄漏，风筒、百叶窗应严密，框架不得有缺损，其连接螺栓不松动，焊接牢固。

⑦ 安全附件应灵敏可靠。

⑧ 空冷器整体更换时，吊装不得损坏翅片。

第八章　加　热　炉

常减压蒸馏是在油品汽化和冷凝过程中进行的，加热炉的作用就是为油品的汽化提供热源，管式加热炉是一种火力加热设备，它利用燃料在炉膛内燃烧时产生的高温与烟气作为热源来加热炉管中高速流动的油品，使其达到工艺规定的温度，为蒸馏过程提供稳定的汽化量和热量。自1910年首次用于炼油工业以来，发展迅速，由传统的箱式炉、立式炉至今天普遍使用的圆筒炉、方形炉，结构先进科学的各种新型高效加热炉相继问世，已成为近代炼油工业与石油化学工业中必不可少的工艺设备之一，在生产和建设中地位十分重要。

加热炉操作不好往往会影响整个蒸馏装置的生产，加热炉若发生事故不能正常运行，整个装置都将被迫停工。因此，运行良好的加热炉应该是在满足工艺要求的前提下操作安全、平衡、消耗低，处理能力大，运行周期长。

8.1　加热炉的类型和结构

管式炉的类型很多，如按用途分为纯加热炉和加热 - 反应炉两种。前者如常减压炉，后者如裂解炉、焦化炉等；按炉内进行传热的主要方式分为纯对流式、辐射 - 对流式和辐射式；按燃烧方式分为火焰燃烧式和无火焰燃烧式；根据炉型结构的不同可分为箱式炉、立式炉和圆筒炉等。箱式炉有方箱炉及斜顶炉，立式炉有卧管立式炉、双室立式炉、立管立式炉等。

炼厂管式加热炉由对流室和辐射室两部分空间所组成。对流室里排列的炉管叫对流管，在传热方式上以对流传热形式为主。辐射室里的炉管叫辐射管，以辐射传热为主。炼厂加热炉在外形上以圆筒炉和立式炉两种形式为主，现以圆筒炉为例对加热炉的结构做一说明。

圆筒加热炉的结构由三大部分组成：

① 钢结构——包括筒体钢架、炉底钢架、炉顶钢架；对流室钢架、弯头箱、弯头箱门；烟囱、烟道、环形吊梁；挡板调节，卷扬机等。

② 砖结构及炉衬——辐射室通常用保温砖和轻质耐火砖砌筑，目前采用陶纤炉衬的也较多。炉顶、炉底、对流室炉墙，烟道和烟囱等处一般都用轻质耐热混凝土。

③ 炉管附件及其配件——包括炉管、弯头、对流室管板、辐射管吊管架，导向架、拉钩、定位管、看火门、防爆门、人孔、燃烧器、吹灰器等。

8.2　加热炉的设备

常减压装置中，一般采用的炉型是立式圆筒炉和方箱炉，其中圆筒炉结构如图 8 - 1 所示，主要设备有辐射室、对流室、烟囱、燃烧器、炉管、空气预热系统等。

8.2.1　辐射室

辐射室又称燃烧室或称炉膛，是管式加热炉的核心，位于炉体的下部，为圆柱形的筒体，其外层是由钢板卷成的圆筒体，内层是隔热层即炉墙。隔热层主要有减少热量损失的作用，同时也保护了外侧钢板及钢结构不受高温侵害。隔热层质量差或者损坏不仅热量损失大，还会导致外侧钢板变形甚至被炉内高温烧坏。

在辐射室内，沿炉墙一周是排成一圈的炉管，炉底有燃烧器呈圆形分布，加热炉供风系统的风道设置在炉底，由中心呈放射状通向每一个燃烧器。

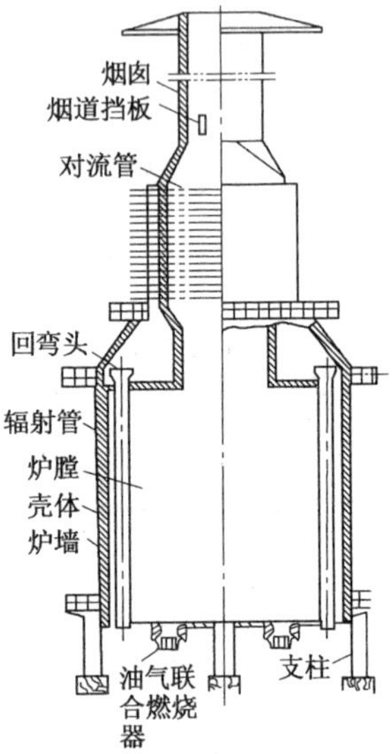

图 8-1　圆筒加热炉的结构

8.2.2　对流室

在辐射室上面的长方形是对流室，其外壁结构与辐射室相同，对流室炉管一般为水平横排，为了提高供热效率，有些对流热炉管外壁镶有钉头或翅片，这些钉头或翅片一般只在炉管的下侧有，这主要是因为上侧采用钉头或翅头容易积灰且不易清除，反而降低了传热效率。

8.2.3　烟囱

对流室上面是烟囱，为碳钢卷成的圆筒状。烟囱产生抽力，使炉内烟气从烟囱排出，并保持炉膛处于负压状态。烟囱抽力的大小取决于烟气与大气之间的温差，还与烟囱的高度有关。温差越大，烟囱越高，抽力就越大。由于炉内烟气温度高于外界大气温度，炉内烟气密度小于大气密度，这就形成了空气进入炉内，使炉内烟气向上流动并从烟囱排入大气的动力。随着烟气的排出炉内产生负压，促使炉外空气进入炉内。在满足抽力前提下，烟囱还要求有足够的高度，使烟气中的有害成分在高空处扩散，降低地面有害物质浓度，达到环保要求。烟囱的根部有一蝶阀称为烟道挡板，当烟道挡板的调节手柄与烟道方向一致时烟道全开，与烟道方向垂直时，烟道全关。其他位置烟道开度介于两者之间。为了防止在实际操作中自控失灵或误操作导致烟道挡板全关，威胁加热炉的安全，一般加热炉烟道挡板都有一个安全限位装置，其作用就是使烟道挡板达不到全关的状态。

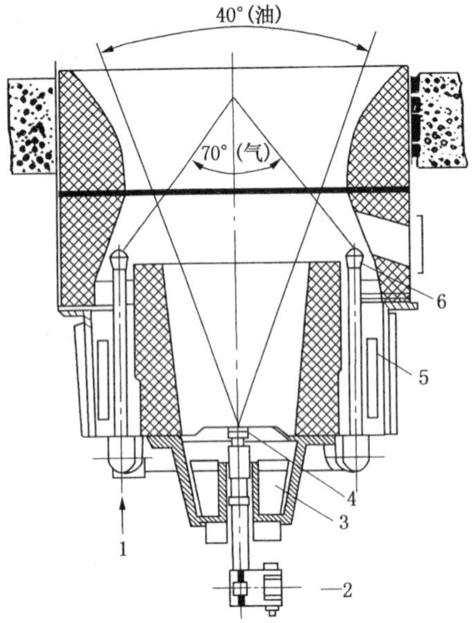

图 8-2　立式油气联合燃烧器

1—燃料气；2—燃料油雾化蒸汽；3—一次风门；4—油嘴；5—二次风门；6—气嘴

8.2.4　燃烧器

燃烧器是加热炉的重要部件，按其所用的燃料可分为气体燃烧器、液体燃烧器和油气联合燃烧器三种。按雾化方式不同分为蒸汽雾化燃烧器和机械雾化燃烧器。常减压装置由于燃料大多用重油及瓦斯，所以一般采用油气联合燃烧器。燃烧器的关键部件为喷嘴，一般加热炉采用蒸汽与油内混式喷嘴，在这种喷嘴中，燃烧油经中间油管通过，蒸汽在夹管外层通过到喷管端的混合室后喷出呈圆锥形的油雾。目前国内加热炉使用的燃烧器大多为Ⅵ型油气联合燃烧器，其结构如图 8-2所示。

立式油气联合燃烧器主要特点：

① 用于预热空气强制通风的燃烧系统，易于控制空气量。

② 可以油气混烧，也可以单独烧油或单独烧

气，其雾化器用内混式蒸汽雾化。

③ 操作弹性大，适应性强，在鼓风系统出现故障时可改用自然通风操作。

联合燃烧器油枪的性能好坏直接影响到燃烧器的正常使用，生产中应进行重点维护。由于油枪喷嘴易于结焦和堵塞，需经常拆卸清洗。油枪应与燃烧道平行，以免燃烧时燃烧油喷到燃烧通道壁上甚至喷到炉管、炉墙上燃烧。

目前国内使用较多的燃烧器还有800kg/h的Y型雾化平流调风燃烧器，GX－2型高强燃烧器。随着加热炉的大型化以及节约能源和环境保护的要求，未来燃烧器的发展方向为：

① 采用强制通风式燃烧器；

② 发展大能量燃烧器，减少单台加热炉燃烧器个数，以方便操作和实现自控；

③ 发展高强燃烧器，使燃烧有很高的燃烧速度和很高的烟气喷射速度；

④ 发展低污染的燃烧器；

⑤ 实现燃烧控制的自动化。

8.2.5 炉管

由于炉管置于高温中，管内又有油品或其他介质，在温度、压力和腐蚀的联合作用，因此，炉管材料应具有耐热、耐压和耐腐蚀的特殊要求。目前国内常减压装置中加热炉辐射室一般为Cr9Mo合金钢管，对流室为10#优质碳钢管。在正常生产条件下，炉膛温度一般在600℃以上，因此炉管内应时刻保持有一定流量的冷物料来吸收热量，确保炉管壁温不超过耐热指标。严防炉管内物料中断和超高温、超负荷运行，以致损坏炉管，酿成事故。

整个加热炉的炉管系统还包括连接直管之间的回弯头和支持炉管的管架。回弯头把相邻两直管连通，使油品流向转弯180°。在进出口处回弯头将炉管与物料进出管线相连。虽然回弯头处于高温区外部，但由于管内物料流向急剧改变，冲蚀严重，容易发生漏油着火。管架的作用是支撑炉管防止其受热弯曲变形。

8.2.6 空气预热系统

随着加热炉的大型化和对加热炉效率要求的提高，目前常减压装置已普遍采用强制通风空气预热器，一般不采用自然通风。与自然通风相比，强制通风空气预热主要有以下好处：

① 有助于实行风量自动控制，降低过剩空气量；

② 有利于提高空气与油雾的混合速度，使燃烧速度和燃烧温度上升，增强火焰的辐射能力；

③ 易于控制火焰形式，使之与炉型相配合；

④ 为采用新型高效燃烧器提供了条件。

空气预热系统的热源形式一种是采用常减压侧线，该系统包括鼓风机、风道和空气预热器等部件，空气预热器一般为翅片管换热器。

另一种是采用加热炉烟道气为热源，它是将烟气经集烟管通过引风机引入空气预热器中热交换后烟气经排烟管排入大气中。此类型的空气预热器目前主要有管束式、回转蓄热式和热管式三种形式。

虽然利用烟道气为热源的空气预热器系统较以常减压侧线为热源的空气预热系统投资大，流程复杂，维护检修费用高，但因其能有效地降低排烟温度，更大限度地提高加热炉效率，所以在应用上已日益被人们所重视。

8.2.7 吹灰器

吹灰器一般用在加热炉的对流室。目前国内炼油装置加热炉中使用的吹灰器有蒸汽吹灰器、声波吹灰器、激波吹灰器等。

（1）蒸汽吹灰器

以往采用吹灰器将蒸汽调整喷射在炉管上壁，可除去炉管表面的灰垢。常用蒸汽吹灰器有固定回转式和可伸缩喷枪式两种，前者又分为手动、气动和电动三种。固定回转式吹灰器固定在炉内，吹灰时可利用手动装置使链轮回转，也可开动电机机械或风动马达使之回转。在炉外装有阀门和传动机构，在吹灰器的吹灰管穿过炉墙处设有防止空气漏入的密封装置。这种吹灰器结构简单，但由于吹灰管长期在炉内，管子容易损坏，蒸汽喷孔容易堵塞。可伸缩式吹灰器的结构比固定回转式复杂，它的喷枪只在吹灰时才伸入炉内，吹扫完毕又自行退出，故不易损坏。这种吹灰器一般在高温烟气区使用。

蒸汽吹灰器随着蒸馏装置加工高含硫原油的增加，加热炉燃料的含硫量增大时，吹灰器使用的蒸汽会造成对流室炉管的露点腐蚀，现较多的加热炉对流室采用了声波吹灰器、激波吹灰器，效果好维护简易。

（2）声波吹灰器

声波吹灰器的工作原理：声波吹灰器前设有电磁阀，由时控器给出的电信号来控制电磁阀的开关。通电时电磁阀打开，压缩空气进入声波吹灰器座内，使膜片振动产生声波，通过前置的喇叭扩散到炉内。在 140 ~ 150dB 的声波作用下，炉管表面上的积灰被振松，有高速流动的烟气带出炉外，达到清灰的目的。断电时电磁阀关闭，压缩空气被切断，声波吹灰器停止鸣音，处于停歇状态。

（3）激波吹灰器

其工作原理是通过燃气爆燃生成的激波。燃料（通常是乙炔、天然气或丙烷等气体燃料）在一个特殊的装置中被高能点火器点燃，产生爆燃；剧烈的爆燃使火焰锋面后的燃烧气体在瞬时升至高压，并在火焰的锋面前形成压缩波；在经过火焰导管时，压缩波被不断地加强，最后形成一道稳定的激波；这道激波进入激波发生器后，一方面作为点火激波点燃罐体内的可燃混合气，另一方面受到罐内特殊结构的调制而进一步加强；最终调制好的激波从激波发射喷口发射出来进入炉膛，作用于炉内受热面上的积灰，使之在激波的冲击下破碎剥落，脱离炉的受热面。通过控制激波的强度，可以适应炉受热面上不同类型的积灰，使炉的积灰在合适和足够强度的激波冲击下碎裂。

图 8－3 是 ESW 激波吹灰装置的系统图。

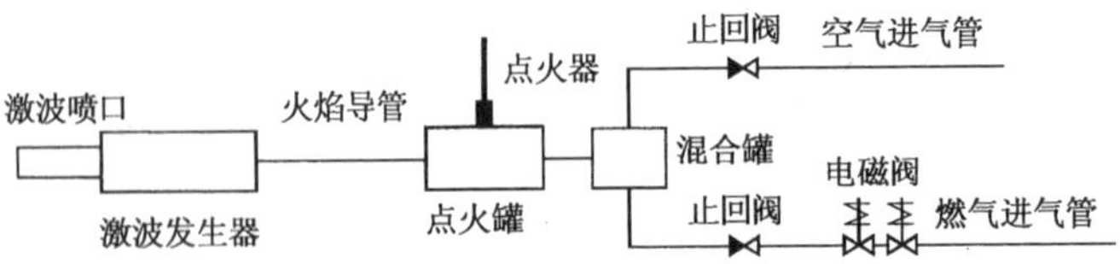

图 8－3　ESW 激波吹灰装置系统图

空气进气管路：装有流量传感器、压力传感器、压力表、止回阀和旁通阀；

燃气进气管路：装有截止阀、减压阀、针形阀、流量传感器、压力传感器、压力表、电磁阀和止回阀；

激波主发生器：包括混合器、点火装置和层分配箱；

激波发生器和激波发射喷管：设有多层，每层可以有一至数个激波发生器和激波发射喷管，它们通过火焰联管与层分配箱相联；层数和各层激波发生单元的个数视每台锅炉的实际情况来选取。

8.2.8 阻火器

为防止火焰倒窜入瓦斯罐或其他容器内产生爆炸，在炉内瓦斯线上都设有瓦斯阻火器。阻火器应设在瓦斯入炉前的管线上。

阻火器大多数由多层金属细网组成，当火焰进入阻火器后，由于金属细网传热效率很高，火焰通过金属细网被分割散热而熄灭，从而达到阻火的作用。

8.2.9 防爆安全设施

为确保加热炉安全运转，加热炉系统主要防爆安全措施有：

① 炉膛设有蒸汽吹扫线，供点火前吹扫炉膛内可燃气体。

② 对流室及其管箱内设有消防灭火蒸汽线，一旦对流炉管或辐射炉管弯头漏油或起火时提供掩护和灭火之用。

③ 在炉用瓦斯线上设有阻火器以防回火起爆。

④ 在炉体上设有防爆门，炉膛突然升压时泄压用，以免损坏炉体。

⑤ 在烧气的炉膛内设长明灯，以防因仪表故障断气后再进气时引起爆炸。

⑥ 烟道挡板设有安全限位装置，以防因操作失误或仪表、机械设备等故障导致烟道全关，造成炉内正压。

8.3 燃料燃烧与热量传递

8.3.1 燃料的燃烧

燃烧是燃料与空气中的氧在高温下发生强烈的氧化反应并放出光和热的过程。在加热炉中燃料经燃烧器的火嘴喷出后其燃烧过程为：

① 燃料油雾化，将油喷散成极细的雾滴；

② 雾滴的蒸发和分解；

③ 油与空气混合物的形成与扩散；

④ 可燃气体的着火和燃烧。

燃料的发热值是指单位质量或单位体积的燃料完全燃烧所放出的热量。燃料的发热值又分为高发热值和低发热值两种。高发热值是指燃烧产物中的水变为液态时燃料放出的热量，低发热值是指燃料产物中的水为气态时燃料所放出的热量。高低发热值之差为水的汽化潜热。因为烟气排入大气时，其中的水呈气态，所以工程上都采用燃料的低发热值计算。

液体燃料通常采用质量发热值，气体燃料通常采用体积发热值。

燃料油发热值还与其组成有关，一般来说氢碳比高的燃料发热值较高，所以燃料油密度越大其发热值越小，如渣油的热值小于蜡油。燃料气则分为高压瓦斯和低压瓦斯。高压瓦斯 C_1、C_2多，氢气含量大，平均相对分子质量较小，释放为常压状态后相同体积的质量小，体积发热值低，火力较弱。低压瓦斯 C_3、C_4多，C_5含量大，平均相对分子质量较大，体积发热值高，火力较强。由于相平衡的原因，夏天的瓦斯平均相对分子质量稍大，体积发热值稍高，火力稍强；冬天瓦斯平均相对分子质量较小，体积发热值略小，火力较弱。

不同的燃烧器对燃料油的要求大致相同，主要是对黏度、水分、固定杂质和硫含量的控制，其中黏度的控制在实际操作中主要通过控制温度来实现。黏度大小对燃料油的燃烧状况影响较大，因为黏度大小直接影响燃料油的喷雾状况。不同构造的喷嘴对燃料油黏度的要求也不同。燃料气应控制水分、液相烃类和硫的含量，水分和液相烃类应在瓦斯罐内充分沉降分离后再送入加热炉燃烧。

8.3.2 热量传递

加热炉热量的传递有三种方式，即传导、对流和辐射传热。辐射室内以辐射传热为主，对流室主要以对流传热为主。在辐射室内，炉管外壁又占全炉热负荷的75%左右。辐射室内的传热过程，如图8-4所示。

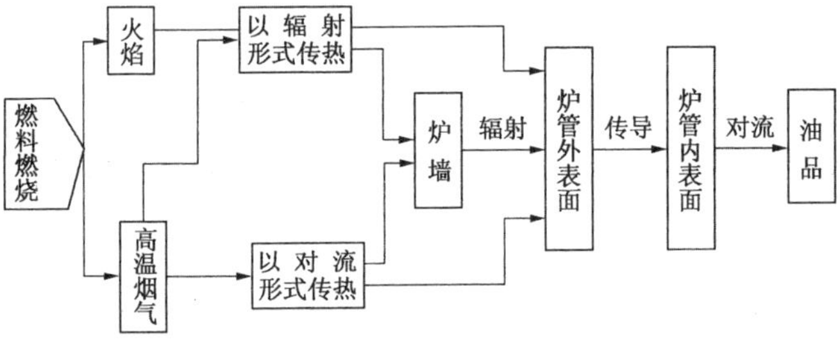

图8-4 辐射室内传热方式示意图

在辐射室内，燃料燃烧产生的火焰和高温烟气向外发射辐射热能。辐射热的一部分投射到炉管外表面，另一部分通过炉管与炉管之间的间隙投射到炉墙上，高温炉墙再将接受的辐射热反到炉管背侧外表面。辐射室高温烟气传热给炉管外表面，接着传递到炉内表面，炉管内表面再传热到管内冷油品或其他物料。

8.4 加热炉的热负荷

加热炉的热负荷是指炉子每小时内传给被加热物料的总热量，单位为MJ/h，此值越大，炉子的生产能力也越大。而加热炉炉管内各种物料升温、汽化、反应等所需要的总热量就叫加热炉的有效热负荷，全炉热效率则指炉子供给被加热物料的有效热量与燃料燃烧放出的总热量之比，此值越高，完成相同热负荷所消耗的燃料越少。各种近代管式加热炉总是在力求满足工艺要求和安全运转的条件下尽力提高炉管表面热强度、减少传热面、提高炉膛热强度、缩小炉子体积以节省基建投资，同时尽力提高全炉热效率，降低燃料用量以节省操作费用。

8.5 加热炉的热平衡

在加热炉的日常生产中，重要的工艺参数有炉出口温度、炉膛温度、炉膛负压、烟气温度和烟气中的氧含量等，这些参数是进行加热炉生产控制的依据。加热炉的操作就是使这些参数保持在规定的范围内，并处于相对稳定的状态。

8.5.1 加热炉的主要工艺参数

（1）炉出口温度

炉出口温度是指物料流出加热炉时的温度。炉出口温度的高低决定了蒸馏塔进料汽化率的高低，它是加热炉控制的总目标，也是整个常减压装置生产工艺中最关键的参数之一。炉出口温度的波动将导致整个装置操作的波动。

（2）炉膛温度又称火墙温度

是指辐射室内烟气在靠近炉壁处的温度。它代表炉膛内烟气的温度，也是加热炉操作中的重要指标之一。

炉膛温度能够比较灵敏地反映加热炉的负荷。炉膛温度高，辐射室的传热量就高。当处理量变化以及物料物质变化时，炉膛温度也将随之变化。炉膛温度的提高虽能提高传热量，但温度过高时辐射炉管热强度过大，炉内油料易结焦，炉管和炉壁耐火材料也将受到损伤。这时，进入对流室的烟气温度也过高，对流炉管及其设备也将受到损伤，全炉热效率还会下降。所以炉膛温度是保证加热炉长周期安全运转的重要指标。每台加热炉都有相应的炉膛温度设计值，可作为操作的控制依据。

炉膛温度的测温点一般在辐射室竖向的中部，东、南、西、北四个方向上各有一个点。测温点的位置不同温度高低也有所不同。

（3）烟气温度

烟气温度是指烟气排入大气的温度，是衡量加热炉热能利用率的参数之一。排烟温度太高带入大气的热量高，使炉效率降低。

（4）过剩空气系数和烟气氧含量

在实际燃烧过程中，过剩空气系数过小时燃烧不完全，浪费燃料。过剩空气系数过大时入炉空气过多，炉膛温度下降，其结果是把过剩的空气加热为热烟气排出，降低了炉管吸热量，从而降低了炉效率。其次，炉管也容易氧化剥皮。

在实际操作中可以通过测定烟气中的 CO_2、CO 和 O_2的含量来计算过剩空气系数。

烟气氧含量能反映过剩空气系数的大小和完全燃烧程度。一般来说，氧含量高则过剩空气系数高，氧含量低则过剩空气系数低。氧含量目前已实现在线测量，因而在实际操作中可根据氧含量的大小控制入炉空气量和烟道挡板开度，以提高炉效率。

测定烟气中的氧含量通常有两种方法。一种是将烟气采样抽出，用奥氏气体进行分析；另一种是用氧化锆直接插入烟道中进行在线分析。

（5）炉内负压

是指炉内压力与同标高处炉外大气压力之差。负压的大小反映了炉膛抽力的大力，影响负压大小的主要因素有烟道挡板开度、烟囱高度、燃烧产生的烟气量、入炉空气量等。炉内负压不足，则空气入炉就困难。同时，烟囱抽力不足，烟气不能及时排出，燃烧就不能正常进行。烟气及火焰将从炉底、看火孔等空隙喷出，严重时将造成炉膛回火爆炸。炉膛负压过大，将导致空气大量进入炉内，降低热效率，同时也会引起炉管氧化剥皮。因此，加热炉必需保持在适宜的负压下操作。

8.5.2 工艺流程

根据处理量、装置换热方案、燃料来源和设备技术的不同，加热炉的工艺流程也有所不同。下面介绍的常减压蒸馏装置燃料为重油和瓦斯，采用油－气联合火嘴、蒸汽雾化装置的典型工艺流程，其他类型装置与此类似。

（1）物料流程

常减压蒸馏装置一般有两台加热炉：常压炉和减压炉。

常压炉辐射室被加热物料为初馏塔底油（简称初底油），初底油经初步换热后达到一定温度分成几路并联分别流入常压炉和减压炉对流室，加热后去常压炉辐射室。辐射室加热达到规定温度后并为一路进入常压塔。

有些加热炉的空气预热器以常压侧线油为热源，常压炉和减压炉对流室被加热物料一般为180℃左右的冷进料，即经过初步换热后的原油，分成几路分别进常压炉和减压炉对流室加热后，220℃左右合并为一路进入初馏塔。

装置自产的1.0MPa和0.35MPa蒸汽也在减压炉对流室被加热。1.0MPa蒸汽出炉一般为250℃左右，0.3MPa蒸汽炉出为380℃左右。

(2) 燃料油流程

燃料油通常采用本装置减压塔底渣油和减压侧线蜡油，直接从抽出线引出，无需燃料油罐。燃料油经过滤器、计量表和温控调节阀后送至炉内燃烧。图8-5为某装置燃料油流程图。

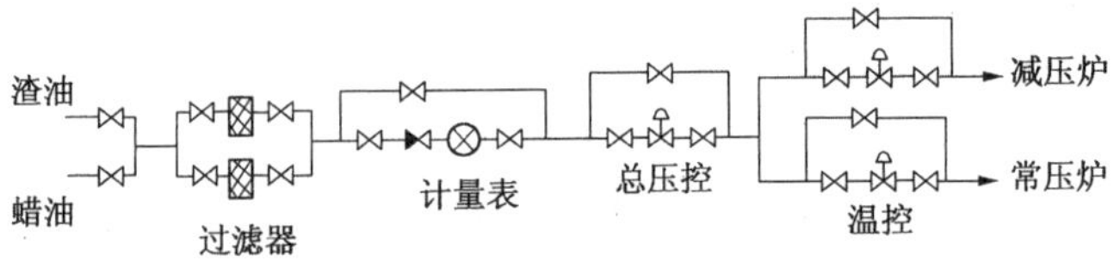

图8-5 某装置加热炉燃料油流程图

(3) 燃料气流程

燃料气管网系统的瓦斯。管网系统瓦斯引入后需经气液分离罐，分离出水分和液相烃类，经过阻火器和调节阀送至火嘴燃烧。图8-6为某装置燃料气流程图。

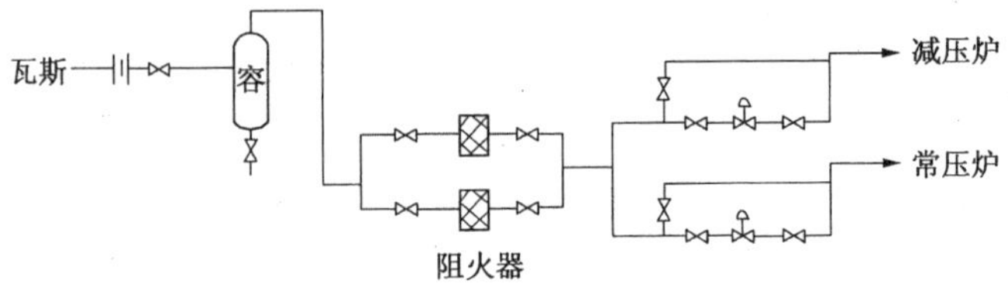

图8-6 某装置加热炉燃料气流程图

(4) 雾化蒸汽流程

雾化蒸汽从1.0MPa蒸汽系统引出，经压控调节阀至燃烧器。装置1.0MPa蒸汽系统一般都设有压力自控系统，压力能够稳定在0.7~0.85MPa，许多装置雾化蒸汽不经压控调节直接引至燃烧器。

(5) 空气流程

目前加热炉已很少采用自然通风的空气供给形式(自然通风只是在开停工阶段或故障状态下使用)。强制供风的加热炉空气经鼓风机进入空气预热器，预热到一定温度后分别进入常压炉和减压炉，在鼓风机及每台加热炉的入口均有自控蝶阀控制入炉总风量和各炉风量，每台燃烧器用手动风门控制风量的大小，如果风机使用变频调速电机，则风机入口蝶阀全开或取消。

8.6 加热炉的正常操作

加热炉操作得好坏是整个常减压装置平稳、高效运转的必要保证，并且直接对整个装置的产品质量、收率、能耗、处理量以及开工周期等产生重大影响。不仅要使加热炉在满足各项工艺指标前提下安全平稳地运转，同时要保证加热炉的高效和长周期运转。

加热炉的正常操作就是要使加热炉的各项工艺参数控制在工艺指标规定的范围内，炉内燃烧处于正常状态下，判断加热炉操作的好坏是必须掌握的技能。在正常操作条件下必须控制好的主要工艺参数有炉出口温度、分支出口温度、炉膛温度、炉内负压和烟气温度等，各参数的控制必须严格按照工艺卡片执行。表 8－1 是某蒸馏装置加热炉的主要工艺参数。

表 8－1　某蒸馏装置加热炉的主要工艺参数

常压炉总出口温度/℃	355～360	炉膛温度/℃	≯800
减压炉总出口温度/℃	380～390	减压炉炉管注汽/(t/h)	0.2～0.6
冷进料出炉温度/℃	160～250	烟气含氧量/%	2～5
常、减压炉分支出炉温差/℃	≯5	炉膛负压/Pa	10～60

8.6.1　影响加热炉平稳操作的主要因素

加热炉操作平稳是指炉内温度等工艺参数始终处于规定范围内，炉内燃烧稳定。平稳操作应该从供热和吸热两方面分析操作状况，找出影响供热和吸热的因素，正确判断及时调节达到平稳操作。

（1）供热系统的主要影响因素

供热系统的变化具体反映在燃烧量及燃烧好坏上。燃烧情况的变化导致炉出口温度的波动，主要有以下因素：

① 燃料油的压力、温度、流量和性质。

燃料油压力波动，燃料流量则相应产生波动，雾化情况也产生变化。

燃料温度的改变使燃料油黏度发生变化，雾化效果不同。

燃料性质变化则热值不同。

平稳操作时燃料流量应保持稳定。我们应根据进料的温度、流量、性质及燃料油的性质，及时调节燃料油调节阀的开度及火焰燃烧的大小，点燃火嘴个数等。

② 瓦斯压力和性质。同时烧油和瓦斯的加热炉常常会由于瓦斯压力和性质的变化使炉温波动。炼厂瓦斯管网系统不稳定，瓦斯压力时常波动。瓦斯性质变化则发热量不同，从而导致炉温波动。

③ 入炉空气量。入炉空气量过多，烟气带走热量多，炉膛温度降低，加热炉热效率则降低。入炉空气量过少则燃烧不完全。入炉空气量是通过风门和烟道挡板的开度来调节的。

看入炉空气量是否适宜，一方面可以通过炉内燃烧情况来判断，另一方面可以根据室内仪表指示的烟气温度和氧含量来判断。入炉空气量高则烟气和氧含量都高，入炉空气量小则烟气温度低、氧含量低。在实际操作中，根据炉内燃烧情况把烟气氧含量调节到一个适当的位置，就可以控制入炉空气量。

此外，气象条件(大气温度、湿度、密度等)的影响也很大。在风门和烟道挡板开度不变的情况下，由于大气温度和密度的变化，烟囱的抽力会改变，入炉空气量会随之变化，尤其是自然通风的炉子，在刮风下雨时更为突出。

必须注意一点，在调节烟道挡板和风门时，应注意炉内负压指示，严防负压不足或产生正压。

④ 雾化蒸汽压力及用量。雾化蒸汽压力过高或过低、压力波动、雾化蒸汽与燃料配比不当、雾化蒸汽带水等都将影响燃烧的正常进行。

(2) 吸热系统的主要影响因素

吸热系统的变化直接表现在炉出口温度上。在正常燃烧时，炉出口温度的波动主要受下列因素的影响。

① 进料量。进料量变化破坏了炉内原有的热平衡，从而使炉温波动。还必须注意保证加热炉各分支进料的平衡，分支不平衡会使流量小的炉管遭受高温的损害，产生结焦甚至烧坏，同时也使炉温控制困难。

② 进料性质。进料性质变化，达到相同炉温所需热量不同，导致炉温发生波动。

③ 进料温度。进料温度变化，达到相同炉温所需热量不同，导致炉温发生波动。

炉温控制与加热炉负荷很有关系。负荷适中则控制灵活、稳定；负荷过高或过低都会引起炉温控制困难，容易产生波动。

8.6.2 加热炉操作不当的现象和调节

燃料在炉膛内正常燃烧的现象是：燃烧完全，炉膛明亮；烧燃料油时，火焰呈黄白色；烧燃料气时，火焰呈蓝白色；烟囱排烟呈无色或淡蓝色。

为了保证正常燃烧，燃料油不得带水、带焦粉及油泥等杂质，温度一般最好保持在130℃以上，且压力要稳定。雾化蒸汽用量必须适当，且不得带水，供风要适中，勤调风门、汽门、油门和挡板(即“三门一板”)，严格控制过剩空气系数，燃用瓦斯时，必须充分切除凝缩油。

(1) 燃料油性质变化和压力变化的现象和调节

燃料性质、压力变化对燃烧也产生很大的影响，具体判断方法如下：

① 燃料油重，黏度大，则雾化不好，造成燃烧不完全，火嘴处掉火星，炉膛内烟雾大甚至因喷嘴喷不出油而造成炉子熄火，同时还会造成燃料油泵压力升高，烟囱冒黑烟，火嘴结焦等现象。

② 燃料油轻则黏度过低，造成燃料油泵压力下降，供油不足，致使炉温下降或炉子熄火，返回线凝结，打乱平稳操作。

③ 燃料油含水时，会造成燃料油压力波动，炉膛火焰冒火星，易灭火。含水量大时会出现燃料油泵抽空，炉子熄火，燃料油冒罐等现象。

④ 燃料油压力过大，火焰发红，发黑，长而无力，燃烧不完全，特别在调节温度和火焰时易引起冒黑烟或熄火，燃料油泵电机易跳闸；燃料油压力过小，则燃料油供应不足，炉温下降，火焰缩短，个别火嘴熄灭。

总之，燃料油性质、压力波动，炉膛火焰就不稳定，炉膛温度及出口温度相应波动。

(2) 燃料油性质变化和压力变化的调节

我们应根据进料的温度、流量、性质及燃料油的性质及时调节燃料油调节阀的开度及火焰燃烧的大小，点燃火嘴个数等。

燃料油总压一般控制在0.8～1.2MPa，各炉阀后压力一般要求在0.3～0.7MPa以内。阀后压力是指加热炉温控调节阀后燃料油的压力，阀后压力是加热炉燃烧控制的重要参数，阀后压力过高或过低都会对燃烧产生不利的影响。

阀后压力过低，一般表明点燃油嘴过多，这时油门调节失灵，火焰过小，火嘴容易喘灭熄火，炉温波动大，炉温自控困难。这时需根据炉内各分支温度高低适当减少点燃火嘴数。值得注意的是在加热炉负荷过低时，虽然炉内点燃火嘴数很少，仍然出现阀后压力低、温控调节阀全关无调节余地等特殊现象。此时应将调节阀开至适当位置调节各油嘴油阀，调整炉内燃烧，然后再将温控投入自控。瓦斯燃烧量过大也会导致阀后压力过低，此时应降低瓦斯量。

阀后压力过高，一般是点燃油嘴数过少或油嘴阀门开度过小引起。这时，油嘴火焰大，炉膛温度及炉出口温度偏高。温控调节阀开度大，调节不灵，炉温波动大，燃烧不完全，烟囱有黑烟。则应增点火嘴或开大油嘴阀门，瓦斯量充足也可适量多烧瓦斯。在加热炉负荷过大时，虽然是点燃火嘴较多，但仍出现以上现象，同时炉膛温度过高，炉温波动大，此时应适当降低加热炉负荷。

（3）雾化蒸汽压力波动时的现象和调节

雾化蒸汽压力过小，则不能很好地雾化燃料油，燃料油就不能完全燃烧，火焰软而无力，呈黑红色，烟囱冒黑烟，燃烧道及火嘴头上容易结焦。雾化蒸汽压力过大，火焰颜色发白，火焰发硬且长度缩短，跳火，容易熄灭，炉温下降，仪表出风风压相应增高，燃料调节阀开度加大，在提温时不易见效，反应缓慢，同时也浪费蒸汽和燃料。

雾化蒸汽压力波动，火焰随之波动，时长时短，燃烧状况时好时坏或烟囱冒黑烟，炉膛及出口温度随之而波动。通常以蒸汽压力比燃料油压力大0.07～0.12MPa为宜。

在操作中应密切注意雾化蒸汽压力的变化，及时调节各油嘴雾化蒸汽阀的开度，保证燃烧的正常进行。

（4）火焰燃烧的异常现象

在正常燃烧情况下，燃烧完全，火墙颜色一致，火焰高度适当（圆筒炉的火焰不能长于炉膛的2/3，不能短于炉膛的1/4）。

烧燃料油时火焰呈杏黄色，烧瓦斯时火焰呈天蓝色，不然就属不正常现象。

燃烧不正常时火焰会出现以下几种现象：

① 当燃料油与蒸汽配比不当，蒸汽量过小，造成燃料油雾化不良时，火焰发飘，软而无力，火焰根部呈深黑色，甚至烟囱冒黑烟。

② 当蒸汽、空气量过小时，火焰软而无力，颜色为黑红色或冒烟。

③ 当燃料油黏度过大并带水时，或是油阀开度小蒸汽量过大并含水时，炉膛火焰容易熄灭。

④ 燃料油轻，蒸汽量过大或油阀开度过大，会使燃料喷出后离开燃烧道燃烧。

（5）炉子烟囱排烟的异常现象

一般情况下，还可通过炉子烟囱排烟情况来判断加热炉操作是否正常，判断方法如下：

① 炉子烟囱排烟以无色或淡蓝色为正常。

② 间断冒小股黑烟，表明蒸汽量不足，雾化不好，燃烧不完全或个别火嘴油汽配比调节不当或加热炉负荷过大。

③ 冒大量黑烟是由于燃料突增，仪表失灵，蒸汽压力突然下降或炉管严重烧穿。

④ 冒灰色烟表明瓦斯压力增大或带油。

冒白烟表明雾化蒸汽量过大、过热蒸汽管子破裂或过热蒸汽往烟道排空。

⑤ 冒黄烟说明操作不正常，调节不当，造成时而熄火，燃烧不完全。

（6）“三门一板”调节不当时的现象和处理

“三门一板”是指燃料器的风门、汽门、油门及加热炉烟道挡板，是合理调配燃烧所需的燃料油、雾化蒸汽、和空气量使燃烧处于正常状态，保证加热炉高效运转的工具。“三门一板”调节不当时燃烧将出现各种不正常的现象，见表8－2。

表 8-2 “三门一板”调节不当时燃烧的不正常现象

原　　因	现　　象
雾化蒸汽量过小	雾化不良，火焰发飘，软而无力，火焰根部呈深黑色，有时烟囱冒黑烟，火嘴漏油
空气量不足	炉膛发暗，火焰呈黑红色或带烟，烟囱冒黑烟，火嘴及火盆容易结焦，点火困难
燃料油不足	火焰过小容易产生喘息、灭火
燃料油轻，蒸汽量过大或燃料油量过大，空气量不足	燃料喷出后离开燃烧通道燃烧
空气量过大	火焰发白、硬，火焰跳起
蒸汽量过大	火焰容易熄灭，烟囱冒黑烟

在“三门一板”调节中，为了完全燃烧，除适量调节空气量外，燃料油和雾化蒸汽也必须调配得当，使燃料雾化良好，充分燃烧，使加热炉在高效率下操作。

8.6.3 燃料、火嘴的切换操作

燃料的切换包括气体燃料切换为燃料油，燃料油切换为气体燃料两个切换操作。

（1）气体燃料切换为燃料油

① 关闭燃料油循环阀，提高管线压力；

② 观察火焰长短以及火嘴的数量；

③ 要间隔切换火嘴，不要依次向前切换，同时还要观察出口温度和出风风压的变化；

④ 燃料气体总阀关闭，炉子最后 1～2 个火嘴仍继续燃烧存气，直到自动灭火为止，最后关闭小阀门；

⑤ 自控仪表由控气体燃料改为控燃料油。

（2）燃料油切换为气体燃料

① 燃料气保证有一定的温度和压力，脱净油和水；

② 观察火焰的长短和燃嘴数量，在切换时应注意观察炉出口温度和调节阀风压的变化；

③ 必须间隔距离切换；

④ 切换完毕将燃料油循环阀打开进行燃料油循环；

⑤ 自控仪表应由控燃料油改为控气体燃料。

（3）火嘴的切换

火嘴切换过程包括点燃油嘴和停熄火嘴两个主要步骤。切换时一般先点后熄。

点燃油嘴步骤如下：

① 开火嘴风门；

② 打开油嘴下游阀及扫线阀，吹扫油嘴；

③ 关闭扫线阀；

④ 适量开启雾化蒸汽阀；

⑤ 适量开启油嘴上游阀；

⑥ 根据火焰燃烧情况调节油嘴上游阀和雾化蒸汽阀门开度。

停熄火嘴步骤如下：

① 关闭油嘴上游阀；

② 打开扫线阀；

③ 扫线完毕，关闭雾化蒸汽阀和扫线阀，关闭风门。

以上是油嘴的切换方法，瓦斯嘴切换较为简单，开启风门后，打开瓦斯阀火即点燃，关闭瓦斯阀火即熄灭。

有时，生产需要停烧瓦斯全部烧油。在此操作过程中禁止采用只关闭瓦斯总阀不关闭各瓦斯嘴阀门停熄瓦斯火嘴的方法。因为这样下次再烧瓦斯时，总阀打开后管线中由于长期不用而凝结的液态烃会突入炉内，会引起回火爆炸事故。因此停烧瓦斯操作时，不仅要关闭瓦斯总阀，同时要逐个关闭各瓦斯嘴阀门。再次烧瓦斯时，首先要检查各瓦斯嘴阀门是否关闭，然后打开瓦斯总阀，慢慢开启各瓦斯嘴阀，将管线中冷凝油烧尽再开大瓦斯嘴阀门。

8.6.4 吹灰操作

8.6.4.1 蒸汽吹灰器

加热炉吹灰一般是吹对流室炉管，蒸汽吹灰步骤如下：

① 开大烟道挡板；

② 关闭吹灰蒸汽线的蒸汽排凝阀，打开吹灰蒸汽阀；

③ 启动吹灰器；

④ 吹灰完毕，关闭吹灰蒸汽阀，并打开蒸汽排凝阀，烟道档板恢复正常位置；

⑤ 吹灰不得两台或多台加热炉同时进行，以免引起蒸汽系统压力大幅度波动。

8.6.4.2 声波吹灰器

(1) 声波吹灰器的日常管理

① 正常运行期间，声波吹灰器所产生的声浪，可能高达130dB以上，因此，操作人员不得接近声波吹灰器(1m之内)。若要进行维护保养，必须切断声波吹灰器压缩气源。

② 声波吹灰器的鸣音时间、停歇时间由专业人员设定，操作人员不得随意调试。

③ 检查声波吹灰器是否鸣音正常。

④ 检查三通阀上的气体压力指示是否正常，若偏离，转动手动旋扭调节至正常。

⑤ 检查三通阀上的油雾器内的润滑油油位，确保在上、下限之间。若油位低，关闭供气阀后加油至正常，再开供气阀。鸣音时，检查油雾器油嘴的油滴量保持在5～8s/滴，偏离时可通过手动旋扭开调节。

(2) 声波吹灰器的开、停

声波吹灰器的启动：

① 检查时控器、控制线路。

② 检查油雾器内的油位是否在上、下限之间。

③ 检查气源压力是否稳定正常，空气过滤器压力指示正常。

④ 上述准备工作完成后，在时控器内送上电源，将时控开关拨到："自动"位置，声波吹灰器开始运行。

⑤ 检查声波吹灰器的鸣音时间和停歇时间与设置值是否相同。

声波吹灰器的关闭：

① 按下时控器内声波吹灰器的电源。

② 视情况确定是否进行维修。

8.6.4.3 激波吹灰器

检查空气进气管路是否开启。燃气进气管路：打开燃气进气截止阀。

工作：按动控制柜或上位计算机的开始按钮，吹灰系统自动完成吹灰工作。也可通过控制柜或上位计算机对上述工作参数作现场更改。除灰过程可以通过控制柜面板上指示灯的闪烁显示出来，除灰效果则可以通过将现场各种传感器采集到的数据传送到上位机加以监测。

除灰工作完成后重新进行初始化,等待下一次除灰操作。工作完成后关闭燃气进气截止阀。

8.7 加热炉的开停工操作

8.7.1 加热炉的开工操作

在整个装置开工过程中，加热炉开工占有举足轻重的地位。加热炉开工进程大致代表了整个装置的开工进程。伴随着炉温的不断上升至达到正常指标，整个装置的开工也逐步趋于尾声，并达到正常。加热炉开工不顺利，整个装置开工将受阻。

加热炉的开工主要包括四个步骤:

① 吹扫、试压和设备检查阶段;

② 点火阶段;

③ 平稳操作;

④ 平稳及优化操作阶段。

8.7.1.1 吹扫、试压和设备检查阶段

吹扫和试压主要包括燃料油系统、瓦斯系统、物料系统。吹扫试压有贯通管线、检查管线及设备质量的作用。物料系统的吹扫还有烘炉的作用。燃料油、瓦斯系统的吹扫试压应在油嘴和瓦斯喷嘴装上以前进行。吹扫试压流程改转后，按照装置开工吹扫试压表指定的开汽、放汽点首先吹扫系统管线，并憋到一定的压力，检查管线设备质量，然后吹扫各个油嘴线和瓦斯嘴线。再后是将油嘴和瓦斯嘴装上进行吹扫，必须确认每个油嘴和瓦斯嘴都畅通。吹扫时计量表应用开走副线。吹扫试压完毕后一般留几个火嘴不停蒸汽，作为炉膛吹扫用。

8.7.1.2 点火阶段

点火阶段的主要操作是:

① 引瓦斯及燃料油。首先要检查流程是否正确，各油嘴的上下游阀、各瓦斯嘴阀必须关闭，各处导凝关闭，扫线汽关闭，调节阀上游阀关闭走副线。然后拆掉装置内瓦斯线与瓦斯系统的盲板。引瓦斯至瓦斯罐充分除油除水后，再引至炉前。燃料油一般在装置原油冷循环后期引入。在瓦斯量充足的情况下，可待炉温升至300℃以上再引入。这样可以保证燃油不含水分性质稳定，黏度适宜。

② 炉膛吹扫。打开部分火嘴扫线蒸汽及炉膛消防蒸汽线向炉内吹扫，赶走炉内可能存在的爆炸性气体。

③ 爆炸性气体测试。先吹扫30min左右，停汽。由化验人员进行爆炸气体测试。如果不合格，须再进行吹扫，再测试，直至合格。

④ 点火。爆炸气体测试合格后，开始点火。

在有瓦斯的情况下一般先点瓦斯嘴。

瓦斯嘴的点火步骤是：首先打开风门，然后把点火棒伸入炉底燃烧器看火孔内对准瓦斯火嘴，适当开启瓦斯阀，进行打火。

燃料油嘴点火步骤是：打开风门后适当开启雾化蒸汽，把点火棒伸入炉底燃烧器看火孔后，打开燃料阀，同时进行打火，点燃后，调整燃烧火焰。

如设有长明灯的加热炉须先点着长明灯，然后再开启瓦斯嘴、油嘴阀直接由各火嘴的长

明灯点燃。

如果一时打不着火，则炉膛内又有了一定量的瓦斯。为防止回火爆炸，必须重新吹扫炉膛 10min 以上，再次分析合格后再进行打火，点燃后再调整火焰大小。

一般每个炉子先点一到两个火嘴预热炉膛，装置开工进油冷循环以后再逐步增点火嘴。

8.7.1.3 升温、调整操作

为了保证加热炉能够按开工要求升温，并保持相对稳定，开工过程要循序渐进，并根据不同时期进料量、进料性质的变化，增点火嘴，调整加热炉操作。

当炉温升至 300℃ 以上，可以联系把加热炉温控投用。炉温升至 350℃ 以上时，投用空气预热系统，投用步骤如下：

① 投用风机；

② 关闭自然通风门；

③ 投用热源；

④ 空气预热系统投用后，投用空气流控。

加热炉升温至指标温度时，整个装置的操作将趋于平稳，这时就可以投用加热炉系统各调节参数的自控仪表。此后，再根据工艺卡片的要求对加热炉的操作进行调整和优化。某装置开工常压炉和减压炉升温曲线如图 8－7 所示。

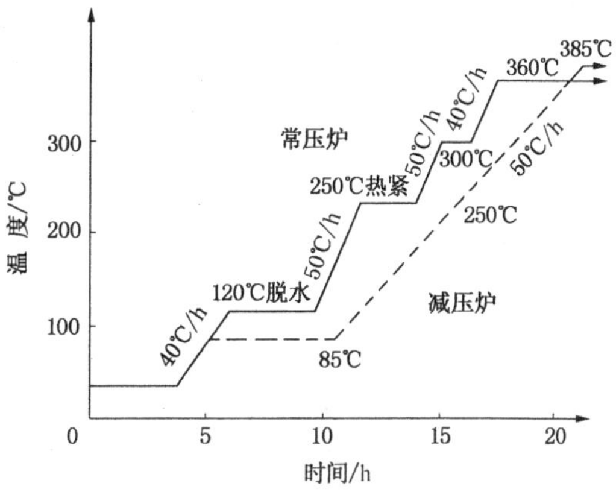

图 8－7　某装置开工常压炉和减压炉升温曲线图

8.7.1.4 注意事项

① 引燃料油及瓦斯前一定要将各油嘴和瓦斯嘴阀门关闭；

② 点火一定要在炉膛可燃气体检测合格后方可进行，一次点不着火则须向炉内吹入大量蒸汽赶走可燃气体并重新分析合格后方可再点；有长明灯的必须先点燃长明灯后再点火。

③ 注意各路进料，不可偏流；

④ 注意保持各路分支温度的均衡，要及时增点火嘴，以免火嘴火焰过高；

⑤ 升温速度不得过快，严防超温；

8.7.2 加热炉的停炉操作

8.7.2.1 正常停炉操作

（1）停炉操作主要有以下过程

① 为方便扫线，停工前两小时左右燃料油切换至蜡油；

② 三塔顶瓦斯改火炬；

③ 根据停工过程降温要求，逐步停熄油嘴、瓦斯并及时扫线。降温过程不得过快，一般在 50℃/ h 左右，要保证火嘴燃烧正常，各分支温度均匀。

④ 温降至 350℃ 以下时，风机停运，改自然通风。

⑤ 油嘴及瓦斯嘴全部熄灭后，对所有油嘴及瓦斯嘴进行扫线，扫线汽同时作炉膛吹扫汽，打开炉膛消防蒸汽。

⑥ 燃料油及瓦斯系统扫线。

（2）燃料油线扫线步骤

① 改好扫线流程，计量表走副线，调节阀全开，并将副线打开，燃料油总阀打开。

② 打开燃料油嘴扫线阀，向装置系统扫线但不得向炉内扫线。

③ 燃料油线排凝阀放汽，检查扫线情况，无油后停止扫线。关闭燃料油总阀、扫线阀。

（3）瓦斯线扫线步骤

① 改好热线流程。关闭进装置总阀。瓦斯压控调节阀全开，并将副线打开，各瓦斯嘴阀关闭，瓦斯罐放空阀打开。

② 打开扫线蒸汽阀向瓦斯罐扫线。

③ 瓦斯线扫好后，暂时不停汽，留作瓦斯罐蒸罐，达要求后再停汽。

④ 停汽后，瓦斯管线与管网系统连接处上盲板。

给汽吹初顶、常顶瓦斯线，向瓦斯罐扫线并蒸罐，达要求后停汽。

减顶瓦斯线从抽真空系统最后一级冷却器处向炉子扫。

瓦斯系统扫线须注意各瓦斯罐阀门必须关闭，严防瓦斯窜入炉内着火、爆炸。

扫线、蒸罐、堵盲板完毕后，如果炉内爆炸气体化验合格，整个加热系统的停工过程基本结束。

8.7.2.2 紧急停炉操作

（1）在生产中遇到下列情况应紧急停炉

① 装置发生事故，需要快速切断进料，或进料自身突然中断；

② 炉管破裂或炉体设备严重损坏，无法维持生产；

③ 其他需迅速熄火、降低炉温的事故。

（2）紧急停炉主要过程

① 由于加热炉本身设备故障及其他原因需立即熄火时，迅速关闭燃料油和燃料气调节阀的上游阀、副线阀，切断燃料油和燃料气。两炉熄火后打开炉膛消防蒸汽和各火嘴扫线蒸汽、向炉内吹汽。不须立即熄火时，可迅速将温控调节阀和瓦斯压控改成手动并关小之，然后逐个关小各火嘴燃料油阀和瓦斯阀，关死的油嘴随即扫线。最后留 1 ~ 2 个瓦斯火嘴维持小火燃烧，或保留长明灯以方便再次开工，这时可适当向炉内吹汽。

② 打开自然通风门，风机停运。

采取紧急停炉的目的是防止加热炉超温而烧坏炉管及其部件，或者是在加热炉出事故时避免事故扩大。

紧急停炉后重新开工，如果炉内火已全部熄火，则必须化验可燃气体含量，分析合格后方可点火。升温时视停炉时间长短，炉内温度情况控制升温速度，一般 2 ~ 3h 即可恢复正常。

8.8 加热炉系统异常操作处理

加热炉是常减压蒸馏装置主要设备之一。加热炉炉管材质好，价格昂贵，设备投资高。在加热炉内，火焰在炉管外燃烧，高温油品在炉管内流动。一旦发生故障容易引起火灾和爆炸，造成装置停工和重大的设备、人身事故。因此，必须十分重视事故的预防和正确处理。

8.8.1 瓦斯带油

（1）现象

少量带油时，瓦斯火焰伴有火星及黑色烟雾，烟囱有小股黑烟。大量带油时，炉膛昏暗，烟囱大量冒黑烟，炉温急剧上升，炉内负压下降，烟雾及火焰从防爆门及炉体缝隙喷出，甚至引起回火爆炸造成炉体损伤等事故。

（2）原因

① 系统瓦斯大量带油，在瓦斯罐内来不及沉降；

② 瓦斯罐液位过高，未及时切除；

③ 长久未用的瓦斯线内沉积大量油；

④ 初顶和常顶回流罐液位超高，汽油窜入瓦斯线。

（3）处理方法

① 迅速降低炉温；

② 经少量带油则关小瓦斯，将油慢慢带入炉内烧尽。大量带油时，迅速切断瓦斯，增点油嘴；

③ 开泵将瓦斯罐内油送出；

④ 联系有关单位查明原因。

8.8.2　火嘴漏油

（1）现象

火嘴漏油，炉底地面上有漏出的燃料油。

（2）原因

① 火嘴安装不垂直，喷孔角度过大，连接处不严密或者油、汽孔装反等；

② 油、汽配比不当，雾化蒸汽压力过低，或者燃料油与雾化蒸汽压力都低；

③ 燃料油温度低或本身性质等原因引起燃料油黏度大，不能有效喷射；

④ 雾化蒸汽或燃料油带水；

⑤ 火嘴、火盆严重结焦。

8.8.3　火嘴、火盆结焦

（1）现象

火嘴、火盆有焦块、堵塞风道和油路，燃烧不正常。

（2）原因

结焦的内在原因是缺氧。火嘴结焦是高温缺氧引起的，火盆结焦是低温燃烧不完全引起的。供风不足，油枪安装不当，雾化不良都会导致火嘴、火盆结焦。

（3）处理方法

火嘴拆卸清洗，清除火盆焦块，使风道畅通。

8.8.4　雾化蒸汽中断

（1）现象

火嘴漏油，炉膛昏暗，烟囱冒黑烟。

（2）原因

① 装置发汽系统出现故障，或管网蒸汽不足。导致蒸汽压力过低；

② 雾化蒸汽调节阀出现故障；

③ 蒸汽线堵塞。

（3）处理方法

① 关闭燃料油嘴阀门；

② 增大瓦斯燃烧量，降低进料量维持生产；

③ 雾化蒸汽调节阀故障应开副线，蒸汽系统故障应迅速联系处理。

④ 确认蒸汽压力难以恢复，同时瓦斯量又不足，则加热炉停工，并设法对燃料油线扫线。

8.8.5 供风中断

(1) 现象

炉膛昏暗，烟囱大量冒黑烟。

(2) 原因

① 风机跳闸，或风机出现其他故障；

② 空气流控故障，导致调节阀关死。

(3) 处理方法

① 加热炉改自然通风；

② 迅速启动风机，启动不了则启动备用风机；

③ 查明空气流控故障，迅速处理。

8.8.6 回火爆炸

(1) 现象

炉膛昏暗，烟囱大量冒黑烟，烟气和火焰从炉底、看火孔等缝隙处喷出，防爆门冲开，严重时部分炉设备遭破坏。

(2) 原因

① 瓦斯大量带油；

② 大量燃料油突然窜入炉内，或其他油品串入炉内；

③ 人为操作失误，导致烟道挡板全关；

④ 加热炉严重超负荷；

⑤ 开工时瓦斯窜入炉内未吹扫干净就点火，或者一次点不着没再次吹扫，或吹扫不净就点火。

(3) 处理方法

① 发生回火立即全开烟道挡板，并关小燃料油和燃料气阀，视情况再作处理；

② 检查燃料油调节阀使用状况，各油嘴阀门开关状态等，控制燃料油入炉量；

③ 查明烟道挡板关闭的原因并作处理；

④ 降低加热炉负荷；

⑤ 严格遵守开工点火规程。

8.9 烘炉及烧焦操作

8.9.1 烘炉操作

新建和大修的炉子开工前必须经过烘炉才能正式开工。烘炉可缓慢地除去炉墙在砌筑过程中积存的水分，并使耐火胶泥得到充分脱水和烧结。如果这些水分不去除，开工时炉温上升很快，水分急剧蒸发，造成砖料膨胀，产生裂缝，严重时会造成炉墙倒塌。

具体步骤见开停工操作。

8.9.2 烧焦

(1) 炉管结焦现象

① 明亮的炉膛中，看到炉管上有灰暗斑点，说明该处炉管已结焦。

② 处理量未变，而炉膛温度及入炉压力均升高。

③ 炉出口温度反应迟缓，表明热电偶套管处已结焦。

（2）炉管结焦的原因

① 炉管受热不均匀，火焰扑炉管，炉管局部过热。

② 物料偏流，进料量波动大，或流量过小，停留时间过长。

③ 物料黏度高，易分解或含有杂质。

④ 检修时清焦不彻底，原有焦子起了诱导作用，促进新焦形成。

（3）防止结焦的措施

① 坚持多油嘴、短火焰、齐火苗燃烧。火焰不扑炉管，炉膛温度均匀，严防炉管局部过热。

② 加强观察和分析，调节进料量、压力和炉膛温度等工艺参数，严防物料偏流和炉膛温度过高。

③ 搞好停工清焦工作。

④ 在加工低处理量、重质、高黏度原油时，采用炉管注汽的方法提高油品流速，缩短油品在炉管内的停留时间。

（4）炉管烧焦

一般采用蒸汽－空气烧焦法。其原理是：炉管内的焦子在一定的温度下受到高温蒸汽和空气的冲击而崩溃、粉碎和燃烧。燃烧后的产物和未燃烧的焦粉一起被气流带走。烧焦的主要化学反应为：

$$C + O_2 = CO_2$$

根据结焦程度和设备状况按规程制订烧焦方案，一般按如下步骤进行：

① 准备工作。加热炉停工以后，把炉管全部用蒸汽吹扫干净，然后加盲板，把炉子和其他部分隔离开，将蒸汽－空气清焦流程连接好。在炉管中通入水蒸气，然后点燃火嘴，用手动控制。逐渐开大火嘴，使炉出口温度按 60～150℃/h 速度升温直至炉膛预定温度。

② 剥离阶段。增大蒸汽量，同时开大火嘴，保持炉出口温度。从气体取样口引出气体，通入水中急冷。根据水的颜色判断焦炭的剥离是否开始；水的颜色应从乳白色变成灰白，最后变成黑色。检查捕集器中炭粒的大小，如果焦炭粒太小，可适当减小蒸汽量，使焦炭粒尽量变大一些，因为小炭粒对弯头磨损很严重。炉管中有盐垢时，剥离不太容易，就应间歇地增减蒸汽流量，或者隔几分钟通入少量空气，或者改变蒸汽流动方向，反复进行到不再产生剥离为止。

③ 烧焦阶段。开始烧焦以前，应降低蒸汽流量，然后通入空气，空气量应缓慢增加。调节蒸汽与空气的比例，使烧焦速度保持最大而又不使炉管过热。烧焦正常时，炉管呈暗红色；如呈桃红色说明温度过高，应适当减少空气量，增加蒸汽量。烧焦速度以同时烧 1～2 根管子为好，炉管由红变黑，说明焦已烧完。烧焦的炉管依次由前向后，全部烧一遍。

在烧焦阶段，还定期用大量的蒸汽吹扫炉管，以除去松散的焦炭和灰渣。烧焦是否完成，可以取样分析气体中的 CO_2 含量，或由冷却废气的水是否呈浅红色来判断。

④ 冷却阶段。烧焦结束后，立即关小火嘴，停止通入空气，但应继续通蒸汽。要严格控制冷却速度，冷却时间不得少于 3～4h。炉子冷却后可以用水冲炉管，清洗盐垢。

第九章　塔

塔是整个常减压蒸馏装置工艺过程的核心设备，原油在分馏塔中通过传热、传质实现分馏作用，最终将原油分离成沸点范围不同的馏分。塔的性能及操作的好坏，对常减压装置的产品质量和油品收率及装置能耗都有很大的影响。由于三塔（初馏塔、常压塔、减压塔）汽化流程包含了两塔汽化（常压塔、减压塔）流程的内容，且应用较为普遍，故本章只介绍三塔汽化流程的常减压蒸馏装置中的塔及其操作。

根据塔内气液接触构件的结构形式不同，塔可分为板式塔和填料塔及塔板、填料混合塔；根据塔内压力不同，分为常压塔、减压塔和高压塔（如稳定塔）。

9.1　塔的结构、作用及相关流程

常减压蒸馏装置分馏塔通常由圆柱形的壳体及内构件等组成。

9.1.1　初馏塔的结构、作用及相关流程

原油换热到230℃左右，进入初馏塔或闪蒸塔，已经有部分轻质油品汽化，初馏塔的任务就是对原油进行一次预蒸馏，从塔顶拔出原油中的部分汽油组分。换后原油进入汽化段后部分汽化，流入塔底的液相部分（初底油）送至常压炉。气相上升到塔顶，从塔顶拔出原油中的部分汽油组分。

侧线可根据目的产品的要求而设置，可作为回流或者作为产品出装置。

在原油性质较轻的情况下，开初馏塔侧线对降低常压炉和常压塔的负荷，提高装置处理量有明显效果，且有利于常压一线油收率的提高。

闪蒸塔的塔顶及侧线均不出产品，塔顶气相至常顶冷凝冷却系统。初馏塔的作用主要有以下几点：

① 由于初馏塔的进料温度较低，原油中的金属有机化合物未受到高温分解。当需要生产重整原料，而原油中的砷含量又较高时，初顶可以生产出砷含量较低的干点170℃左右重整原料。其余的轻馏分则因进料温度较高、砷含量较高自常压塔顶拔出；

② 当原油带水或电脱盐系统波动时，则增加初馏塔对稳定常压塔的操作，防止冲塔事故的发生有好处。

③ 稳定常压塔的操作。设置初馏塔可以大大降低因原油性质变化，以及其他因素引起的常压塔的操作波动，有利于生产工序的稳定。

④ 在加工高硫高盐等劣质原油时，由于塔顶低温部位 $H_2S-HCl-H_2O$ 型腐蚀严重，设置初馏塔后，可将大部分腐蚀转移到初馏塔顶，减轻常压塔顶系统的腐蚀，这样做在经济上较为合理。

⑤ 初馏塔可以采用较高的操作压力（绝压0.2～0.4MPa），减少轻质馏分的损失。

典型的初馏塔结构见图9－1所示。工艺流程见图9－2所示。

9.1.2　常压塔的结构、作用及相关流程

常压塔的主要作用是切割350℃以前的馏分，如汽油、煤油和柴油等。因此，常压塔侧

线开得较多，一般开 3 ~4 个侧线。

初底油经常压炉加热到 360 ~370℃左右进入常压塔。从塔顶馏出汽油馏分或重整原料油，从塔侧分别馏出煤油和轻、重柴油等侧线馏分。有些装置还利用常一线生产 200#溶剂油。为了取走剩余热量，设一个塔顶冷回流和/或顶循环回流以及 2 ~3 个中段回流，使塔的负荷分布趋于均匀。塔底油经泵送至减压炉。

常压塔的侧线一般设有汽提塔，以提高产品的闪点及初馏点和塔的分离效果。汽提塔一般采用水蒸气蒸馏的方式分离出常压侧线产品中的部分轻组分。

典型的常压塔及常压汽提塔结构见图 9 -3、图 9 -4 所示，工艺流程图见图 9 -5 所示。

由于产品种类较多，取热量大，故常压塔全塔塔板总数较多，一般有 42 ~50 层。各侧线之间的大致塔板数见表 9 -1。

表 9 -1　常压塔塔板数

馏　　分	塔 板 数/层
汽油 ~ 煤油	10 ~ 12
煤油 ~ 轻柴油	10 ~ 11
轻柴油 ~ 重柴油	8 ~ 10
重柴油 ~ 裂化原料	6 ~ 8
裂化原料 ~ 进料	3 ~ 4
进料 ~ 塔底	4

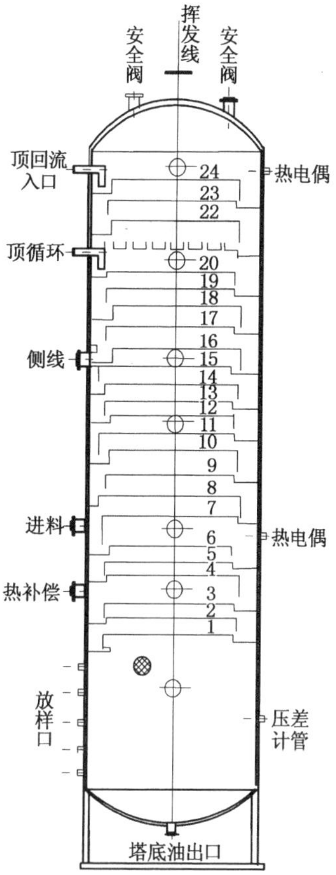

图 9 -1　初馏塔结构简图

9.1.3　减压塔的结构、作用及相关流程

原油中的350℃以上的高沸点馏分在高温下会发生分解反应，为了保证该馏分范围的质量，所以在常压塔的操作条件下不能获得这些馏分，而只能在减压和较低的温度下通过减压蒸馏取得。在现代技术水平下，通过减压蒸馏可以从常压重油中蒸馏出沸点约 550℃以前的馏分油。减压蒸馏的核心设备是减压精馏塔和它的抽真空系统。减压塔的作用就是在减压条件下，分割常压炉进料温度下常压塔不能汽化的馏分(常底油)，通常是 350 ~550℃之间的馏分，获得加氢裂化料及催化裂化原料或者润滑油基础油料等产品。

减压塔有多种类型。根据生产任务的不同，减压塔可分为燃料 - 化工型和润滑油型两种。燃料 - 化工型减压塔主要生产农柴和裂化原料，润滑油型减压塔主要生产润滑油基础油。根据工艺特点可以分为干式、湿式和微湿式。减压炉进料注汽或减压塔底吹汽的减压塔称为湿式蒸馏减压塔；否则称为干式蒸馏减压塔；减压塔底吹少量蒸汽的减压塔称为微湿式蒸馏减压塔。

一般情况下，无论是哪种类型的减压塔，都要求有尽可能高的拔出率。因为馏分油的残炭值较低，重金属含量很少，更适宜于制备润滑油和作裂化原料。减压塔底的渣油可用于作燃料油、焦化原料、渣油加氢原料或经过加工后生产高黏度指数润滑油和各种沥青。在生产燃料油时，有时为了照顾到燃料油的规格要求(如黏度)也不能拔得太深。但是在一些大型炼厂则多采用尽量深拔以取得较多的直馏馏分油，然后根据需要，再在渣油中掺入一些质量

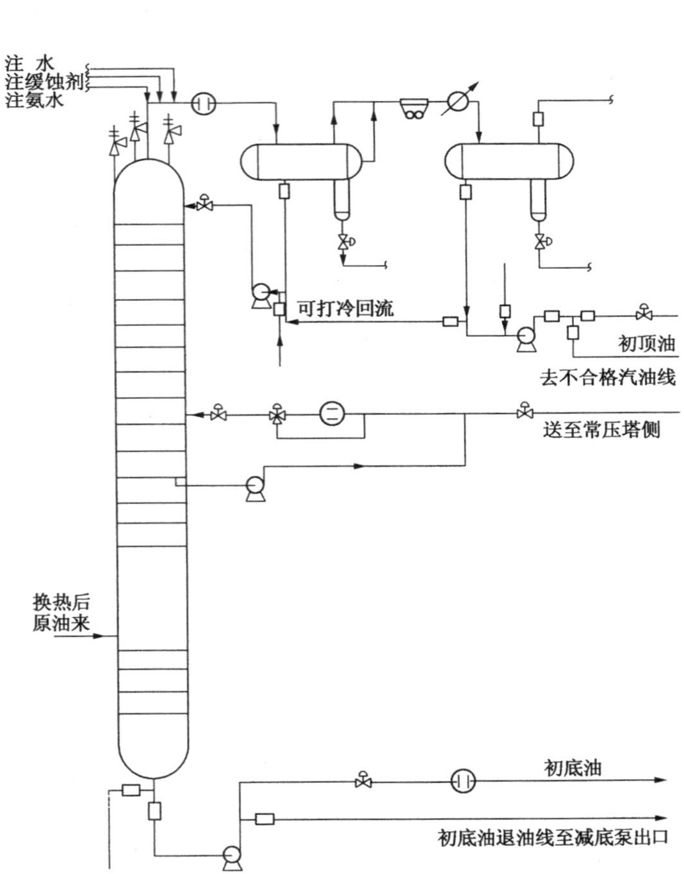

图 9－2　初馏塔系统简单工艺流程图

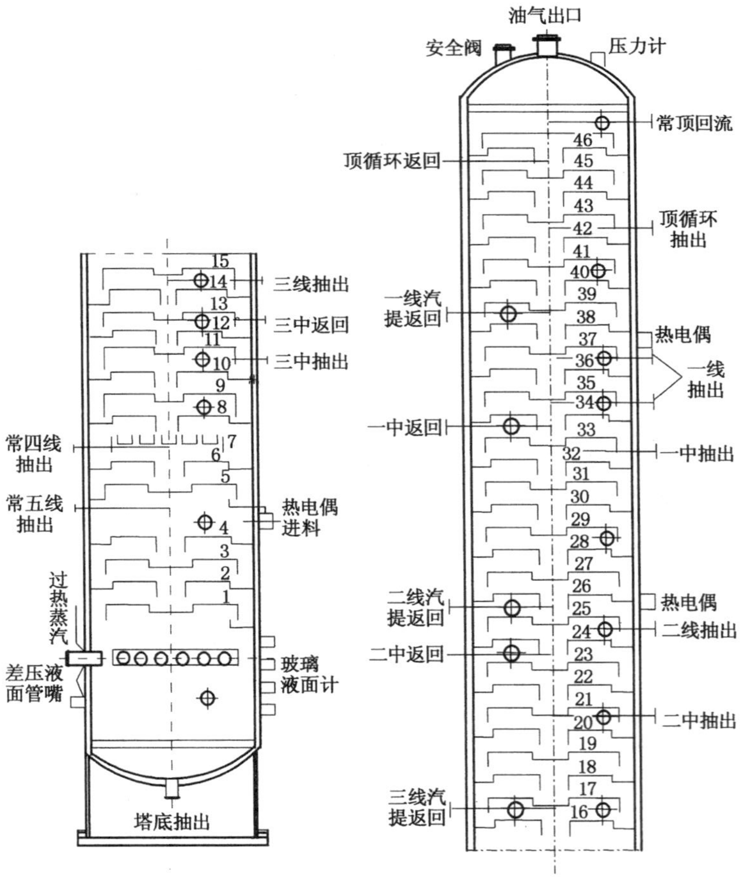

图 9－3　常压塔结构简图

较差的二次加工馏分油的方案，以获得较好的经济效益。

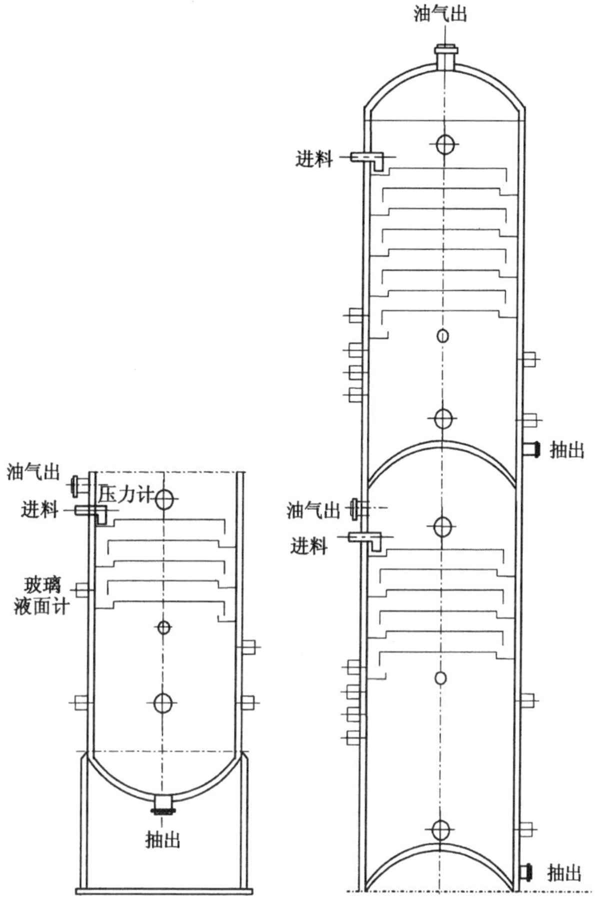

图9-4　常压汽提塔结构简图

根据生产方案的不同，减压塔开侧线数各不相同。如生产润滑油料，则需多开一些，一般为4个侧线，有的开5个侧线。如果只生产加氢或催化原料则侧线可少开一些，流程也可简化，一般开2~3个侧线即可。除侧线以外，减压塔也常开2~3个中段回流，并且多数采用一部分作产品、一部分作回流的形式，以减少减压塔的开口数量。在作为润滑油生产方案时，减压侧线均设有汽提塔，以提高产品的分割效果。只出裂化原料的减压塔侧线则不必设汽提塔，以便节省投资、简化流程。

减压塔的结构与装置类型有关。燃料型减压塔的馏分一般是作为催化裂化或加氢裂化的原料，对相邻侧线馏分的分离精度要求不高，故侧线、中段回流以及全塔塔板数相对较少。润滑油型减压塔由于对馏分的馏程宽度有较高要求，故其塔板总数多于燃料型减压塔。近年新建厂多采用高效填料来代替V4型浮阀或网孔塔板，塔高有所降低。

典型的燃料型减压塔结构见图9-6所示，工艺流程见图9-7所示。

9.1.4　减顶蒸汽抽真空系统

减压塔的抽真空设备可以用蒸汽喷射器(也称蒸汽喷射泵或抽空器)或机械真空泵。蒸汽喷射器的结构简单，没有运转部件，使用可靠而无动力机械，并且水蒸气在炼厂也是既安全又容易得到，因此，常减压蒸馏装置的减压塔多采用蒸汽喷射器来产生真空。但蒸汽喷射

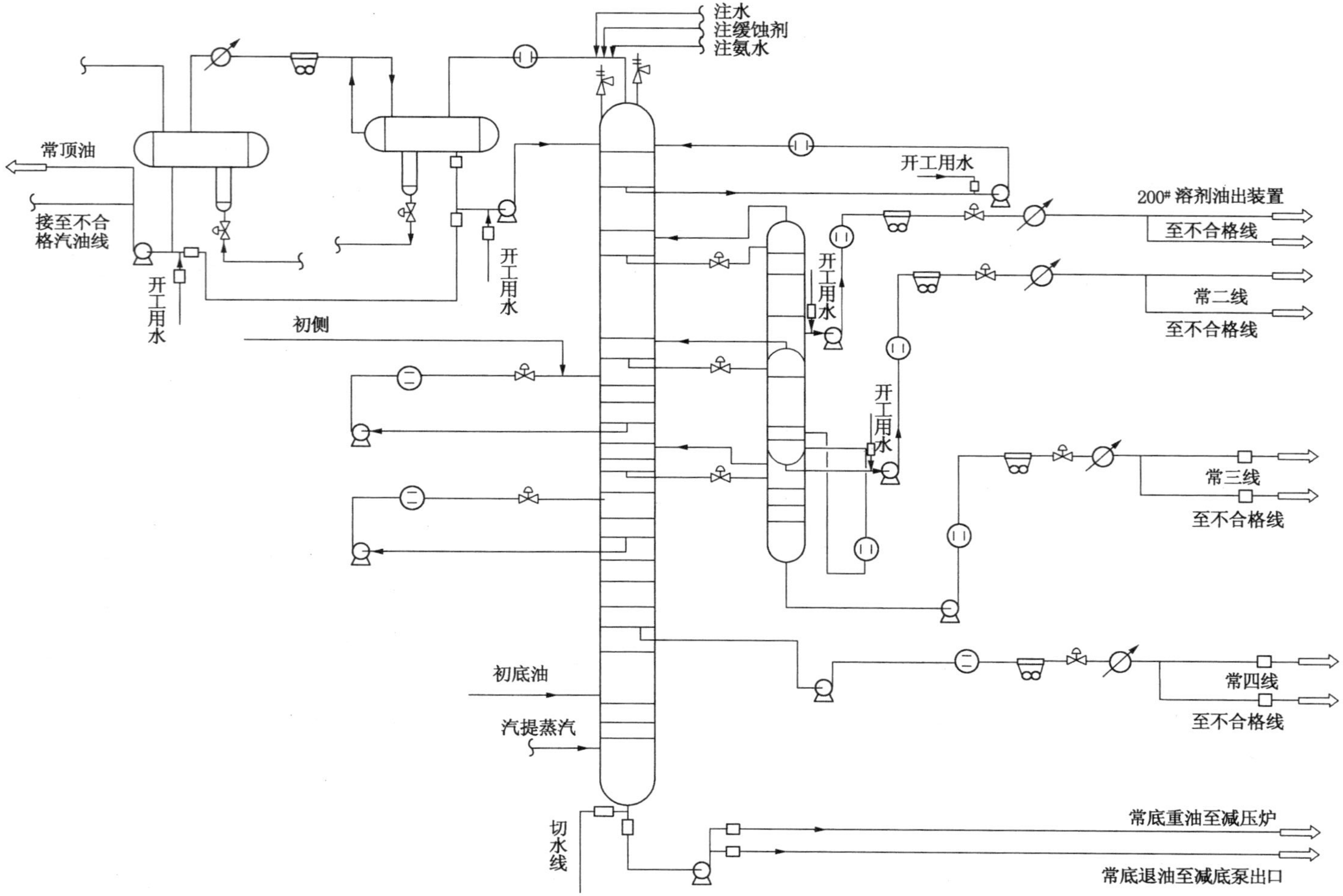

图 9－5　常压塔系统工艺流程简图

器的能量利用效率低，仅2%左右。机械真空泵的能量利用效率一般比蒸汽喷射器高，且能减少污水量。因此，近年来随着机械真空泵制造技术的日益成熟，采用机械真空泵的日渐增多。

（1）蒸汽抽真空系统的作用及流程

蒸汽抽真空系统的作用是把减压塔内产生的不凝气（主要是裂解气和漏入的空气）和吹入的蒸汽连续地抽走，以保证减压塔对真空度的要求。并把减顶馏出物料中可冷凝组分冷凝为液体加以回收，把常温常压下不可冷凝的气体组分引到加热炉真空火嘴或者升压后送去管网系统。

蒸汽抽真空系统主要设备包括塔顶冷凝器、蒸汽喷射器、中间冷凝器、后冷凝器、受液罐等设备及相应的连接管线。

湿式减压蒸馏塔顶流出物由不凝气（裂解气和漏入的空气）、减顶油和水蒸气组成。它们首先在塔顶冷凝器中被冷却，在此大部分水蒸气和减顶油气被冷凝成液体，由大气腿流入受液罐，未冷凝的水蒸气及减顶油气被蒸汽喷射器组抽吸并升压，故减顶冷凝器的作用是减小喷射器的吸气量，降低吸气温度。

蒸汽喷射器组一般由一级蒸汽喷射器、中间冷凝器和二级蒸汽喷射器组成。干式减压蒸馏在塔顶冷凝器前增加增压喷射器。它的作用是把被抽吸的组分压力提高到略大于大气压，并把所抽吸的可凝组分和蒸汽喷射器的工作蒸汽再冷凝成液体，并由大气腿流入受液罐。

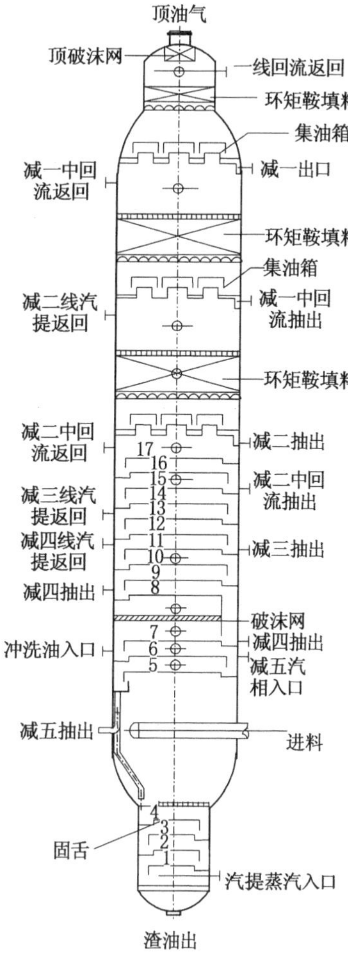

图9-6　减压塔结构简图

典型抽真空系统流程见图9-8所示。

（2）蒸汽喷射器及冷凝器

蒸汽喷射器是抽真空系统的核心设备，由扩缩喷嘴、扩压管和一个混合室构成。

蒸汽喷射器的工作原理：工作蒸汽通过喷嘴形成高速气流，蒸汽压力能转变为速度能，与吸入的气体在混合室混合后进入扩压室。在扩压室中，速度逐渐降低，速度能又转变为压力能，从而使抽空器排出的气体压力显著高于吸入室的压力。

蒸汽喷射器的抽真空能力受冷却温度的限制，当系统的绝对压力等于该温度下的饱和蒸汽压时，系统中的水将汽化。系统中绝压越低，水汽化所需的温度越低。增压器的原理和蒸汽喷射器相同，其作用是把塔顶馏出物的压力提高，这样，在常规冷凝器所能达到的冷却温度下，塔顶馏出物和增压器的工作蒸汽就能够被冷凝。干式减压蒸馏对塔顶真空度要求较高，采用二级喷射器不能达到所需的真空度，为此需在塔顶冷凝器加增压器。

湿式减压蒸馏减顶真空度一般要求在700mmHg以上，通常是由两个蒸汽喷射器、喷射泵串联组成的二级抽真空系统来实现。在二级抽真空系统中，一级喷射器从第一个冷凝器把不凝气抽出，升高压力后排入中间冷凝器。在中间冷凝器，一级喷射器的工作蒸汽被冷凝，不凝气再被二级喷射器抽走，升压后排入管网。

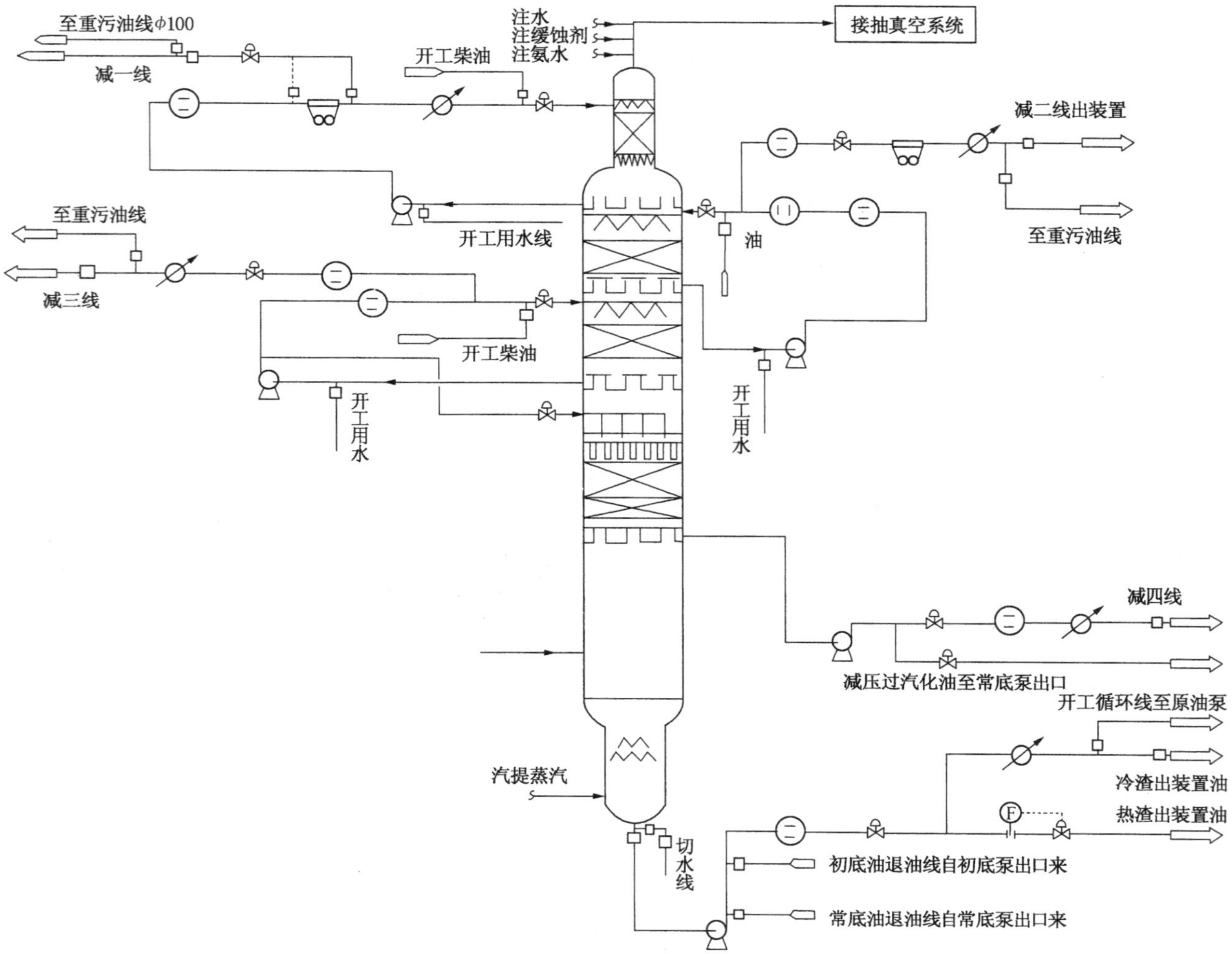

图9－7　减压塔系统工艺流程简图

干式减压蒸馏一般要求减顶残压在 30mmHg 以下，为此在减压塔顶馏出物进入第一个冷凝器前，再安装一个蒸汽喷射器使馏出气体升压。这个喷射器通常称为增压喷射器。增压喷射器所吸入的气体，除减压塔来的不凝气以外，还有减压塔的汽提水蒸气，因此负荷很大。这不仅要使增压泵有很大的尺寸，且其工作蒸汽量很大，使装置的能耗和操作费用大大增加。因此，对于湿式减压蒸馏，除非特别需要，尽可能不使用增压喷射器。

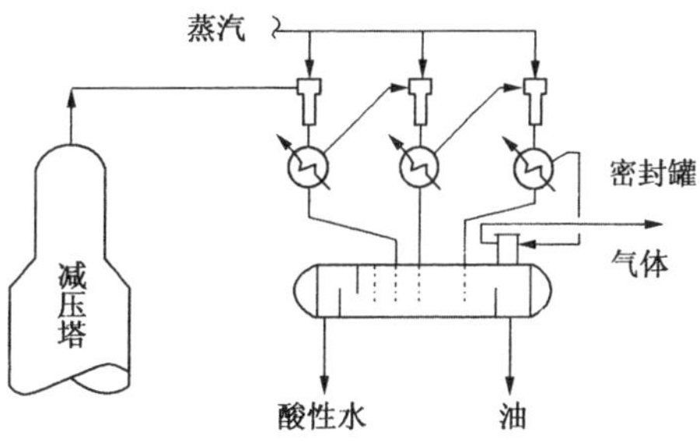

图 9-8　典型抽真空系统流程图

(3) 大气腿与水封罐

冷凝器与液封罐之间的连接管线俗称大气腿，冷凝器中的冷凝液经大气腿流入液封罐中。由于冷凝器内处于负压状态，为了保证冷凝液能够顺利排出，同时防止外界空气倒吸入内，大气腿自液封罐液面起至冷凝器出口的高度，应大于冷凝器内压力与大气压力差值所相当的水柱高度，一般约为 10m 水柱。液封罐不仅能使冷凝液油水分离，同时具有液封作用，避免空气进入大气腿及冷凝器内。其结构见图 9-8 所示。

9.2　塔的主要内构件

塔板和填料是分馏塔的主要内件。塔板是板式塔的主要内件，填料则是填料塔的主要内件。蒸馏塔板或填料在蒸馏过程中主要提供气、液相良好的接触条件，以便于传热、传质的进行。在蒸馏塔板上或填料表面，自上而下流动的轻组分含量较高，温度较低的液体与自下而上流动的温度较高的蒸气相接触，回流液体的温度升高，其中轻组分被蒸发到气相中。高温的蒸汽被低温的液体所冷却，气相的重组分被冷凝下来到回流液体中。从而使回流液体每经过一块塔板其中重组分含量有所上升，而上升蒸气每经过一块塔板，轻组分含量会有所上升，这就是蒸馏塔板或填料的传质过程。液相的轻组分汽化需要热量——汽化热，是由气相中重组分冷凝时放出的冷凝热直接提供的。因此，在蒸馏塔板上进行传质过程的同时也进行着热量的传递。

9.2.1　塔板

板式塔是常减压蒸馏装置最常见的塔，而塔板是板式塔的主要内件，其种类繁多。

9.2.1.1　*塔板的种类*

在塔板中，近 30 年来板式塔以泡罩、筛板和浮阀这三种为基本类型。我国应用了 S 型塔板、舌型塔板、浮阀塔板和筛孔塔板，并自行开发了浮喷塔板、斜孔塔板、浮舌塔板、旋流塔板等。同时，还引进了导向筛板、MD 筛板、新型垂直筛板等。常减压蒸馏装置常采用的塔板有浮阀塔板、文丘里型浮阀塔板、圆形泡帽塔板、伞型泡帽塔板、浮动舌型塔板、网孔塔板以及条型浮阀塔板和船型浮阀塔板等多种形式。

这些塔板各有其优缺点，它们的优缺点比较见表 9-2。

各类塔板相对性能比较可简述如下：

(1) 效率

在泛点 80% 附近操作时，浮阀塔板效率等于或稍高于筛板，泡罩塔板等于或稍低于筛板。我国开发的 HTV 船型阀板及 T 型、B 型等条型浮阀，效率比 F1 浮阀塔板高约 5%。浮动喷射型塔板(浮喷、浮舌)及固舌板效率一般偏低。

表 9-2　几种常用塔板的优缺点及适用范围

塔板类型	优　点	缺　点	适用范围
浮阀塔板	效率高，操作范围宽，是应用最广的塔板之一	需要不锈钢，圆形浮阀容易脱落	分离要求高，负荷变化大，如原油常压蒸馏塔，改进型有条型、船型、导向型浮阀
筛　板	投资低、效率高，大筛孔时污垢堵塞倾向小，是国内外应用最广的塔板之一，国外占 60%	小筛孔时易堵塞；在设计负荷 50% ~60% 以下，会因漏液而效率急剧下降	塔板数较多，分离要求较高，如化工的丙烯塔
网孔塔板	压降小(比浮阀低 30% ~40%)，能力大，效率较高	操作范围较窄，气相负荷低时，设计不当可能漏液	尤其适用于大处理量型减压塔
泡罩塔板	较成熟，操作弹性大，尤其适用于液速极低情况	压降大，造价高，液面梯度大	除某些要求弹性好的特殊塔外，一般不用
固舌塔板	结构简单，压降小，生产能力大	效率低，液流量小时会出现干吹，不适于小塔径、低气液负荷塔	曾经在催化裂化分馏塔及原油常减压塔使用，现在已较少采用

(2) 最大处理能力

筛板和浮阀处理能力不相上下，泡罩比筛板低，条形塔板高于 F1 浮阀塔板，浮舌、固舌、浮喷等均有比较高的能力。网孔板处理能力远大于 V4 型浮阀。

(3) 压降

筛板压降比较低(比泡罩低 30%)，泡罩板较高，F1 浮阀塔板压降稍高于筛板，但文献认为，现代阀型板设计可使阀型板压降基本和筛板持平。网孔板压降约为 V4 型浮阀的 1/2 ~1/3。

(4) 弹性

弹性大的板并不意味着适用性强，例如，泡罩板弹性大于筛板，主要是其负荷在下限时的分离能力比筛板好造成的，当负荷较高时，可能落在筛板弹性范围内，而不在泡罩弹性范围内，虽然泡罩弹性大。

(5) 低气相负荷

气速小到一定程度时，液体会通过筛孔塔板的孔漏下，气体分散也不良，筛板就不能操作了。而浮阀板则可在较低气速下操作，泡罩塔板可操作气速更低。网孔塔板在负荷下限时的特性不如 V4 型浮阀。

(6) 低液流强度负荷

低液流强度负荷是指液流强度接近 $3m^3/(m \cdot h)$，一般出现在减压塔中。浮喷、浮舌、固舌塔板会出现吹干现象，阀型塔板较好，而泡罩塔板尤其适用。

(7) 造价

筛板几乎是所有有降液管塔板中造价最低的，浮阀塔板比筛板造价高 10% ~20%，泡罩塔板比筛板高 2 ~3 倍，但泡罩塔整塔造价只比筛板塔高 15% 左右；固舌塔板造价和筛板相近。

(8) 抗腐蚀能力

泡罩受腐蚀介质影响最大，筛板和浮阀受影响较小，无堰板受影响程度小或中等。这些塔板各有其优缺点，它们的比较见表9－2。

目前常压蒸馏塔用得最普遍的是浮阀塔板。条型浮阀、船型浮阀和导向浮阀塔板是近年来用在常压蒸馏塔的新型浮阀塔板。

国内已工业化的条型浮阀有T型排列和顺型排列两种。T型排列的条型浮阀塔板，气体和液体在塔板上流动方向不断发生变化，增加了气液接触的机会，有利于传质。另外，相邻浮阀出来的气体不直接碰撞，减少了雾沫夹带；顺排条型浮阀液体流动方向不受扰动，减少了塔板上液相返混，提高了板效率。

船型浮阀阀体似船形，两端有腿，卡在塔板的矩形孔中。阀体的排列采取阀的长轴与液流方向平行的方式，可使气液两相接触增加，减少液体的逆向返混，提高了传质效率和分离精度。

导向浮阀是条型浮阀的一种改进型式。与条型浮阀的区别是在条型浮阀上增开了与塔板上液流方向相一致的导向孔1～2个(图9－9)。操作中，借助导向孔流出的气体动能，推动塔板上的液体流动，从而消除或减少塔板上的液面梯度。导向浮阀一般用于塔径较大的塔上。

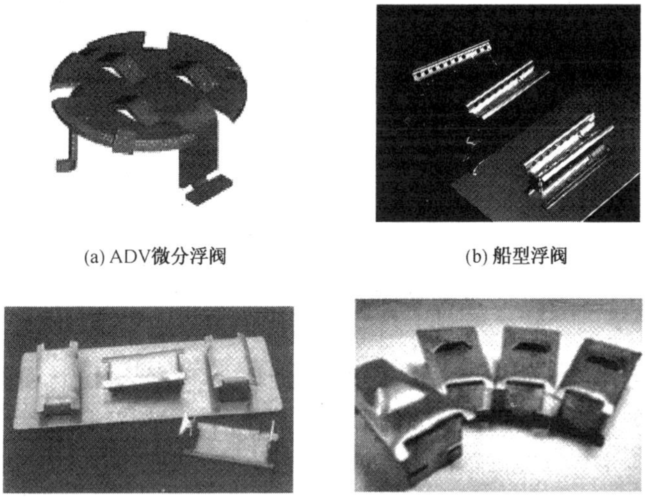

(a) ADV微分浮阀　(b) 船型浮阀

(c) 条型浮阀　(d) 导向浮阀

图9－9　常见浮阀

ADV微分浮阀是以F1浮阀为基础最新开发的塔板，属圆形浮阀。浮阀顶面有切孔，部分气流由此喷出，使气液接触更充分，强化了传质效果。同时浮阀侧面的气体负荷减少，减轻了高负荷下的气流冲击，减少了雾沫夹带，提高了生产能力。浮阀顶部的切孔使浮阀在低气速下可完全闭合，从而减少了漏液。新式的阀脚设计，克服了圆形浮阀因旋转而脱落的问题。故ADV微分浮阀塔盘具有处理能力大、效率高、操作弹性大、布阀简易的优点，适用于在常压塔、稳定吸收塔中使用。

各种新型塔板的开发与利用，可以使常压塔在现有塔径的条件下，加工更多的原料，提高塔的处理能力，对新建及老装置改造都有较大的意义。现有常压塔在改炼轻质油时，因常压拔出率高而引起原油加工量降低的问题，可以通过塔板改造来得到很大程度的解决。

应用于减压蒸馏塔的塔板有V4型浮阀塔板、网孔、浮舌塔板、伞型泡帽塔板等。V4

型浮阀塔板由于浮阀是轻型的，故压降小于常压型浮阀塔板，但比网孔和浮舌塔板压降大。网孔塔板是喷射型塔板，板上有定向斜孔，上方装有挡沫板，塔板分成若干个区段，每一区段内相邻两排孔成90°角排列，气体通过网孔与液体进行喷射混合，同时又有方向变化，强化了气液接触。这种塔板适合气量大、液相负荷小的场合，尤其适用于大处理量减压塔。

正常操作中，液体从上层塔板的降液管流入受液槽，再从受液槽进口堰溢出流入塔板，从进口堰流向出口堰，从出口堰溢出后流入降液管至下层塔板的降液槽。气体从塔板上的气孔上升，在塔板上被气液接触元件浮阀、浮舌、泡帽等分散后在液层中进行气液接触，传热传质，最后上升到上一层塔板。塔板上气液接触情况随气速的变化和板上液层的厚度不同而有所不同，塔板上气液接触大致可分为以下几种类型：

(1) 鼓泡接触

在塔内气速较低的情况下，气体以一个个气泡的形态穿过液层上升。塔板上所有气泡外表面积之和即为该塔板上气液传热、传质的总面积。

(2) 蜂窝状接触

随着气速的提高，单位时间通过液层的气体数量增加，使液层变成蜂窝状况。它的传热、传质面积要比鼓泡接触大。

(3) 泡沫接触

气体速度进一步加大，穿过液层的气泡直径变小，呈现泡沫状态的接触形式。

(4) 喷射接触

气体高速穿过塔板，将板上的液体都粉碎成为液滴，此时传质和传热的过程是在液滴的外表面和气体之间进行。

前三种情况气液在塔板上进行传质、传热过程中，液体是连续相，气体是分散相。而喷射接触在塔板上气体是连续相，液体变成了分散相。

9.2.1.2 塔板的溢流形式

溢流形式就是液体流动的分程方式。分程流动是为了降低塔板上的液面落差，保持塔板上液层厚度相对均匀。板式塔溢流设施的形式有多种，主要是根据塔径大小以及塔内气液相负荷变化等因素来确定。以提供较佳的传热、传质方式，保证最佳的分离效果。对于液体在塔板上呈连续相、气体呈分散相的情况，液体从进口堰往出口堰方向流动，为保证液相流动顺利进行，塔板上必然存在着液面落差，即进口堰附近比出口堰附近液面高。液面落差的大小与液体流量、塔径及液体黏度等因素有关。如果液体流量加大、在塔板上流程加大或黏度较大都会导致液面落差的加大。液面落差太大时会使进口堰附近的气相流量急剧减少，漏液情况严重，大量气体从出口堰一侧穿过液层，出口堰一侧气相流速过大会导致雾沫夹带的液体量增加，这些因素都会导致塔板的分离效率下降。为使塔板上液流形式更合理，常用的有以下几种不同的溢流形式。

(1) U形流

降液管和受液盘被安排在塔的一侧，一半作为受液盘，另一半作为降液管；并且挡板沿直径把塔板分割成“U”形，来自上一层塔板的液体落在这一层板受液盘上，约绕一圈后才沿降液管落到下一层板，因而所占板面面积小，流道长，液面落差也大，适用于塔径较小(0.6～1.8m)、液体流量较低的操作。

(2) 单溢流

进口堰和出口堰对称地分布在塔的两侧，液体横过板面从一侧流到另一侧，落入降液管中，到达下层板，在下层板上沿反方向从一侧流到另一侧。这是最常用的形式，适用于液体流量在 $120m^3/h$ 以下，塔径 $<2.4m$ 的蒸馏塔。

（3）双溢流

液体在板上被分成两份，每一份流过半面塔板，若在一层板上从两侧流到中央，落到下一层板上便从中央流到两侧。此种安排可使液体的通过量加大，而且液面落差减小。特别适用于液体流量大（$90\sim280m^3/h$）及塔径也大（2m 以上）的场合。

（4）阶梯式流

为避免液面落差过大，板面设计成阶梯式，自进口往出口方向逐渐降低，每一阶梯上都有相应的出口堰以保证每一小块塔板板面上液层厚度大致相同，从而使各部分的气流比较均匀。

常减压蒸馏装置绝大多数塔板的溢流形式都是采用单溢流或双溢流。

9.2.1.3 蒸馏塔板不正常操作状态

随着塔板上气液负荷的变化，塔板的操作状况也相应发生变化。气液负荷适宜，塔板的传质传热效果则较理想，分馏效果也较好，塔板处于正常的操作范围。在气液负荷过大或过小时，蒸馏塔板会出现以下不正常的操作状态。

（1）雾沫夹带

液沫夹带是指由于操作气速过高，塔板上的液体被上升的气流以液滴形式携带到上一层塔板，从而降低了塔板的效率，影响产品的分割。板式塔操作时多少会有些雾沫夹带。塔板间距越大、液滴沉降时间越长雾沫夹带量可相应减少。与现场生产操作有关的因素是气体流速变化的影响，气体流速越大阀孔速度（或网孔速度）、空塔气速均相应上升，会使雾沫夹带量增加。除此之外雾沫夹带量还与液体流量、气液流体的相黏度、密度、表面张力等因素有关。塔设备允许一定的雾沫夹带，以不超过 10% 为设备的设计上限。

（2）淹塔

淹塔是指发生在塔内气、液相流量上升，造成塔板压降升高，由于下层塔板上方压力提高，若要正常地溢流到下层塔板，溢流管内的液层高度必然升高。当液层高度漫到上层塔板堰顶时，液体无法顺畅地流下，于是便出现淹塔现象。淹塔一般是在塔的下部出现，造成最低一条抽出侧线油品颜色变黑。淹塔与处理量过大、原油带水、汽提蒸汽量过大等因素有关。

（3）漏液

塔板漏液的情况是在塔内气速过低的情况下产生的。泡罩塔板上有升气管，管口高出板面，液体一般不会从升气管流到底下一层板。浮阀、筛孔、网孔、浮喷等塔板，当塔内气速过低时，板上液体就会通过升气孔向下一层塔板泄漏，导致塔板分离效率下降。漏液现象往往是在开、停工等低处理量操作时出现，有时也与塔板设计参数如开孔率选择不当有关。

（4）降液管超负荷

液相负荷太大而降液管面积太小，液体无法顺利地向下一层塔板溢流也会造成淹塔。这些现象生产操作中极少发生。

（5）液层吹开

指塔板上液体流量太小，容易造成板上液层被吹开，气体走短路影响分离效果的操作状态。操作上主要是由于回流泵抽空或回流量打得过小，以及侧线抽出量过大而引起，导致塔顶温度和压力明显上升，产品分馏效果变差、质量变坏。

为保证一定的塔板效率，一般要求液沫夹带量控制在0.1kg液体/kg气体以下，漏液量不大于5%等。通过计算很容易确定液沫夹带量、允许漏液量、淹塔、降液管超负荷、液层吹开等与气液相流量的对应关系曲线，这些曲线所形成的闭合区域就是这块塔板的适宜操作区。见图9－10所示。

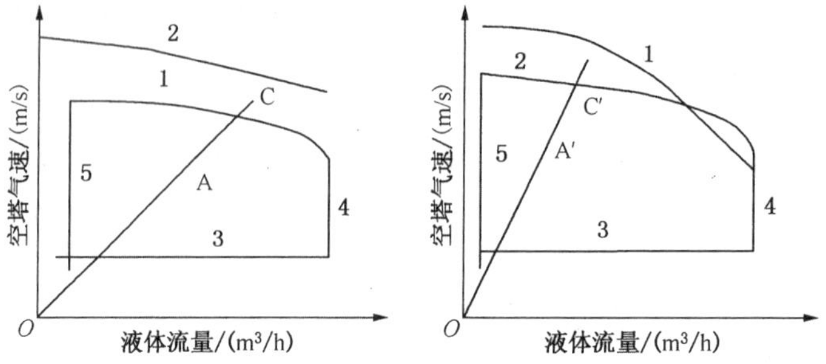

图9－10　塔板的适宜操作区

1—雾沫夹带线；2—淹塔线；3—泄漏线；4—降液管超负荷线；5—液层吹开线

由于每块塔板的开孔率、操作条件及气液相的物性各不相同，故绘制出的适宜操作区的图形也不相同。根据塔板上的气体流量和液体流量就可以在该图上标出一个操作点，操作点在适宜操作区以内属正常操作状态，操作点在适宜操作区以外就会发生以上的不正常操作现象。把操作点与坐标原点用直线相连就是该板的操作线。延长操作线所相交的气体负荷上限与气体负荷下限之比即为该板的操作弹性。操作弹性说明了塔板对处理量变化的适用能力。

9.2.2　填料

9.2.2.1　填料的种类及特点

与板式塔相比填料的突出优点是压降小，弹性接近浮阀塔板。这些优点特别适用于减压塔。减压蒸馏塔应用的填料分规整填料和乱堆填料。常用的乱堆填料有环矩鞍型、阶梯环型。环矩鞍型兼有环型和鞍型的优点，接触面积大，气液分布好，性能优于阶梯环型。常用的规整填料有格栅型和板波纹型等。格栅填料是高空隙率填料，特别适于大负荷、小压降、介质较重、有固体颗粒的场合。板波纹填料与乱堆填料相比，具有低压降、大通量、高效率的优点，其综合性能良好，适用于分馏精度要求高的低压分馏场合。由于填料的良好性能，在减压蒸馏塔上已趋向于采用全填料的塔内件。常用的填料见图9－11所示。

9.2.2.2　填料的性能指标

填料性能指标主要有以下几种：

（1）比表面积

填料的比表面积是指每立方米填料床层所具有填料的总表面积，单位为m^3/m^3。比表面积越大，对传质、传热就越有利。

（2）空隙率

填料的空隙率是指每立方米床层填料所具有的空隙体积，单位为m^3/m^3，或以%表示。空隙率越高，阻力降越小。

（3）当量理论高度

指相当于一块理论塔板分离能力所需填料层的高度。当量理论高度越小，分离效能越高。用好填料的关键，一是要保证在填料上有必要的液体喷淋密度，二是要保证液体在填料中的均匀分配。因此，每一段填料床层的液体分配器是十分重要的部件。常用液体分布器主要有喷头式液体分布器、盘式液体分配器及槽式液体分布器，规整填料一般采用槽式分布器。常见液体分布器见图 9－12 所示。

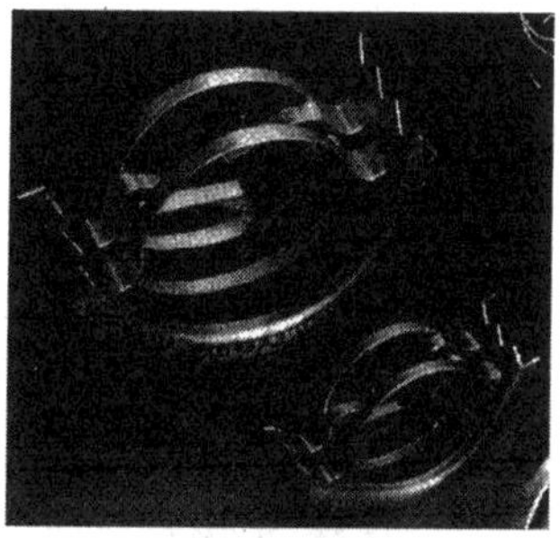

(a) 环矩鞍型填料

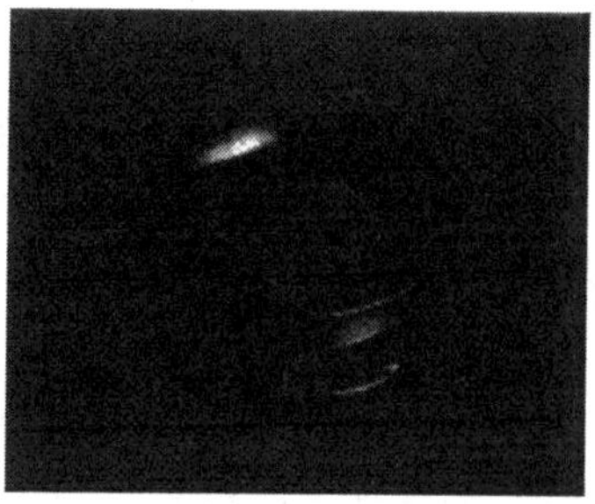

(b) 阶梯环型填料

(c) 格栅填料

(d) 板波纹填料

图 9－11　常见填料

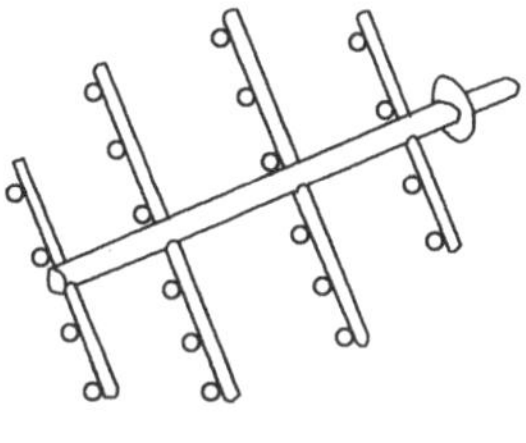

(a) 喷头式液体分布器

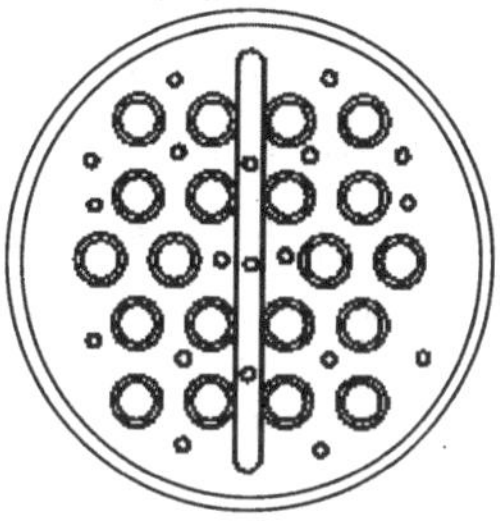

(b) 盘式液体分布器

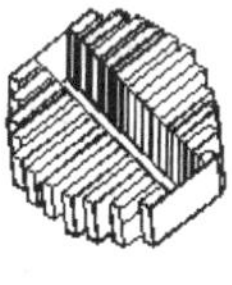

(c) 全体通槽式液体分布器

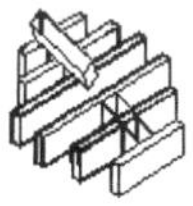

(d) 部分连通槽式液体分布器

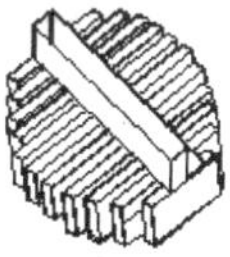

(e) 分体槽式液体分布器

图 9－12　常见液体分布器

常减压蒸馏塔汽化段在结构上有特殊要求。由于常减压蒸馏装置每个塔的进料都是气液混相的状态且流速很高，为了减少进口压力降，减轻流体对塔壁对塔壁的冲击引起的塔体振动，减压塔一般采用低速转油线，沿塔中心线方向垂直进料。在汽化段为实现气流与液体的分离，尽管也采用切线进料等措施，但为了减少雾沫夹带，汽化段的高度要比一般的板间距大，这主要是为气液分离提供较大的空间。对于减压塔正好是精馏段与汽提段连接的半球形变径区，故减压塔进料段的空间特别大。即便如此由于减压塔内气体流速很大，为了减少雾沫夹带，有些减压塔在汽化段的上方还增设了破沫网。进料的温度、压力是现场操作的重要参数，也是蒸馏塔热量衡算的基本依据，因此，在汽化段一般均应设置温度与压力的测量仪表。

9.3 塔的操作

分馏塔的操作是常减压蒸馏装置正常生产的一个相当重要的环节。在一定的设备条件下，塔操作的好坏，对于装置的三大考核指标——产品质量、油品收率和装置能耗有很大影响。因此，要求我们能够正确掌握好塔的平稳操作，通过调节温度、压力、流量及液位使蒸馏塔接近并保持三个平衡——物料平衡、气液相平衡和热量平衡，从而稳定高效地产出合格产品。

物料平衡指的是单位时间内进塔的总物料量应等于离开塔的各物料量之和。物料平衡体现了塔的生产能力，它主要是靠进料量和塔顶、侧线及塔底出料量来调节的。操作中，物料平衡的变化具体反应在塔底液面上。当塔的操作不符合总的物料平衡时，可以从塔压差的变化上反映出来。比如进得多，出得少，塔压差则上升。对于一个固定的精馏塔，塔压差应控制在一定范围之内。塔压差过大，塔内气相介质上升速度则过大，导致雾沫夹带严重，甚至发生液泛而破坏塔的正常操作；塔压差过小，塔内气相介质上升速度过小，塔板上气液两相传质效果下降，甚至发生漏液而大大降低塔板效率。物料平衡掌握不好，会使整个塔的操作处于混乱状态，所以掌握物料平衡是塔操作中的一个关键。如果正常的物料平衡受到破坏，将影响另外两个平衡，使气液相平衡达不到预期的效果，热平衡也被破坏而需要重新调整。

气液相平衡主要体现了产品的质量及损失情况。它是靠调节塔的操作条件(温度、压力)及塔板上气液接触的情况来达到的。只有在压力、温度固定时，才有确定的气液相平衡组成。当压力、温度发生变化时，气液相平衡就随之变化。产品的质量和损失情况也随之发生变化。气液相平衡与物料平衡密切相关，物料平衡控制得好，塔内气相介质上升速度合适，气液接触良好，则传质传热效率高，塔板效率也高。当然，温度、压力也会随着物料平衡的变化而改变。

热量平衡是指单位时间内进塔热量和出塔热量的平衡，具体反映在塔顶及侧线抽出温度上。热量平衡是物料平衡和气液相平衡得以实现的基础，反过来又依附于它们。没有热的气相和液相回流，整个精馏过程就无法实现，而塔的操作压力、温度的改变(即气液相平衡组成的改变)，则每块塔板上气相冷凝的放热量和液体气化的吸热量也会随之改变，体现在进料供热和塔顶及中段取热发生变化上。掌握好物料平衡、气液相平衡和热量平衡是精馏操作的关键所在，三个平衡之间相互影响、相互制约。操作中通常是以控制物料平衡为主，相应调节热量平衡，最终达到气液相平衡的目的。

要保持稳定的塔底液面必须稳定：进料量和进料温度，塔顶、侧线及塔底抽出量，塔顶压力。要保持稳定的塔顶温度必须稳定：进料量和进料温度，顶回流、循环回流、各中段回流流量及温度，塔顶压力，汽提蒸汽量，原料及回流不带水。只要密切注意塔顶温度、塔底液面，分析波动原因，并及时加以调节，就能掌握塔的三个平衡，保持塔的正常操作。

9.3.1 初馏塔及常压塔的工艺特点

初馏塔和常压塔都在接近常压下进行操作，主要生产汽油、煤油、轻柴油、重柴油等产品，对产品质量的要求主要是馏分组成，所以初馏塔、常压塔的操作主要是以提高分馏精度为主。

典型常压塔的工艺特点。

（1）复合塔

原油通过常压蒸馏过程被切割成汽油、煤油、轻柴油、重柴油和重油等馏分。按照一般的多元精馏办法，需要有 $N-1$ 个精馏塔才能把原料分割成 N 个产品。当要分成五种产品时就需要四个精馏塔串联或采用其他方式排列。当要求得到较高纯度的产品，或者说，要求分馏精确度较高时，这种方案无疑是必要的。但是在石油精馏中，各种产品本身也还是一种复杂混合物，它们之间的分离精确度并不要求很高，两种产品之间需要的塔板数并不多，因此，可以把这几个塔结合成一个塔。这种塔实际上等于把几个简单精馏塔重叠起来，它的精馏段相当于原来四个简单塔的四个精馏段组合而成，而其下段则相当于提馏段。这样的塔称为复合塔。这种塔的分馏精确度不会很高，例如，在轻柴油侧线抽出板上除了柴油馏分以外，还有较轻的煤油和汽油的蒸气通过，这必然会影响到侧线产品——轻柴油的馏分组成。但是，由于这些石油产品要求的分馏精确度不是很高，而且还可以采取一些弥补措施，因而常压塔采用复合塔的形式。

（2）汽提塔和汽提段

在复合塔内，汽油、煤油、柴油等产品之间只有精馏段而没有提馏段，侧线产品中必然会含有相当数量的轻馏分，这样不仅影响本侧线产品的质量（如轻柴油的闪点等），而且降低了较轻馏分的产率。为此，在常压塔的外侧，为侧线产品设汽提塔，在汽提塔底部吹入少量过热水蒸气以降低侧线产品的油气分压，使混入产品中的较轻馏分气化而返回常压塔。这样做既可达到分离要求，而且也很简便。侧线汽提用的过热水蒸气量通常为侧线产品的2%～3%。各侧线产品的汽提塔常常重叠起来，但相互之间是隔开的。

有些情况下，侧线的汽提塔不用水蒸气而采用再沸器提馏。这种做法是基于以下几点考虑的：

① 侧线油品汽提时，产品中会溶解微量水分，对有些要求低凝点或低冰点的产品如航空煤油可能使冰点升高。采用再沸提馏可避免此弊病。

② 汽提用水蒸气的质量分数虽小，但水的相对分子质量比煤油、柴油低数十倍，因而体积流量相当大，增大了塔内的气相负荷。采用再沸提馏代替水蒸气汽提有利于提高常压塔的处理能力。

③ 水蒸气的冷凝潜热很大，采用再沸提馏有利于降低塔顶冷凝器的负荷。

④ 采用再沸提馏有助于减少装置的含油污水量。

采用再沸提馏会使流程设备复杂些，因此，采用何种方式要具体分析。侧线油品用作裂化原料时则可不必汽提。

常压塔进料汽化段中未气化的油料流向塔底，这部分油料中还含有相当多的 <350℃ 轻馏分。因此，在进料段以下也要有汽提段，在塔底吹入过热水蒸气以使其中的轻馏分汽化后返回精馏段，达到提高常压塔拔出率和减轻减压塔负荷的目的。塔底吹入的过热水蒸气的质量分数一般为2%～4%。常压塔底不可能用再沸器代替水蒸气汽提，因为常压塔底温度一般在350℃左右，如果用再沸器，很难找到合适的热源，而且再沸器也十分庞大。并且再沸器也无法降低油气分压，不利于油品在低温下汽化。减压塔的情况也是如此。

（3）全塔热平衡

由于常压塔塔底不用再沸器，它的热量来源几乎完全取决于经加热炉加热的进料。汽提水蒸气虽也带入一些热量，但由于只放出部分显热，而且水蒸气量不大，因而这部分热量是不大的。

这种全塔热平衡的情况引出以下的结果。

常压塔进料的汽化率至少应等于塔顶产品和各侧线产品的产率之和，否则不能保证要求的拔出率或轻质油收率。在实际设计和操作中，为了使常压塔精馏段最低一个侧线以下的几层塔板（在进料段之上）上有足够的液相回流以保证最低侧线产品的质量，原料油进塔后的汽化率应比塔上部各种产品的总收率略高一些。高出的部分称为过汽化率。常压塔的过汽化率一般为2%～4%。实际生产中，只要侧线产品质量能保证，过汽化率低一些是有利的，这不仅可减轻加热炉负荷，而且由于炉出口温度降低可减少油料的裂化。

（4）原油蒸馏的气液相负荷分布规律

精馏塔中的气液相负荷是设计塔径和塔板水力学计算的依据。由于石油是很复杂的混合物，其中各组分的沸点、相对分子质量都有很大的差别，造成它们有很宽的沸程（这一点使沿塔高有较大的温度梯度）和差别很大的摩尔汽化潜热，因此，恒分子回流的假设对石油精馏塔是完全不适用的。为此，必须对石油精馏塔内部的气液相负荷分布规律作深入的分析，所用的分析工具就是热平衡。

原油进入汽化段后，其气相部分进入精馏段。自下而上，由于温度逐板下降引起液相回流量（kmol/h）逐渐增大，因而气相负荷（kmol/h）也不断增大。到塔顶第一、二层塔板之间，气相负荷达到最大值。经过第一板后，气相负荷显著减小。从塔顶送入的冷回流，第一板后变成了热回流（即处于饱和状态），液相回流量有较大幅度的增加，达到最大值。在这以后自上而下，液相回流量逐板减小。每经过一层侧线抽出板，液相负荷均有突然的下降，其减少的量相当于侧线抽出量。到了汽化段，如果进料没有过汽化量，则从精馏段末一层塔板流向汽化段的液相回流量等于零。通常原油入精馏塔时都有一定的过汽化度，则在汽化段会有少量液相回流，其数量与过汽化量相等。

进料的液相部分向下流入汽提段。如果进料有过汽化度，则相当于过汽化量的液相回流也一齐流入汽提段。由塔底吹入水蒸气，自下而上地与下流的液相接触，通过降低油汽分压，使液相中所携带的轻质油料气化。因此，在汽提段，由上而下，液相和气相负荷愈来愈小，其变化大小视流入的液相携带的轻组分的多少而定。轻质油料气化所需的潜热主要靠液相本身来提供，因此，液体向下流动时温度逐板有所下降。

液相和气相物流在通过每一层塔板时，都发生热和质的交换作用，亦即在每层塔板上都发生着精馏作用。

（5）回流方式

从前面的分析可以看到，与二元系或多元系精馏塔相比，石油精馏塔具有一些自己的工艺特点：处理量大；回流比是由精馏塔的热平衡确定而不是由分馏精确度确定；塔内气液相负荷沿塔高是变化的，甚至有较大的变化幅度；沿塔高的温差比较大等。由于这些特点，石油精馏塔的回流方式除了采用惯常所用的塔顶冷回流和塔顶热回流以外，还常常采用其他的回流方式。

① 塔顶油汽二级冷凝冷却。塔顶油汽二级冷凝冷却也叫塔顶热回流。原油常压精馏塔的年处理量经常以数百万吨计。所需的塔顶馏出物的冷凝冷却器的冷却面积大，原因一则是热负荷很大，二则是传热温差比较小。为了减少常压塔顶冷凝冷却器所需的传热面积，在某些条件下可采用如二级冷凝冷却方案。

所谓二级冷凝冷却是首先将塔顶油气（105℃）基本上全部冷凝（一般冷到55～90℃），将回流部分泵送回塔顶，然后将出装置的产品部分进一步冷却到安全温度(40℃)以下。

采用二级冷凝冷却方案的主要优点：由于油气和水蒸气在第一级基本上全部冷凝，故集中了绝大部分热负荷，而此时的传热温差较大，单位传热负荷需要的传热面积可以减小；到第二级冷却时，虽然传热温差较小，但其热负荷只占总热负荷的很小一部分。因此，总的来说，二级冷凝冷却方案所需的总传热面积要比一级冷凝冷却方案小得多。应该指出，无论是哪一种方案，所需取走的回流热是相同的，在采用二级冷凝冷却方案时回到塔顶的是热回流，因此，回流量要比冷回流量多，输送回流所需的能耗也相应增大。此外，在采用二级冷凝冷却方案时，流程也比较复杂些。对于是否采用二级冷凝冷却方案应当作具体、全面的分析。

② 塔顶循环回流。塔顶循环回流的工艺流程如图 9－13 所示。循环回流从塔内抽出经冷却至某个温度再送回塔中，物流在整个过程中都是处于液相，而且在塔内流动时一般也不发生相变化，它只是在塔内、塔外循环流动，借助于换热器取走回流热。

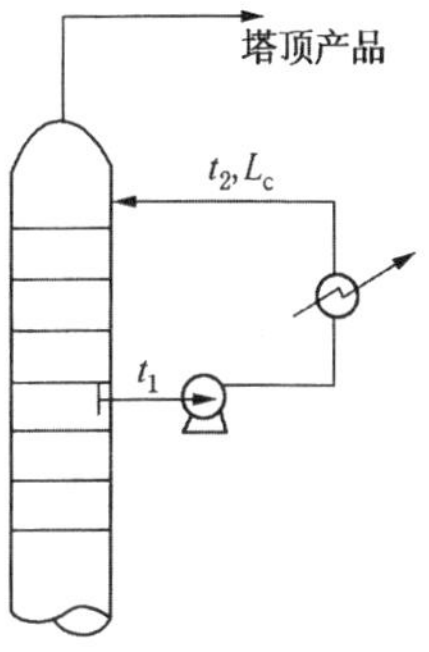

图 9－13　常压塔顶循环回流

为了保证塔内精馏过程的正常进行，在采用循环回流时必须在循环回流的出入口之间增设 2～3 块换热塔板，以保证其在流入下一层塔板时能达到要求的相应的温度。

塔顶循环回流主要用在以下几种情况：

a. 塔顶回流热较大，考虑回收这部分热量以降低装置能耗。塔顶循环回流的热量的温位(或者称能级)较塔顶冷回流的高，便于回收。

b. 要求尽量降低塔顶馏出线及冷凝冷却系统的流动压降，以保证塔内有尽可能高的真空度(例如减压精馏塔)。

塔顶冷回流和塔顶循环回流两种形式的回流方案可同时采用。

③ 中段循环回流。循环回流如果设在精馏塔的中部，就称为中段循环回流。石油精馏塔采用中段循环回流主要是从以下两点考虑的：

a. 在前面关于石油精馏塔的气液负荷分布规律的讨论中，我们已得出结论：塔内的气、液相负荷沿塔高分布是不均匀的，当只有塔顶冷回流时，气液相负荷在塔顶第一、二板之间达到最高峰。在设计精馏塔时，总是根据最大气液相负荷来确定塔径的，也就是根据第一、二板间的气液相负荷来确定塔径。实际上，对于塔的其余部位并不要求有这样大的塔径。造成气液相负荷这样分布的根本原因在于精馏塔内的独特的传热方式，即回流热由下而上逐板传递并逐板有所增加，最后全部回流热由塔顶回流取走。因此，如果在塔的中部取走一部分回流热，则其上部回流量可以减少，第一、二板之间的负荷也会相应减小，从而使全塔沿塔高的气液相负荷分布比较均匀。这样，在设计时就可以采用较小的塔径，或者对某个生产中的精馏塔，采用中段循环回流后可以提高塔的生产能力。图 9－14 显示了采用中段循环回流前后塔内气液相负荷分布的变化情况。

b. 石油精馏塔的回流热数量很大，如何合理回收利用是一个节约能量的重要问题。石油精馏塔沿塔高的温度梯度较大，从塔的中部取走的回流热的温位显然要比从塔顶取走的回流热的温位高出许多，因而是价值更高的可利用热源。

从以上两点考虑，大、中型石油精馏塔几乎都采用中段循环回流。当然，采用中段循环回流也会带来一些不利之处：中段循环回流上方塔板上的回流比相应降低，塔板效率有所下

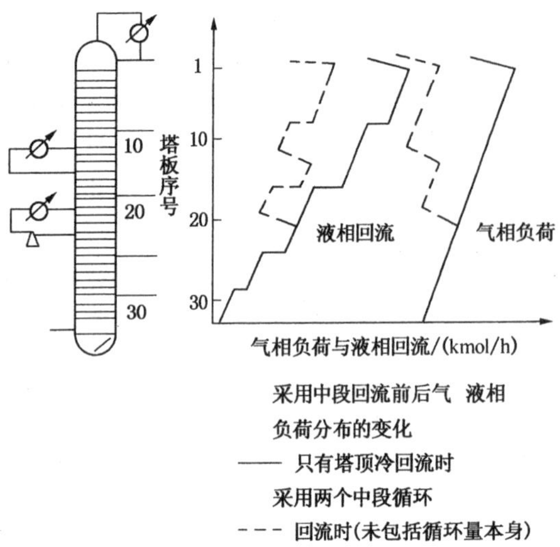

图 9 - 14　中段循环回流前后塔内气、液相负荷分布的变化图

降；中段循环回流的出入口之间要增设换热塔板，使塔板数和塔高增大；相应地增设泵和换热器，工艺流程变得复杂些等。上述的不利影响应予以注意并采取一定的措施。例如，中段回流上部回流比减小的问题，可以对中段回流的取热量适当限制，以保证塔上部的分馏精确度能满足要求。对常压塔，中段回流取热量一般以占全塔回流热的 40% ~60% 为宜。

9.3.2　初馏塔及常压塔的操作

影响塔操作的主要因素是进料温度、流量及性质、回流量、塔顶温度、塔顶压力、侧线抽出流量及温度、塔底液面、过汽化量、塔底吹汽，另外还有侧线汽提塔液位及吹汽量的变化等。同时这些因素又会相互影响、相互制约（比如初馏塔拔出率对常压塔操作的影响），操作时应当抓住主要矛盾有针对性地加以调节。

（1）进料温度、流量及性质

进料温度、流量及性质的变化会使进塔的气液相流量发生变化。这就改变了塔的三大平衡——物料平衡、热量平衡及气液相平衡。会造成进塔热量及汽化量的变化，导致塔顶及侧线抽出温度、塔顶压力及塔底液面波动。如果调节不及时，会严重影响产品质量。

当进料温度上升、进料性质变轻及处理量加大时，则塔进料的汽化量增加，进塔热量也将增加。塔顶温度、压力、侧线抽出温度上升，塔底液面波动。在这种情况下，要增大回流取热量并调节侧线抽出量来重新寻找塔的三大平衡以保证产品质量合格。调节回流取热量及侧线抽出量也就改变了塔的气液相负荷，这必须在塔板操作弹性范围之内。

当进料温度下降、进料性质变重及处理量降低时，则塔进料的汽化量降低。塔顶温度、压力、侧线抽出温度下降。在这种情况下，要降低回流取热量及侧线抽出量来重新寻找塔的三大平衡，产品质量才能合格。这时塔的中上部气液相负荷降低，调节的目的也是使在塔的操作状态不超出塔板的弹性范围的下限。

操作中必须注意影响初馏塔进料温度的特殊性。它不像常压塔及减压塔进料可以通过炉出口温度较方便的控制。它主要取决于原油性质及与初馏塔进料换热的热源。初馏塔进料温度变化的特殊性，一方面要根据初馏塔进料情况的变化及时调整初馏塔的操作，另一方面要了解整个装置的操作状态，从而了解初馏塔进料情况的变化原因，对装置操作进行调整。总之进料温度、流量及性质的变化会使整个塔的操作发生较大波动，因此，在操作中应尽量保持稳定，不能随意调节。进料状况决定了塔内气液相负荷的大小，只有在进料温度、流量及性质稳定的情况下，蒸馏塔才能处于正常的操作状态。这是蒸馏塔平稳操作的重要前提。

（2）回流量

塔内的回流是精馏的必要条件。塔内回流的作用除了提供塔板上的液相回流，造成气液两相充分接触，达到传热、传质的目的作用外，另一个重要的作用，就是取走进入塔内多余的热量，维持全塔热平衡，以控制、调节产品的质量。

回流量的调节是常压分馏操作调整的最重要的手段。回流量的变化不仅改变了塔的热量平衡和塔内的热量分布，同时也改变了塔内气液相负荷分布，影响每一块塔板上的分馏效果。

中段回流与顶循环回流及塔顶回流，共同取走常压塔的剩余热量。塔顶回流不论采取热回流还是冷回流都是控制精馏塔顶温度的重要手段，因此，顶回流量不能任意调节。否则将引起塔顶温度、压力和整个塔内气液负荷的变化。冷回流或热回流量过大，大量热量上移增加塔顶负荷，同时使塔上部气相流量过大，气流速度增加，易造成雾沫夹带，影响分馏效果。冷回流或热回流量过大会使塔顶冷凝冷却系统超负荷，造成塔顶馏出的气相不能及时冷凝，塔压显著上升。

循环回流改变了塔内气液相负荷，使塔内气液相分布趋于均匀。顶循环回流和中段回流量可以根据分馏塔气液负荷分布情况及热量情况进行调节。随着对节能工作的逐渐重视，在新装置设计及老装置改造中，都设法提高下部中段回流取热比例以利于换热回收热量，使塔顶冷凝冷却负荷降低。

采用循环回流对分馏效果有一定的影响。对中段回流入口处的塔板，由于中段回流是过冷液体，在循环回流的塔板上，主要是起换热作用及部分气相冷凝进入液相的单向传质作用，分馏效果比较差，换热段塔板的分馏效率只有普通塔板的30% ~50%。同时中段回流的上部塔板回流比相应降低，分离效果下降。

从气液相负荷分布图上可以看出，在循环回流的出入口塔板上气、液相负荷变化很大，故分馏效果也有较大的变化。分馏塔在设计时已经充分考虑了以上不利因素的影响，因此，在实际操作中只要分馏塔的负荷适宜，中段回流的适当调节对产品质量调节并无多大影响。顶循环回流可以根据塔内气液相负荷分布和热量分布情况进行调节，顶循环取热还可以适当降低塔顶冷回流或热回流量，降低塔顶冷却器的负荷，对热量的回收也较有利。

在实际生产操作中，对有中段取热的塔原则上应适当增大高温位中段回流取热量，具体增加多少，应以塔顶产品及侧线产品质量合格为前提，在调节塔顶温度时，比较灵敏且稳定，可以认为中段回流取热与塔顶回流取热比例较为合适。同时对有顶循环回流的精馏塔，在中段取热量不变的前提下，应尽量提高塔顶循环回流的取热，降低塔顶回流的取热，以提高塔顶低温位热量的回收比例。循环回流取热量小，塔顶回流流量大，塔顶分馏效果好，但塔的热量利用率低，顶循环回流流量大，对塔上部分馏效果有利，但不如多取下部高温位中段回流能更好地利用热量。一中段回流取热量过大，对常顶汽油、常一线油影响较大，产品容易变轻、收率降低，二中段回流取热量过大，将影响常压二、三线油的分馏效果。

(3) 塔顶温度

塔顶温度是塔顶产品在其本身油气分压下的露点温度。塔顶温度可以灵敏地反映塔内热平衡及塔内气液相负荷的变化。塔顶温度必须控制平稳，这对整个塔的平稳操作十分有利。塔顶温度还是控制塔顶产品馏分的主要手段。

在塔进料性质及温度不变的情况下，塔顶温度提高，塔的热量上移，中段及顶回流的取热总量降低，回流量降低，塔的液相负荷随之降低、分馏效果下降，侧线及塔顶产品干点变重，塔顶产品收率增加。

在塔进料性质及温度不变的情况下，塔顶温度降低，塔的热量下移，中段及顶回流的取热总量增加，回流量增加，塔的液相负荷随之增加，分馏效果提高，侧线及塔顶产品干点变轻，塔顶产品收率降低。

（4）塔顶压力

塔顶压力反映了整个塔的操作压力情况。由于油品汽化温度与油气分压有关，当塔内吹入蒸汽量一定时，油气分压与操作压力成正比。塔顶压力低，蒸出同样组分的油品所需的温度就低，使整个塔的操作温度下降。在进料温度不变时，塔顶压力降低，油品汽化率提高，故需要提高塔顶冷回流或塔顶回流取热量，塔内液相负荷随之上升。有利于提高产品收率，但塔顶及各侧线产品变重。塔顶压力的降低受塔顶冷凝冷却系统冷却能力的限制。

当进料温度不变时，塔顶压力升高，油品汽化率降低，塔顶及各侧线产品变轻，此时若要蒸出同样组分的油品则需要提高进料温度。当提高进料温度后会使塔的整个操作温度上升，侧线和回流抽出温度提高，有利于热量的回收；同时，塔内正常操作所需的冷回流和中段回流取热量下降，塔内气液相负荷降低，可以提高处理量。但这时分馏效果会有所下降。正常操作中由于进料温度是相对衡定的，塔顶压力提高后，拔出率将会受一定的影响。因此，在操作中要综合考虑塔压变化对各方面的影响，保持塔压稳定，一般不作轻易调整。

初馏塔的塔顶压力主要通过调节塔顶不凝气的排放量来控制。

常压塔由于塔顶不凝气量较少，通过调节塔顶不凝气的排放量来控制塔顶压力效果不明显，可以用塔顶温度来调节，如塔顶压力升高，可适当减少塔顶回流，通过提高塔顶温度及各侧线的馏出温度，改善塔顶冷却条件可使塔顶压力下降。

塔压的变化，能够比较灵敏的反映出气液相负荷的变化。因此，在操作中要密切注意塔压的指示，发现异常波动要及时查找原因并进行调节。

（5）侧线抽出流量及温度

侧线抽出温度是抽出产品在该处油气分压下的泡点温度。在进料温度一定的情况下，侧线抽出温度的高低与塔内气液相负荷的分布情况有关，而侧线抽出流量直接影响着塔内气液相负荷。

当侧线流量变化时，侧线抽出板下方的内回流变化，导致侧线抽出板位置气相温度的变化，侧线抽出板的液相温度随之发生变化，这对塔的分馏效果和侧线馏分影响较大。侧线抽出量增大则抽出温度升高；侧线抽出量减小则抽出温度降低。侧线抽出量的变化直接导致内回流量的变化，这对塔的分馏效果及侧线馏分影响较大。

（6）塔底液面

塔底液面的变化反映了塔内物料平衡的变化。而物料平衡又取决于温度流量及压力的稳定。因此，塔底液面的变化，表明有关的温度、流量或压力发生了变化。具体来说，引起塔底液位变化的主要原因有：

进料量、塔底泵抽出量变化；提降处理量或调节塔底液位时，进出塔流量没有平衡好。如进塔流量小，抽出塔的流量大，液位将下降。

进料性质变化引起塔底液位波动。例如，进料性质变轻，塔底液位下降；进料性质变重，塔底液位上升。

进料温度变化，进料温度高，进料汽化率上升，塔顶产品馏出量增加，塔底液位下降；反之，则液位升高。

塔顶压力温度高低影响塔底液位变化。塔顶温度高压力低，进料汽化率提高，多汽化的部分从精馏段拔出，使塔底液位下降；反之，则液位升高。

初馏塔液面的调节方法主要有两种：一是固定原油泵流量，通过改变初馏塔底泵的抽出量来稳定初馏塔底液面。这种调节方法常压炉出口温度波动较大，且会影响常压塔的平稳操作，但是换热温度较为稳定，有利于初馏塔的平稳操作。二是固定塔底泵流量，通过调节原油泵的流量来稳定初馏塔液面。这种调节方法常压炉的进料量稳定，炉出口温度容易控制，有利于常压塔的平稳操作。但是换热温度不太稳定，会影响初馏塔的操作。这两种调节方法各有利弊，常减压装置多采用第二种调节方法，即固定常压炉的进料量，采取初馏塔底液面和原油泵串级控制的办法通过调节进料量来调节塔底液面。毕竟常压塔侧线较多，且分馏精度相对要求较高，希望尽量减少常压塔的波动。

对常压塔及减压塔的塔底液面一般都是通过调节各自的塔底泵抽出流量来实现。

(7) 过汽化量

为使精馏段最低侧线以下的几层塔板有一定的液相回流，塔进料的汽化率要比精馏段各产品的总收率稍高，高出的部分即称为过汽化油量。保持一定的过汽化油量，可以提高精馏段下部塔板的分馏效果，保证下部侧线的产品质量。

侧线产品抽出量过大，塔进料温度过低等原因导致的塔进料汽化率过低都会导致过汽化量过低，这时为保证产品质量，应根据具体情况适当降低侧线抽出量或提高进料温度；侧线产品抽出量过低，塔进料温度过高，使不应汽化的部分汽化等原因导致的塔进料汽化率偏高，都会导致过汽化量过高，这时为保证产品质量，应根据具体情况适当提高侧线抽出量或降低进料温度。另外，塔的回流分配不当也会引起过汽化油量异常。塔压的变化也会影响过汽化油量。

在保证侧线产品质量及收率的前提下，过汽化量以尽量低些为好。

(8) 塔底吹汽

常压塔底一般都吹入一定量的过热蒸汽，一方面是为了降低分馏塔的油气分压，使油品在较低的沸点下汽化，提高油品汽化率。另一方面可以使从进料段流向塔底的液相中的轻组分重新汽化，提高油品的拔出率。塔底吹汽量的变化对塔内物料平衡和气相负荷影响很大。另外，塔底吹汽还增加了塔顶冷凝冷却系统的负荷。因此，必须保持塔底吹汽量的稳定，不轻易调整。同时还应注意保持蒸汽温度及压力的稳定。

生产中为防止蒸汽冷凝水进入塔内，所以吹入的蒸汽经加热炉加热成为过热蒸汽，温度约 380 ~ 450℃。过热蒸汽压力一般控制在(0.30 ~ 0.45)MPa 以内，因该压力比常压塔塔底吹汽处操作压力略高，且两者压差小，汽提蒸汽流量容易调节。

启用汽提蒸汽前，要放尽冷凝水，在开蒸汽阀时要缓慢，以防气速过高冲翻塔板或填料，同时注意塔内压力变化及塔底液位变化。

(9) 进料段温度

进料段温度是进料后蒸馏塔内的气相温度。进料段温度与进料线温度有一个温降，它是由进料在进料段进一步汽化吸热和与塔内过汽化油换热两方面因素共同引起的。

(10)塔底温度

塔底温度是从进料流向塔底的液体经汽提后的温度，由于部分组分的汽化，塔底温度较进料温度略低，温差的高低可一定程度上反映汽提段的分馏效果。

(11) 侧线汽提塔液位

侧线汽提塔吹入过热蒸汽汽提，目的是为了去除其中的轻馏分，从而提高该侧线的闪点、初馏点和 10% 点馏出温度。

在原油性质及常压塔进料温度未发生变化的情况下，出现汽提塔液位低，泵抽出量小、产品闪点偏低的现象，此时要检查吹入的蒸汽量是否过大，使汽提塔压力过高，如压力等于或大于分馏塔该侧线馏出口处压力时，将发生主塔不来油的现象，油品得不到汽提。

要发挥汽提塔的作用，应将汽提塔液位控制在一定高度的情况下吹入过热蒸汽。无液位轻组分没有被汽提挥发即被泵抽走，造成初馏点及闪点较低；满塔液位操作易发生携带，两者汽提都不会太好。侧线汽提量过大，主塔不来油，可采用关小吹汽阀，降低吹汽量的办法来解决。汽提塔油位装满，应控制主塔来油量控制汽提塔液位在中部。

（12）汽提塔塔底温度

汽提塔塔底温度是侧线产品经汽提塔汽提后的温度。由于侧线产品汽提时部分组分汽化吸热，故侧线汽提塔塔底温度一般比塔侧线抽出时温度低，差值的大小反映了汽提蒸汽量的大小及汽提的效果。当侧线产品用重沸器提馏时，汽提塔塔底温度为该处压力下侧线产品的泡点温度。

9.3.3 初馏塔及常压塔油品质量的调节

在常压塔的操作过程中，许多因素都会造成操作波动、同时出现油品质量偏离指标的现象。这就要求我们及时进行调节，实现操作平稳、质量合格、收率较高、能耗较低。平稳操作就是处理好装置各点的物料平衡、气液相平衡和热量平衡。质量调节的任务就是在出现不平衡的时候，及时调节使其达到平衡，并尽量做到在质量合格的前提下目的产品收率较高。

产品质量的变化，概括起来有三种情况：初馏点及闪点低、干点高和初馏点及闪点低且干点又高。常顶馏出油只会出现干点高的情况，侧线油则三种情况都有可能出现。

（1）侧线初馏点及闪点低的原因及调节

侧线初馏点及闪点低，表明油品中轻组分含量较高，造成油品闪点低及馏程中初馏点及10%点温度偏低，即通常所说的头轻。调节方法：

① 若有侧线汽提塔，可以适当提高吹入的过热蒸汽量，使油品的轻组分挥发出来，可提高闪点及初馏点。

② 提高上一侧线油品的抽出量，使该侧线的馏出温度提高，使油品中的轻组分向上一侧线转移。这种做法会使侧线干点即尾部变重，因此，采取这种调节手段必须在保证干点合格的前提下进行。

③ 适当提高塔顶温度，可以使产品闪点及初馏点提高。

（2）产品干点高的原因及调节

产品干点是由油品中的重组分含量所决定的，干点高表明油品中重组分含量增加，即馏程中90%点及干点温度偏高，也就是通常所说的尾重。调节方法：

① 侧线干点高，可降低该侧线产品抽出量，使产品变轻、干点下降，也可通过降低该侧线馏出口温度来降低产品干点。

② 降低该侧线上一侧线（或塔顶）馏出量或馏出温度，使该侧线的馏出口温度降低，进而使产品的干点降低。

③ 塔顶产品干点高，可通过降低塔顶温度或提高塔顶压力使塔顶产品干点降低。

（3）如何调节产品之间的脱空与重叠

油品在分馏塔进行分馏，目的就是为了将产品按需要将轻、重组分分离开，要求轻的产品中不含或少含重的组分，重的产品中不含或少含轻的组分。从分馏的目的来看，各产品之间最好都脱空，以表明塔的分离效率高。但脱空过多则表明物料平衡没搞好，或塔板设置过多。常压塔顶汽油与常一线之间能做到脱空，常一线与常二线之间不太容易实现脱空。考察较重质油产品时，重叠越少或产品馏程越窄越表明分离效率高。

相邻产品重叠表明分馏精度较差，要想实现产品之间的脱空，就要从提高分馏塔分馏精度入手。当塔的负荷较低时，可适当增大塔顶回流流量或顶循流量，降低一中回流流量并搞好各侧线间的物料平衡。

如下一侧线馏出温度偏高或馏出量过大，会将上一侧线尾部组分带到下一侧线头部，造成重叠。可适当降低下一侧线的馏出温度或馏出量。塔内气液相负荷过大，塔板结构形式不好，长周期运转造成塔板损坏，塔板结盐等都可能引起产品重叠。如塔内负荷过大可适当降低处理量，选择高效分离的塔板形式，停工时严把塔板检修安装质量关，确保在一个开工周期内塔板无损坏，在塔板结盐时及时清除盐垢。

（4）影响常压塔顶汽油干点的原因及调节

汽油干点受塔顶压力、温度变化，塔进料温度、进塔原料性质变化、中段回流流量及温度变化、侧线产品流量变化、塔底吹汽流量压力大小、塔顶回流是否带水及塔板结盐堵塞情况的影响。塔顶回流量过少或内回流不足，分馏效果变差，也会使汽油干点发生变化。

塔顶温度是调节汽油干点的最直接、最主要的手段。当塔顶压力升高时，要适当提高塔顶温度；塔顶压力降低时，要适当降低塔顶温度。

进塔原料变轻时，汽油干点会降低，应当适当提高塔顶温度。

中段回流流量突然下降或中段回流返塔温度突然升高，使塔中部热量上移，会使塔顶温度升高，汽油干点随之升高，应平稳中段回流流量。

常一线馏出量过大，内回流油减少，分馏效果下降，会引起汽油干点升高，应稳定常一线产品馏出量。

塔底吹汽量过大或吹汽压力过高，蒸汽速度高，塔底液面高，会携带重组分引起各侧线变重，塔顶汽油干点也会变重，应适当控制吹汽量及吹汽压力。

塔顶回流带水可引起塔顶汽油干点升高，要控制好塔顶回流罐的界位，防止回流带水。塔顶回流量过少，内回流不足，会导致汽油干点升高，应适当降低常一中、常二中回流流量或提高常一中、常二中回流返塔温度，增大塔顶回流或塔顶循环回流流量，改善塔顶的分馏效果，使塔顶汽油的干点合格。

进初馏塔原油含水量增大时，虽然塔顶压力增大，但由于大量水蒸气的存在，降低了油气分压，塔顶汽油干点也会提高，应切实做好电脱盐脱水工作。

（5）初馏塔侧线的调节

开设初馏塔侧线，能从初馏塔拔出一部分馏分打入常压塔与其馏分相近的塔板上。减轻了常压炉的热负荷，有利于处理量和常压一线油收率的提高。但初馏塔侧线油馏出量过大时时，会使重组分油馏出，严重时可造成侧线油颜色变坏，影响常压塔的正常操作，使常一线干点超标，此时应降低侧线油抽出流量。

初馏塔塔底液位过高，气相介质携带重组分油也会引起侧线油颜色变深，如果侧线抽出量没有变化应检查塔底液位是否控制在正常的位置，将过高的液位降到正常的位置油颜色即可恢复正常。

当初馏塔进料含水过大时，水汽量增大，气相负荷变大，也可能携带重组分油引起侧线油颜色变深。

原油加工量过大或操作不正常，发生冲塔都可引起侧线油颜色变深，严重时会出黑油。初馏塔侧线油送常一中段回流进入常压塔，应小心操作，否则颜色变深的油会污染常压塔侧线油，影响常压塔产品质量。若处理量过大，应降低处理量，操作不正常发生冲塔时，应立即关闭初馏塔侧线，被污染的油应改送不合格油罐。

（6）常一线如何生产窄馏分产品

常一线生产 200# 溶剂油或其他产品时，要求产品馏分较窄。例如，初馏点不低于140℃，98%点不高于200℃，产品馏程范围仅60℃左右，需要认真操作才能生产出来，主要调节方法有：

① 产品馏分窄收率低，一线馏出量不能过大，尽量提高常二线以上塔板分离效率，要适当降低常一中回流流量，为塔顶至一线之间提供充分的液相回流。

② 初馏点受塔顶温度影响，当初馏点较低，满足不了需要时，应适当提高塔顶温度。

③ 适当对常一线汽提塔吹入过热蒸汽，将轻组分汽提出去，可有效地提高初馏点。

④ 98%点受常一线抽出流量影响，出装置流量大，98%点升高，应依据98%点馏出温度控制出装置流量。

（7）喷气燃料的质量调节

有的常减压装置常一线生产喷气燃料，喷气燃料使用在飞机上，对其产品质量有严格要求，不同情况时的调节方法如下：

① 喷气燃料馏程的98%点、冰点均高。其原因是常压塔顶温度高，压力低，初馏塔顶产品干点高，常一线出装置流量大，馏出温度高。调节时应降低常一线出装置流量，降低常压塔顶温度及常一线馏出温度，稳定初馏塔，常压塔压力。

② 喷气燃料的初馏点高，干点低，冰点低。其原因是常压塔顶温度高压力低，常一线出装置流量小。调节时应降低常压塔顶温度，提高常一线抽出量，稳定常压塔顶压力。

③ 喷气燃料的初馏点低，干点高，冰点高。其原因是常一线出装置流量大，常压塔顶温度低压力高。调节时应降低常一线出装置流量，提高常压塔顶温度，稳定常一线抽出量。

④ 喷气燃料的馏程、密度与冰点控制上相互关联。例如，密度低、冰点低、干点高时，就不能采用提高常压塔顶温度和增大常一线出装置流量的做法，这样虽然会提高密度与冰点，但干点将会更高。密度低、冰点高、干点低时，也不能采用提高常压塔顶温度和降低常一线出装置流量的做法，这样可能会造成闪点不合格并且影响收率。遇到以上情况，调节时应设法从提高塔的分离效率着手。如适当降低常一、常二中段回流流量，增大塔顶回流流量；塔负荷较低或油较重的情况下，可适当增加塔底吹汽量，吹汽过大时要防止气速过大携带重组分，也可适当关小吹汽量，检查常二线馏出量及常二线汽提塔吹汽量是否过大。

⑤ 搞好再沸器的操作。增大进出口温差可以提高喷气燃料的闪点及初馏点，有利于产品质量的控制。

⑥ 设有初馏塔侧线随同常一中段回流打回常压塔的流程，若初侧油馏分过轻，则会影响常一线初馏点，使常一线初馏点变低；馏分过重，则可能会使98%点偏高。应平稳初馏塔的操作，必要时降低或停开初馏塔侧线。

（8）常三、常四线轻重柴油的质量调节

常三、常四线轻重柴油一般控制其凝点，柴油的凝点既与其馏程有关，同时还与其烃组成有关。不同性质的原油其柴油组分的凝点也不相同，石蜡基原油的直馏柴油的凝点要比环烷基原油的直馏柴油的凝点高。因此，在生产中柴油质量的调节不仅要根据其凝点变化进行调节，还要根据原油性质的不同进行调节。要了解所炼原油的性质，如柴油的凝点高低。

对于同一种原油，柴油的凝点高低主要与抽出量及抽出温度有关，在处理量不变的情况下，柴油的凝点数值大致对应一定的抽出温度。主要调节方法有：

① 凝点高，降低本侧线抽出量及抽出温度，也可适当降低上一侧线的抽出量。

② 凝点低，提高本侧线抽出量及抽出温度，也可适当提高上一侧线的抽出量。

③ 在原油性质变化时，要调节侧线抽出量和中段回流取热量，控制侧线抽出温度，从而控制凝点的大小。并注意石蜡基原油柴油凝点高时，抽出温度应低些；环烷基原油柴油凝点低时，抽出温度应高些。

9.3.4 减压塔的工艺特点

（1）减压精馏塔的一般工艺特征

对减压塔的基本要求是在尽量避免油料发生分解反应的条件下，尽可能多地拔出减压馏分油。做到这一点的关键在于提高汽化段的真空度，为了提高汽化段的真空度，除了需要有一套良好的塔顶抽真空系统外，一般还采取以下几种措施：

① 降低气体从汽化段到塔顶的流动压降。这一点主要依靠减少塔板数和降低气相通过每层塔板的压降。减压塔在很低的压力(几千帕)下操作，各组分间的相对挥发度比在常压条件下大为提高，比较容易分离；另一方面，减压馏分之间的分馏精度的要求一般比常压蒸馏的要求为低，因此，有可能采用较少的塔板而达到分离的要求。通常在减压塔的两个侧线馏分之间只设3~5块精馏塔板就能满足分离的要求。为了降低每层塔板的压降，减压塔内应采用压降较小的塔板。近年来，国内外已有不少减压塔部分地或全部用各种形式的填料以进一步降低压降。例如，在减压塔操作时，每层舌形塔板的压降约为0.2kPa(1.5mmHg)，用矩鞍环(英特洛克斯)填料时每米填料层高的压降约0.13kPa(1mmHg)，而每米填料高的分离能力约相当于1.5块理论塔板。

② 降低塔顶油气馏出管线的流动压降。为此，现代减压塔塔顶都不出产品，塔顶管线只供抽真空设备抽出不凝气之用，以减少通过塔顶馏出管线的气体量。因为减压塔顶没有产品馏出，故只采用塔顶循环回流而不采用塔顶冷回流。

③ 减压塔汽化段温度并不是常压重油在减压蒸馏系统中所经受的最高温度，此最高温的部位是在减压炉出口。为了避免油品分解，对减压炉出口温度要加以限制，在生产润滑油时不得超过398℃，在生产裂化原料时不超过400~420℃，同时在高温炉管内采用较高的油气流速以减少停留时间。如果减压炉到减压塔的转油线压降过大，则炉出口压力高，使该处的汽化率降低而造成重油在减压塔汽化段中由于热量不足而不能充分汽化，从而降低了减压塔的拔出率。降低转油线压降的办法是降低转油线中的油气流速。近年来转油线多采用低流速，在减压炉出口之后，油气先经一段不长的转油线过渡段后进入低速段，在低速段采用的流速约为35~50m/s，国内则多采用较低值。

④ 缩短渣油在减压塔内的停留时间。塔底减压渣油是最重的物料，如果在高温下停留时间过长，则其分解、缩合等反应会进行得比较显著。其结果，一方面生成较多的不凝气使减压塔的真空度下降；另一方面会造成塔内结焦。因此，减压塔底部的直径常常缩小以缩短渣油在塔内的停留时间。例如，一座直径为6.4m的减压塔，其汽提段的直径只有3.2m。此外，有的减压塔还在塔底打入急冷油以降低塔底温度，减少渣油分解、结焦的倾向。

⑤ 在减压下，油气、水蒸气、不凝气的比容大，比常压塔中油气的比容要高出十余倍。尽管减压蒸馏时允许采用比常压塔高得多(通常约两倍)的空塔线速，减压塔的直径还是很大。因此，在设计减压塔时，需要更多地考虑如何使沿塔高的气相负荷均匀以减小塔径。为此，减压塔一般采用多个中段循环回流，常常是在每两个侧线之间都设中段循环回流。这样做也有利于回收利用回流热。

⑥ 减压塔处理的油料比较重、黏度比较高，而且还可能含有一些表面活性物质。加之塔内的蒸汽速度又相当高，因此，蒸汽穿过塔板上的液层时形成泡沫的倾向比较严重。为了减少雾沫夹带，减压塔内的板间距比常压塔大。加大板间距同时也是为了减少塔板数。此外，在塔的进料段和塔顶都设计了很大的气相破沫空间，并设有破沫网等设施。

由于上述各项工艺特征，从外形来看，减压塔比常压塔显得粗而短。此外，减压塔的底座较高，塔底液面与塔底油抽出泵入口之间的高差在10m左右，这主要是为了给热油泵提供足够的灌注头。

（2）润滑油型减压塔的工艺特征

润滑油型减压塔为后续的加工过程提供润滑油料，它的分馏效果的优劣直接影响到其后的加工过程和润滑油产品的质量。从蒸馏过程本身来说，对润滑油料的质量要求主要是黏度合适、残炭值低、色度好，在一定程度上也要求馏程要窄。因此，对润滑油型减压塔的分馏精确度的要求与原油常压分馏塔差不多，故它的设计计算也与常压塔大致相同。

由于减压下馏分之间的相对挥发度较大，而且减压塔内采用较大的板间距，故两个侧线馏分之间的塔板数比常压塔少，一般3~5块塔板即能满足要求。

（3）燃料型减压塔的工艺特征

燃料型减压塔的主要任务是为催化裂化和加氢裂化提供原料。对裂化原料的质量要求主要是残炭值要尽可能低，亦即胶质、沥青质的含量要少，以免催化剂上结焦过多；同时还要求控制重金属含量，特别是镍和钒的含量以减少对催化剂的污染。至于对馏分组成的要求是不严格的。实际上，尽管燃料型减压塔设有2~3个侧线，但常常是把这些馏分又混合到一起去作裂化原料。其所以要分为少数几个侧线的原因，主要是照顾到沿塔高的负荷比较均匀。对燃料型减压塔的基本要求是在控制馏出油中的胶质、沥青质和重金属含量的前提下，尽可能提高馏出油的拔出率。为达到这个基本要求，燃料型减压塔应具有以下的特点：

① 可以大幅度地减少塔板数以降低从汽化段至塔顶的压降。

② 可以大大减少内回流量。在大部分塔段，甚至可使内回流量减少到零。这可以通过塔顶循环回流和中段循环回流做到。

③ 为了降低馏出油的残炭值和重金属含量，在汽化段上面设有洗涤段。所用的回流油可以是最下一个侧线馏出油，也可以设循环回流。为了保证最低侧线抽出板下有一定的回流量，通常应有1%~2%的过汽化度。对裂化原料要求严格时，过汽化度可高达4%。一般来说，过汽化度不要过高。

④ 由于以上的特点，燃料型减压塔的气液相负荷分布与常压塔或润滑油型减压塔有很大的不同。在燃料型减压塔内，除了汽化段上方几层塔板上有内回流以外，其余塔段里基本上没有内回流。因此，它的气液相负荷分布无须借助于热平衡和猜算而可以通过分析直接算出。

综上所述，初馏塔、常压塔、减压塔的工艺特征主要有以下不同之处：

从塔内气、液相负荷特点来看，常减压蒸馏装置的三个分馏塔有显著的不同。由于国内绝大多数原油的轻组分含量低，在初馏塔拔出数量少，因此，在初馏塔的汽提段的液相流量很大，初馏塔的塔径主要是由汽提段降液管的负荷来确定的，精馏段相应的负荷偏低，在正常操作条件下雾沫夹带量很小而且也不容易产生淹塔。常压塔全塔气、液相负荷相对比较均匀，最大气、液相负荷往往是在最下面的中段循环回流抽出板的下方，在充分利用塔内中段循环回流热源的情况下，塔上部气液相负荷往往偏低，容易产生漏液。为使全塔具有较高的操作弹性，在上部塔板可采用较小的开孔率。减压塔尤其是燃料型减压塔在精馏段自下而上负荷迅速降低，导致常一线上方必须采用缩径的方式才能正常操作，甚至在同一分馏段上部的气液相负荷也要比下部低得多。

根据以上气液相负荷变化规律的不同，在装置进行标定核算时应注意到限制每个塔最大处理能力的关键因素，即初馏塔受汽提段降液管内液体停留时间的限制；常压塔受精馏段雾沫夹带或淹塔的限制；板式减压塔取决于雾沫夹带，填料式减压塔受液泛的限制。

初馏塔、常压塔是在略高于常压的条件下操作的，压力的变化对拔出率、分离效果有影响。塔板形式的选择往往只注意有比较大的处理能力、较高的分离效率，而不着重要求塔板阻力降的大小。减压塔的操作压力对产品的拔出率以及能耗影响很大，如果要求过低的操作压力势必导致抽真空系统能耗的急剧上升，减压塔进料段的压力对馏出油的拔出率影响很大，在塔顶压力一定的前提下精馏段的阻力降越小，进料段的真空度越高减压馏出油的收率也相应增大，因此，减压塔内尽可能采用阻力降低的塔板或填料。

初馏塔、常压塔顶馏出汽油(一部分作顶回流)和水蒸气。对于减压塔为了减小塔顶馏出管线及冷凝器的阻力降提高塔顶真空度，塔顶主要排出水蒸气、不凝气以及夹带很少数量的减顶柴油外，塔顶不出产品也不设冷回流。燃料型减压塔每一精馏段实质上是一个直接冷凝器，主要作用使该抽出侧线产品被冷凝下来而对分离无明确的要求。国外开发了减压塔既无塔板也无填料作内件的空塔喷淋技术(图 9 - 15)，壳牌公司的 HVU 减压蒸馏技术，是在传热段采用空塔喷淋传热，将减压塔全塔压降降低，达到更高的拔出率。此项空塔喷淋传热技术目前也只有壳牌公司可以设计，但对减压深拔后减压炉管内可能生焦，导致危及安全生产及缩短操作周期等工程问题的解决未做深入介绍，只是壳牌公司保证减压炉在 430℃ 左右的出口温度下可连续操作 4 年以上。

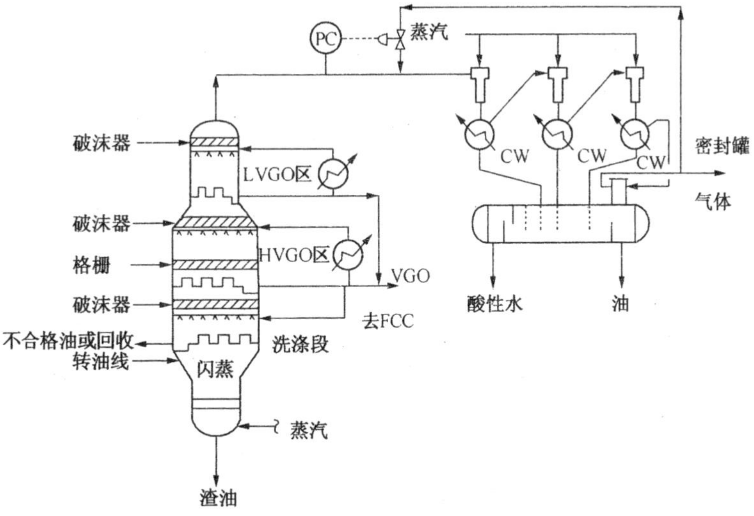

图 9 - 15　喷淋塔

9.3.5　减压塔的操作

影响减压塔正常操作的主要因素，除一些同常压塔相类似的因素以外，就是真空度，它也是减压系统操作能否正常的关键。在减压炉出口温度、减压塔进料温度、塔底汽提蒸汽量及回流量等均不变的情况下，如果真空度降低，就改变了塔内油品压力与温度平衡关系，提高了油品的饱和蒸气压，油品分压随之升高，使油品沸点升高从而降低了进料的汽化率，减压拔出率降低也就影响了总拔出率。对燃料－化工型减压塔来说，影响其平稳操作主要因素如下：

（1）塔顶真空度

影响减压塔进料汽化率的最重要参数是进料段温度及进料段真空度，塔顶真空度的高低直接影响进料段真空度也就直接影响了进料的汽化率。汽化率变化则全塔物料平衡和热平衡都产生波动。因此，塔顶真空度是影响减压塔平稳操作的最主要因素，没有一定的真空度，减压操作无从谈起。真空度越高，油品沸点越低，故重质油品在高真空度条件下可以不发生裂解而汽化。因此，在操作中设法在现有设备条件下，尽量提高进料段真空度，增加拔出率。稳定和提高真空度是减压塔操作的重点之一。

（2）进料的性质、温度及流量

进料的性质、温度及流量的变化将使塔内三大平衡——物料平衡、热量平衡及气液相平衡发生变化，整个减压塔操作将发生显著的变化，与常压塔操作相比，减压塔进料状况变化可能对塔顶真空度产生影响，真空度的波动又进一步影响减压操作。其中进料温度对塔顶真空度的影响最大。当进料温度过高时，油品裂解产生大量的不凝气，增加了抽真空器的负荷，塔内高温部位还有可能结焦，侧线残炭上升。因此，减压进料必须稳定，特别是进料温度不能过高。

（3）回流量

某一侧线回流量的变化直接影响到塔内气液相负荷和热量的分布，也将影响到该产品抽出量及残炭。减压塔回流量的调节原则是：力求使各段气液负荷和热负荷分布均匀，尽量降低塔顶负荷以降低塔内精馏段压降，提高真空度及处理量。

（4）塔顶温度

塔顶温度主要反映塔顶气相负荷及气相热量的变化，是反映塔内热量平衡变化最敏感的因素之一。塔顶温度的高低对真空度有一定的影响。塔顶温度高，抽真空系统负荷过高，对提高塔顶真空度不利。塔顶温度低，抽真空系统负荷低，有利于提高塔顶真空度，但塔顶温度控制过低，则减一线以下的负荷过高，精馏段压降增大，反而降低了汽化段的真空度，影响拔出率。并且，塔顶温度过低，一线油量小容易使一线集油箱无液位，使一线泵抽空，顶循量不稳。

（5）塔底液位

塔底液位的变化反映了塔内物料平衡的变化情况。塔底液位应控制在适当的范围内，液位过高不但增加渣油裂解量影响真空度，另一方面会造成塔内结焦；液面过低则塔底泵容易抽空。在操作中可以发现塔底液位和塔顶真空度的关系密切。这是因为：真空度的高低直接影响到进料汽化量的大小；在进料组成及进料温度发生变化时，进料汽化量的变化将影响真空度的变化，同时影响塔底液面；塔底液位高，则渣油在塔底停留时间长，裂解产生的不凝气多，将影响塔顶真空度。

（6）塔底吹汽及炉管注汽

湿式、微湿式减压蒸馏采用塔底吹汽或炉管注汽。在一定范围塔底吹汽及炉管注汽可以降低油气分压，对提高拔出率有利。塔底汽提蒸汽量过大或采用炉管注汽的注汽量过大，侧线汽提塔的汽提蒸汽量过大，吹汽量大虽然对重质油汽化有利，有利于改善产品质量，提高总拔，但吹汽量增大时，也增加了塔顶冷凝冷却器的负荷，使冷后温度上升，喷射器入口气相负荷增加，真空度下降。因此，对塔内吹入的蒸汽量不能过大，塔底吹汽及炉管注汽应在尽量保持真空度稳定的情况下进行。

9.3.6 减压系统的操作

（1）开停蒸汽喷射器操作：

开蒸汽喷射器前要先把减压塔顶各级水封罐加水，以保持水封作用，把抽真空系统各级冷却器通上冷却水，冷却器是空气冷却器的则启动风机，末级冷却器不凝气放空阀应打开，待开蒸汽喷射器后将减压系统的不凝气排出。设有增压器的暂时不开，将其副线阀门打开，全空冷系统第三级空冷和塔顶水封罐放空管线保持畅通，所有阀门要打开。

为使真空度逐渐升高先开三级喷射器蒸汽阀门，再开二级喷射器蒸汽阀门，待塔顶真空度达到80kPa(600mmHg)以上，开一级喷射器蒸汽阀门使塔内真空度达到93kPa(700mmHg)左右，有增压喷射器的再开增压器蒸汽阀门，增压喷射器工作正常后，逐步关闭增压器副线阀门。

停用蒸汽喷射器时，应先打开增压器副线阀门，然后关闭增压器蒸汽阀门，再关闭一级喷射器蒸汽阀门，依次关闭二级、三级喷射器蒸汽阀门。注意在关闭三级喷射器前，应先关闭末级冷凝器尾气放空阀，以防空气倒吸引起安全事故。

（2）减压塔气密试验操作

对减压系统进行气密试验前，必须先对其进行蒸汽试压，试压合格后才能进行气密试验。

按开蒸汽喷射器要求做好准备工作，并关闭减压塔各侧线馏出口抽出阀门、中段回流返塔阀门、汽提蒸汽进塔阀门、减压炉进料进塔阀门及塔底油抽出阀门。开始抽真空，当减压塔真空度达到96kPa(720mmHg)时，先关闭末级尾气放空阀门和水封罐顶放空阀门，再关闭蒸汽喷射器蒸汽阀门，进行气密试验24h，真空度下降小于0.5 kPa(4 mmHg)即为气密试验合格。

（3）真空试验抽不上的原因及处理

① 蒸汽喷射器的使用蒸汽压力不足，低于其设计所使用的蒸汽压力，影响喷射器的抽力。此时应及时调整蒸汽压力，使蒸汽压力稳定在喷射器设计所使用的蒸汽压力压力范围之内。

② 抽真空系统冷却器冷却水没给或水压低，使用空气冷却器的各级冷却器没启用或运转不正常，都会引起各级喷射器入口压力升高而使真空度上不来。水冷器应给上冷却水或提高水压，使用空冷器的要启用并使之运转正常。

③ 减顶油水分离罐装满，塔顶不凝气管线堵塞，使喷射器背压升高，造成真空度下降。控制油水分离罐液位在正常范围之内，不凝气去加热炉或放空管线保持畅通。

④ 减顶油水分离罐水封破坏，或减压系统设备管线泄漏，使空气进入减压系统，增加了喷射器的负荷而使真空度下降。在开工试压时应做好设备密封检查，以防止空气漏进减压系统。

⑤ 喷射器本身故障，如加工精度、组装有误，或在使用中喷嘴堵塞、脱落，都会影响喷射器的正常工作，应停止气密试验进行检查。

（4）影响减顶不凝气量异常的因素及调节方法

蒸汽喷射器的抽气量，在吸入温度相同的条件下，随不凝气成正比例增加。所以减少不凝气是减少抽气量、提高真空度的重要措施。影响减顶不凝气量的主要因素及调节方法：

① 减压炉温度。减压炉温度越高，油品的裂解程度越大。对减压炉出口温度要加以限制，在生产润滑油时不得超过398℃，在生产裂化原料时不超过400～420℃，同时在高温炉管内采用较高的油汽流速，以减少停留时间尽量避免油品裂解。

② 减压渣油的温度及在减压塔内的停留时间。塔底减压渣油是最重的物料，如果在高温下停留时间过长，则其分解、缩合等反应会进行得比较显著。结果会生成较多的不凝气使减压塔的真空度下降，因此，要防止渣油温度过高、停留时间过长。

③ 漏入空气量。对现有的运行装置来说，其漏入的空气量是不变的。因为只要减压系统设备及管线的密封状况良好，漏入的空气量就很小，且基本不变，所以它对塔顶真空度的影响不大。

(5) 蒸汽喷射器串气的原因及处理

正常使用的蒸汽喷射器抽力足响声均匀无噪声，当蒸汽喷射器工作不正常时，蒸汽喷射器会发生喘气现象，声音不均匀有较大噪声，抽力下降、真空度降低。

引起蒸汽喷射器不能正常工作发生串气的原因可能有：

① 同级几台蒸汽喷射器并联操作抽力不同，抽力高的蒸汽喷射器入口压力低，抽力低的蒸汽喷射器入口压力高，气体由高压向低压流动，产生互相撞击，会引起不均匀的串气现象。

② 冷凝冷却器冷后温度升高等原因造成蒸汽喷射器入口负荷过大，超过蒸汽喷射器设计的压缩比时，也可引起不均匀的串气现象。

③ 蒸汽喷射器末级冷却器不凝气体排空管线不畅，使蒸汽喷射器后部压力升高可引起串气现象。

(6) 真空度波动的原因及处理

保持真空度的稳定，对减压塔的平稳操作、产品质量合格、产品收率和总拔出率起着决定性的作用。真空度下降时，仪表真空度指示下降，塔底液位上升，严重时会发生中段回流泵抽空，侧线汽提塔液位下降，侧线泵抽空等现象。影响真空度下降的主要原因及处理办法有：

① 蒸汽喷射器使用的蒸汽压力不足，低于其设计所使用的蒸汽压力，影响喷射器的抽力。此时应及时调整蒸汽压力，满足喷射器要求。

② 抽真空系统冷却器冷却水温度高或水压低，使用空气冷却器的各级冷却器在外界气温升高或空冷风机电气系统跳闸时，都会引起各级喷射器入口压力升高而使真空度下降。水冷器应设法降低水温提高水压，空冷器在外界气温过高时可开喷淋水等措施，提高冷却效果，降低各级喷射器入口压力。

③ 减压炉油出口温度偏高或减压塔进料组成发生变化，轻组分油气过多，进塔汽化量增大，使塔顶冷却器因负荷大而冷后温度升高，造成真空度下降。应稳定减压炉油出口温度在操作指标范围之内，检查常压系统操作条件及产品质量控制是否异常，防止过多轻组分带到减压系统。

④ 减压塔顶温度控制过高，使塔顶气相负荷增大，进入冷却器油气量增加、冷却负荷增大、冷后温度升高，使真空度下降。可增加中段回流或顶循环回流流量，尽量降低塔顶温度。

⑤ 塔底液面过高，进塔物料大于出塔物料会使真空度下降。应找出原因并迅速降低塔底液位。

⑥ 塔底汽提蒸汽量过大或采用炉管注汽的注汽量过大，侧线有汽提塔的汽提蒸汽量过大，吹汽量大虽然对重质油汽化有利，有利于改善产品质量、提高总拔。但吹汽量增大时，也增加了塔顶冷凝冷却器的负荷，使冷后温度上升，喷射器入口气相负荷增加，真空度下降，因此，对塔内吹入的蒸汽量不能过大。

⑦ 减顶油水分离罐油装满，塔顶不凝气管线堵塞，使喷射器背压升高，造成真空度下降。控制油水分离罐液位在正常范围之内，不凝气去加热炉或经压缩机提压去脱硫系统管线保持畅通。

⑧ 减顶油水分离罐水封破坏，或减压系统设备管线泄漏，使空气进入减压系统，增加了喷射器的负荷而使真空度下降。在开工试压及气密试验时应做好设备密封检查，以防止空气漏进减压系统。

⑨ 喷射器本身故障，如加工精度、组装有误，或在使用中喷嘴堵塞、脱落，都会影响喷射器的正常工作。应与减压系统隔断或停工检查。

（7）减压塔顶温度波动的原因及处理

减压塔顶温度是控制减压塔热平衡的一个重要手段，减压塔顶温度过高时，会对减顶真空度及侧线产品质量造成影响，因此，应控制减顶温度不能过高。影响减压塔顶温度波动的主要原因及处理办法有：

① 减压塔进料温度变化，如减压炉出口温度偏高，进料汽化量增大，塔顶温度升高。应将减压炉出口温度稳定地控制在指标范围之内。

② 顶循及中段回流取热量过少，则塔顶温度升高，顶循及中段回流取热量增加，则塔顶温度降低。应依据塔顶回流量，调节好各中段回流流量，以利于减压塔塔顶温度的稳定及热量利用。

③ 减压塔进料流量或性质变化。如进料增大或进料轻组分增加，进料汽化量增大，而顶循及中段回流取热量不变，则塔顶温度上升，应适当增加中段或顶循回流量，并根据进料性质调整侧线抽出量。

④ 侧线泵长时间抽空，中段回流取热量降低，会造成减压塔顶热负荷增大，塔顶温度上升。

⑤ 塔内填料设施损坏，如填料因气速过高被吹乱，回流油过滤器或分布器部分堵塞造成回流油在填料上分配不均，导致塔内该冷凝下来的气相未冷凝下来上升至塔顶，造成塔顶温度升高。判断这些情况，均应仔细观察，分布器部分堵塞总有一个变化过程，可通过这些部位温度及压力变化去判断，发现问题应尽快处理，否则堵塞加剧将影响开工周期。

⑥ 塔底液面过高及吹汽量过大，真空度若下降，塔顶温度也会波动。应稳定塔底液面及吹汽量在合适范围之内。

（8）减顶油水分离罐的操作

减顶油水分离罐的作用，一是将喷射器抽出的冷凝物，在罐中分离成油和水，二是利用该容器的结构，使容器内产生一定高度的水面，对大气腿进行水封作用，以防空气进入抽真空系统，破坏真空度甚至产生爆炸危险。

操作中水界位的高度应特别注意控制好，界位过高时，水会通过隔板溢到分油储油罐内，造成外送减顶油带水，界位过低时会因油水来不及分离而造成排水带油或有乳化的水包油排出。控制水界位一般用仪表控制或设有破坏虹吸的倒“U”形管装置，要检查倒“U”形管顶部阀门是否打开与大气连通，真正起到破坏虹吸作用，否则倒“U”形管产生虹吸作用，会将容器内水自动放掉造成严重后果。生产中要经常检查实际的油水界位与仪表控制的是否一致，防止出现假液面。

（9）减压馏分油拔出率低的原因及调节

减压塔进料是原油中较重的组分，减压蒸馏的目的就是从较重的油中拔出相对较轻的馏分油，减压拔出的蜡油无论做加氢裂化、催化裂化原料还是做润滑油原料，都应该在满足各自规定质量的前提下，尽量提高收率。解决收率低可采取如下措施：

① 提高减压塔顶的真空度。操作中可降低减顶抽真空系统各级冷却器冷后温度，设有多台喷射器的可增开台数，对工作情况不好的喷射器比如有串气现象的应努力调整好，使其发挥最佳效能。

② 适当提高减压炉出口温度及塔底汽提蒸汽量，提高油品汽化率。但要注意提高减压炉出口温度后，炉管结焦及减压塔进料裂解的倾向性增加，汽提蒸汽量过大则会影响塔顶及汽化段的真空度，反而使减压馏分油拔出率降低。

③ 平稳操作搞好产品的分布及中段回流取热比例，控制洗涤油的量确保不低于设计下限，以防塔内局部塔板或填料压降过高，降低精馏段压降，使汽化段真空度提高，提高塔的分馏效果，使更重的组分进入馏分油从而提高产品收率。

（10）干式减压蒸馏与湿式、微湿式减压蒸馏的转换操作

湿式减压蒸馏即塔底吹入过热蒸汽，减压炉炉管处也设有注入蒸汽的减压蒸馏称湿式减压蒸馏，对减压系统任何部位不注蒸汽的称干式减压蒸馏。不少装置干式减压蒸馏是由湿式减压蒸馏改造而成，故还保留有可实现湿式减压蒸馏的措施，有时也会因干式减压蒸馏操作遇到一些麻烦，主要是干式减压蒸馏真空度较高，塔内气速较大，携带重组分的可能性增大，产品质量不够理想。为改善产品质量，降低真空度，故向塔内吹入一定量的蒸汽，使干式减压蒸馏向湿式减压蒸馏转变（吹入的蒸汽较原湿式的小即称为微湿式）。停止吹入蒸汽即恢复干式减压操作。原湿式减压蒸馏装置没有进行干式减压蒸馏的改造，或新设计建成的湿式减压蒸馏装置，若没有设置湿式措施，则不能进行转换操作。

干式转湿式减压操作：

① 向减压炉炉管注汽，注汽前要放净蒸汽冷凝水。

② 向减压塔底吹入适量蒸汽。

③ 停用减顶抽真空系统增压喷射器，将其副线阀门打开。

④ 减压炉出口温度升至湿式控制指标，并调整好操作。

湿式转干式减压操作：

① 减压炉出口温度缓慢降到干式减压蒸馏操作指标。

② 关闭减压炉炉管及塔底吹汽。

③ 启用减压塔顶抽真空系统增压喷射器，工作正常后将其副线阀门关闭。

9.3.7 减压系统的质量调节

燃料油型常减压蒸馏装置减压部分产品质量要求低，操作波动对产品质量影响较小，操作调整主要是为了满足提高拔出率的需要，当然，必要时可通过调节回流量、进料温度及塔底吹汽量等手段来进行调节。

（1）减一线馏出油凝点变重或350℃馏出偏低的原因及调节

减一线一般出柴油，要求凝点不能太高，350℃馏出不能太低。当生产蜡油时其残炭一般都能满足要求。

常压拔出率会影响其凝点及350℃馏出，常压塔最后一个侧线拔得重时，减一线油容易变重，应平稳常压塔的操作。

减压塔顶温度升高会使减一线油变重，减顶温度下降时，对减一线油影响较小。增加中段回流的取热量可使减一线油变轻、凝点下降、350℃馏出增加。

当常压系统拔出率没有明显变化时，减一线油馏出量大则凝点升高，350℃馏出降低，应根据需要稳定其馏出量。减一线集油箱下气相温度升高时减一线油会变重，填料上气相温度升高，也可能造成减一线油凝点升高，应用回流油量控制该点温度以稳定减一线油凝点及350℃馏出。

（2）减压侧线油残炭高、重金属含量高、干点高、油色较深的原因及调节：

减压侧线油残炭高、重金属含量高、干点高、油色较深一般是由塔内气相携带过大引起，故最容易引起减压侧线油残炭高、重金属含量高的是减压塔最下一个侧线油。燃料型减压塔一般为减三线，润滑油型减压塔一般为减四或减五线。

炉出口温度过高、真空度太高、侧线油拔得过多、中段回流较小、塔底液位较高等都会使减压侧线油残炭高、重金属含量高、干点高、油色较深品质变坏。应根据原因相应调节。

洗涤油泵长时间抽空或洗涤油量过少等原因，导致洗涤效果不佳也会使减压侧线油残炭高、重金属含量高、干点高、油色较深品质变坏。可适当提高洗涤油流量。

湿式减压塔塔底吹汽量过大也会引起塔内气速过大、携带情况严重，也会导致减压侧线油残炭增高、品质变坏。应适当控制塔底吹汽量。

设备本身有缺陷或设备损坏也会形成侧线油品质变坏。如液体分布器及填料安装不符合要求、进料分配器效果不理想，或塔板腐蚀穿孔增大了开空率，破沫网腐蚀或结焦堵塞造成吹翻，填料冲翻，液体分配器发生堵塞，换热器内漏等都会使产品质量变差。

（3）润滑油料馏程控制方法

润滑油型减压塔工艺参数的控制与调节在许多方面与常压塔类似，主要区别在于其在高真空下操作，真空度的高低对塔的操作影响很大。为向脱蜡装置提供较理想的蜡油，以便加快脱蜡结晶速度，保证向其提供的侧线馏分油是窄馏分。

首先要搞好减压塔的平稳操作，要在较高的真空度下，搞好各侧线的物料收率，保证塔内内回流的均匀分布，使气液相负荷均匀。对中段回流取热控制恰当的比例，当中段回流取热过多时，会使中段回流下部负荷过大，中段回流上部负荷过小，都不利于提高分馏效果。

其次稳定汽提塔的液位，并在汽提塔底吹入适当的过热蒸汽，将油品中轻组分蒸发出来，提高侧线馏出油的初馏点，使馏出油头部变重。

为保证塔内回流，在不影响真空度的情况下，可适当增大塔底吹汽量，以保证塔内有足够的回流，充分发挥塔板及填料的作用。

（4）润滑油料黏度控制方法

用油品的黏度指标控制生产减压侧线馏分油，是因为减压侧线馏分油在各后序装置加工，最终形成成品润滑油过程中，黏度自始至终是各装置加工深度的一个主要考核指标，在使用润滑油时如润滑油的黏度比、黏温性质等都是以黏度为基础，而油品黏度与油品的化学组成密切相关，因此，从减压塔生产的减压侧线馏分油也用黏度来控制。减压侧线馏分油黏度控制方法：

① 各侧线馏出量小，各中段回流量大，塔内回流油多，各侧线油黏度小；各侧线馏出量大，中段回流量小，塔内回流油少，各侧线油黏度大。

② 侧基础线馏出温度高，产品黏度高，可在一定范围内调节中段回流流量，中段回流量的调节首先要保证全塔热平衡，即全塔操作平稳为前提，改变馏出口温度主要是通过侧线馏出量来调节，馏出量大则馏出温度升高。

③ 上一侧线馏出量过大，使下层塔板内回流减少，下一组分轻组分减少，其产品黏度升高。因此，调节某一侧线馏出量时，应考虑到可能对下一侧线所产生的影响。

④ 真空度高，重质馏分才能汽化，馏出油黏度升高；真空度降低，馏出油黏度下降，为获得同样黏度的油品就必须升高馏出口温度。所以在真空度发生变化时，为获得相同黏度的侧线馏分油，馏出口温度各不相同。

⑤ 减压炉出口温度升高，塔底吹汽量增大，都会使塔内油品汽化率升高，重质馏分油汽化量增大，容易造成靠下面侧线油黏度升高。由于汽化量增大，内回流增多，使塔的分馏效果提高，塔上部侧线黏度有可能不会上升。

⑥ 有的减压塔侧线馏出口有两个，可通过改变上下馏出口位置来调节油品黏度。若黏度太大可改开上面馏出口，黏度低则改开下面馏出口。

蒸馏塔操作是常减压蒸馏装置最重要的操作环节，它对全装置平稳操作起着重要作用并影响着主要产品的质量控制，故蒸馏塔应该做到平稳操作减少波动，为此应做到：

① 稳定各塔进料、出料流量。出料流量除塔底泵抽出流量外，要注意各侧线油抽出量的变化，这些流量调节幅度要小并依据各自产品质量及收率进行调节。

② 应稳定各物料的温度，当温度有变化时应及时依据产品质量合理地调节。

③ 初馏塔、常压塔和减压塔是依次串联操作的蒸馏塔，在操作中应密切注意，前面一个塔操作不稳塔底油性质变化必然对后继塔的操作产生影响。当原油性质变化时，应先从初馏塔调整操作然后常压塔、减压塔依次进行必要的调整。

④ 在塔的操作中塔底液面稳定、汽提蒸汽量稳定是各塔稳定操作的重要条件。

⑤ 塔的操作压力发生变化时，塔顶及各侧线抽出温度也要相应发生变化，应及时予以调整保证产品质量，减压塔顶真空度对减压塔的拔出率及馏分分割影响很大，应力求保持压力稳定。

⑥ 原油含水量的变化对初馏塔影响很大，当含水量有较大变化时，应及时调整操作。

第十章　装置的开停工

装置开工包括装置首次开工和检修后开工，首次开工一般步骤：开工前的准备工作（包括：将水、电、风、汽引入装置，单体设备和工艺管线的检查，单机试运，水冲洗，仪表联运，加热炉烘炉，减压系统抽真空试验），柴油联运及试油压，柴油联运完毕后开始进原油，进入开工主要阶段。若不是首次开工，以上步骤只需要根据实际情况适当调整，节省开工时间，一般情况下单机试运及水冲洗等过程可以省略。接下来是退柴油，进原油，冷循环，加热炉点火恒温脱水，设备热紧，升温开侧线，最后是调整操作。

装置的停工主要有停工前的准备工作；降量降温、关侧线、加热炉熄火、改循环操作；退油扫线操作、吹扫、蒸洗操作等主要步骤。

10.1　装置的开工操作

10.1.1　开工前的准备工作

开工要求做到“十不”：不跑油，不冒罐，不串油，不着火，不爆炸，不超温，不超压，不损坏设备，不出不合格产品，不拖延开工时间。

10.1.1.1　开工前的准备

包括规章制度、开工方案、操作规程、工艺卡片制订完善及操作人员的培训；仪表及自保系统试验；新上的机、泵经单机试运，机泵润滑等。

10.1.1.2　开工前的检查

（1）系统的检查

检查内容：改造项目是否完成，管线有无错接，螺丝是否上紧，盲板是否拆除；仪表、压力表、真空表、温度计、热电偶、液面计是否按要求装好；防雷、防静电设施是否齐全安全可靠；消防通道是否畅通，消防器材是否备好，下水道、管沟是否畅通。

（2）塔的检查

检查内容：塔内构件是否安装好，塔内杂物是否清扫干净，安全附件如塔顶安全阀、液位计安装是否符合要求，消防通道、平台梯子是否合格，防雷防静电引线有无脱接。

（3）加热炉的检查

检查内容：保温、炉管吊架、导向管、看火窗、防爆门是否按要求安装；炉管、堵头、回弯头、回弯头箱、火嘴、长明灯、阻火器的安装质量。炉膛、风道内是否清理干净。烟道挡板、风门、风机是否试运合格；空气预热器是否检修安装好。热电偶、温度计、压力表等仪表安装完毕。

（4）冷换设备的检查

检查内容：相关各阀门，包括：进、出口阀、吹扫、放空、排污、采样阀是否安装合格；各焊口质量；基础和地脚螺丝是否安装牢固，静电接地是否符合要求；油漆、保温质量是否符合要求。

（5）机泵的检查

检查内容：相关阀门，包括进出口阀、放空、扫线、排污、预热线等阀门是否齐全好用；润滑、封油、冷却系统是否正常；压力表、温度计是否准确；各法兰螺丝是否把紧，堵头是否上紧；静电接地线、基础和地脚螺丝是否安装牢固。

（6）容器的检查

检查内容：器内残留物是否清除干净；安全附件，包括安全阀、液面计、容器顶、容器底放空阀是否按要求安装好；静电接地是否符合要求。

（7）工艺管线的检查

检查内容：管线、管件、阀门、垫片的安装是否符合工艺要求，有无错接；焊缝质量是否有缺陷；伴热管线及热力管线的热补偿措施是否符合要求；所属的单向阀、球心阀、疏水阀的安装方向；所属的压力表、温度计是否正确安装。所属的放水、放空、排污和扫线设施是否符合生产要求，所属法兰螺丝是否满帽，规格是否统一，垫片是否放正压紧；瓦斯、汽、煤、柴等管线的法兰、阀门所焊接的防静电是否漏接、松脱。

10.1.2 蒸汽贯通试压，减压塔抽真空试验

开工前，必须对新增或经检修后的设备、管线、阀门进行蒸汽贯通和蒸汽试压，一是清除设备、管线内的杂物及存水；二是考察设备、管线的制造安装质量及其严密性，以便把存在的问题在开工之前解决。

10.1.2.1 蒸汽贯通试压操作及注意事项

① 试压前先检查盲板的安装及拆除是否完成，以免影响工作。

② 通蒸汽前应先排净凝水，吹扫前应关闭仪表引线，以免损坏仪表，安全阀前的手阀关死，试完压后再打开。量程 <1.0MPa 的压力表和量程 <200℃ 的温度计要拆下，避免损坏。蒸汽不能流经流量计。

③ 先贯通后试压，先吹扫副线，后正线，冷换设备另一程必须放空，以免憋压。炉管贯通试压时应一路路分程、分段贯通。

④ 如有泄漏应立即消压处理，再贯通试压。无问题应缓慢消压，严禁带压离人。

⑤ 抽真空试验时应缓慢进行，以防吹翻塔板。真空泵必须逐台轮换启动，以检验全部真空泵是否好用，抽真空试验合格后按要求消除真空。

⑥ 对于不能试最大蒸汽压力的系统，必须装上合适的压力表作为看压表，严防超压。

10.1.2.2 减压抽真空及气密试验

（1）目的

检查抽真空系统及有关设备是否泄漏，真空泵是否满足工艺要求，同时可使操作人员进一步熟悉减压塔系统抽真空的操作。

（2）原则

开抽真空系统时先开二级，后开一级；停用时先停一级，后停二级；保证大气腿的温度不高于 40℃；气密试验时真空度下降 <0.267kPa/h，视为合格。

（3）步骤

蒸汽贯通吹扫试压后，发现有问题全部处理好即可以开始抽真空气密。

操作步骤：检查流程，减顶冷却系统给上冷却水，水封罐建立水封，打开水封罐顶及最后一级出口冷凝器出口放空阀；切断与减压塔相连的阀门。缓慢打开二级真空泵，再开启一级真空泵。当减压塔真空度达到最高值（残压最低值）时，关闭不凝气放空阀，停止抽真空，进行气密试验。

气密试验：观察真空度下降的情况，真空度下降 <0.267kPa/h，视为合格，否则，要仔细检查泄漏情况，重新气密直到合格为止；试验完毕后缓慢恢复常压，缓慢打开塔顶放空和塔底放空。

10.1.3 加热炉烘炉

10.1.3.1 烘炉的目的

通过缓慢加热除去炉体内砌筑的耐火砖及耐火材料中的水分，使耐火胶泥得到充分的烧结，以防在开工时炉温上升太快，水分汽化膨胀造成炉体胀裂或变形，甚至炉墙倒塌等设备事故。同时可以考核炉体各零部件及炉管在热状态下的性能。

10.1.3.2 烘炉的操作步骤

烘炉采用蒸汽作为介质。

（1）暖炉

加热炉检查合格后可以开始进行烘炉。首先关死风门，烟道挡板开 1/3 ~ 1/6，炉管给蒸汽暖炉，控制蒸汽量使炉膛按 6 ~ 7℃/h 升温，当温度升到 150℃时，恒温 24h，控制炉膛负压 20 ~ 60Pa。

（2）点火升温

蒸汽暖管结束后，把烟道挡板、风门调至合适位置，然后按规程点火。根据升温曲线需要适当增加火嘴数。炉膛温度以辐射出口烟气温度为准。点火后，以 7 ~ 8℃/h 升温到 320℃恒温 24h，除去结晶水，再以 10℃/h 升温到 500℃恒温 24h 烧结后，可开始以 20℃/h 的速度降至 200℃后熄火，降温（不同保温材料具体时间有所差异，应按厂家提供的烘炉曲线进行烘炉）。

（3）降温检查

关闭烟道挡板及各通风门进行焖炉，停风机，停炉管保护蒸汽和软化水。待炉膛温度降到 100℃打开人孔、烟道挡板、风门等进行自然通风冷却，瓦斯系统加好盲板后，方可入炉检查。

（4）烘炉后的检查

① 基础是否变化，内部砌砖有无裂纹，衬里有无脱落或裂纹，膨胀缝有无损失，吊挂有无弯曲，炉管有无变形，风门、烟道挡板是否灵活好用。

② 砖缝采样分析，含水在 7‰以下为合格。

③ 检查各火嘴、炉内火盆、仪表热电偶有无问题。

注意事项：

严格按升温曲线要求进行升温；保持各部分烘炉均匀，炉膛温差不超过 5℃；确保炉出口温度≯500℃。

（5）典型的烘炉升温曲线

典型烘炉升温曲线见图 10 - 1 所示。

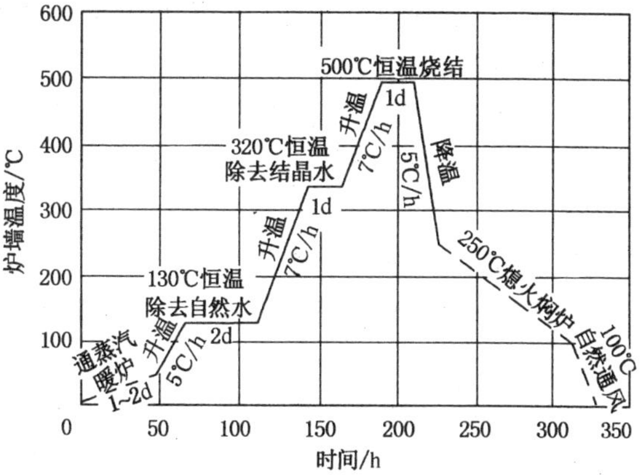

图 10 - 1 装置烘炉升温曲线

10.1.3.3 纤维可塑性炉衬的烘炉

由于纤维可塑性炉衬等各种新型炉墙的使用，烘炉处理的时间大为缩短。如某

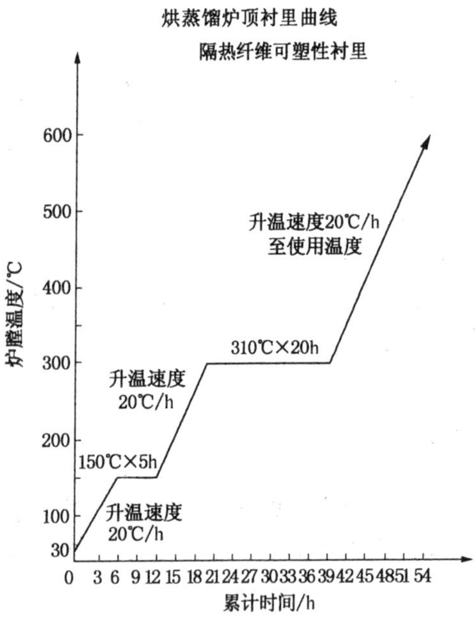

图 10－2　纤维可塑性炉衬的烘炉曲线

蒸馏装置加热炉在停工检修时为常压炉辐射室顶板贴焊，更换了纤维可塑性炉衬，在开工过程中需对常压炉进行烘炉处理，将烘炉操作放在了整个开工过程当中。开工点火后按烘炉要求进行烘炉升温，在烘炉过程中同时执行开工过程相应步骤，打破了常规的烘炉方法，整个开工过程(包括烘炉)比不进行烘炉的开工时间增加 1 天多，大大缩短了开工时间，经济效益非常明显。

烘炉操作：点火后按烘炉曲线要求进行烘炉升温(纤维可塑性炉衬的烘炉曲线图 10－2)。烘炉过程中严格按烘炉曲线升温，烘炉要求炉膛温度(10℃严格控制，对温度测量不准的，及时联系仪表处理。烘炉过程中，若炉出口温度达到开工步骤的相应温度，则在烘炉过程中同时执行开工过程相应的步骤。

烘炉过程中要随时注意炉子燃烧情况，分析、判断并作及时调整，要求炉膛各点温度偏离时要及时调整，确保温度分布均匀，每小时记录一次温度。同时需在烘炉曲线图上绘制实际烘炉曲线。

10.1.4　进退油试油压、循环操作

10.1.4.1　进油前的准备工作

① 装置必须达到四不开工条件，经有关部门检查合格。

② 联系好油罐，加强原油脱水。

③ 改好装置进退油流程。

④ 联系启用仪表，启动计量表，联系做好送电准备。

10.1.4.2　进退油

① 启动原油泵并对受油流程作详细检查，严防跑油、串油。

② 油到初馏塔时，打开塔底放空放净存水，见油就关。初馏塔底液面达 30% 左右时，启动初底泵，油到常压塔时，打开塔底放空放水，见油关阀。常压塔底液面达 30% 左右时，启动常底泵；油到减压塔时，打开塔底放空放净存水，见油就关。减压塔底液面达到 30% 时，启动减底泵，控制好三塔底液面。

③ 启动渣油泵后，退油开始，以一定的速度进退油，期间切换原油泵及各塔底泵，以赶净装置存水。装置进退油时，要加强对塔底现场液位计及塔底泵出口压力的检查，严防装油满塔。

10.1.4.3　试油压、冷循环

退油开始后，转入试油压阶段，装油时初馏塔、常压塔底应至液面计上部，减压塔至液面稍高。

试油压前，安排好“看压人、蹩压人和检查人”，开始试油压时，稳定各塔底液面，放慢进退油速度。试油压过程中重点检查全流程的法兰、垫片、阀盖、温度计等处的严密性。

试油压包括：渣油系统、常底系统、拔头油系统、电脱盐系统、原油系统。

10.1.5 点火、升温

加热炉检查合格后，按以下步骤操作。

① 改通三塔顶不凝气后路，塔顶冷却器给上冷却水，减顶水封罐给上水封。

② 对流管给上介质。

③ 吹扫瓦斯系统管线后引瓦斯进入装置，采样分析含氧量≯1.0%，合格后将瓦斯引至炉前。

④ 吹扫炉膛至烟囱见蒸汽15min，调整风门、烟道挡板开度，点燃长明灯或火嘴。

点火注意事项：

a. 长时间点不着火或点着后熄灭，应重新吹扫炉膛赶净瓦斯后重新点火。

b. 火嘴分布要均匀，做到多火嘴，短火苗。

⑤ 常压炉开始以35℃/h的速度升温，控好火苗及渣油冷却器水量，升温时要严格按升温曲线升温，升温过程中增点火嘴时应用点火枪，不准借炉膛温度点燃，以防回火。

⑥ 循环油温升至80℃时，电脱盐罐送电。

⑦ 炉出口温度达150℃时，开始恒温脱水。引燃料油循环，若初馏塔、常压塔、减压塔塔底液位偏低，可启动原油泵补油，当回流罐排水少时，则再升温至170℃进行恒温脱水。

⑧ 恒温脱水4h后，采循环油样分析水分含量，每小时分析一次，直至含水<1.0%为止。

⑨ 循环油含水<1.0%后，电脱盐改走副线，常压炉继续升温，出口温度达250℃时进行恒温，设备热紧。

⑩ 检查和打开相关流程。

10.1.6 升温开侧线，切换原油

① 设备热紧结束后，开风机，常压、减压炉改强制通风，常压炉继续以35℃/h的速度升温，初馏塔、常压塔顶达100℃(各装置视自己情况定)后，给上顶回流，注氨、缓蚀剂、碱性水。

② 控制补充蒸汽压力，打开塔底吹汽及抽真空蒸汽线各低放空点脱水。

③ 常压炉出口温度达260℃(各装置视自己情况定)时，常底给上吹汽，从上而下开侧线，切换原油，电脱盐改走正线，并注破乳剂。

④ 切换原油后，注意电脱盐罐的水位及排水情况，以防原油带水入塔，造成初底泵抽空。

⑤ 常压开侧线后，视常压汽提塔各侧线来油情况启动侧线泵，并投用各侧线液位控，视具体情况给上汽提蒸汽，在各油品采样口观察油品颜色，若油品颜色不对则改入不合格罐。

⑥ 切换原油后，常压塔从上而下启动中段回流泵，平衡全塔的气液相及热量平衡，控稳各塔底液面。

⑦ 常压操作正常，减底液面正常后，减压炉以40℃/h的速度升温，建立减顶回流，启动二级抽真空。

⑧ 减压炉出口温度达320℃(各装置视自己情况定)时炉管注汽，350℃时启动一级抽真空，减压塔给上吹汽，从上而下建立中段回流。

⑨ 从上而下开侧线。

⑩ 各侧线来油正常，操作全面平稳后电脱盐注水、塔顶瓦斯至加热炉或至轻烃回收装置。

⑪ 联系分析产品质量，按要求提量调整。

10.2 第一次开工需增加的步骤

10.2.1 机械设备的单机试运、水冲洗、仪表联运

10.2.1.1 水冲洗

（1）水冲洗的目的

① 将施工中遗留在设备、管线内的铁锈、焊渣等杂物冲洗干净，防止在运转时卡坏阀门、法兰、孔板，堵塞管线、设备和机泵。

② 检查管线、设备阀门、法兰、焊缝有无泄漏，保证管线、设备畅通。

③ 使操作人员进一步熟悉工艺流程和管线设备。

（2）水冲洗步骤及注意事项。

水冲洗前所有仪表必须安装、校对完毕；消防安全设施齐全；机泵单机试运合格；场地杂物清除，管线作好标识；炉管进料及机泵进口加过滤网，避免杂物冲进炉管。所有系统管线控制阀均拆下，仪表流量孔板拆开加上垫片，关闭仪表引线手阀和安全阀底阀。冲洗时先走副线，然后冲洗短管，待完全冲洗干净后再装上。

（3）检查标准

① 水冲洗：当排放水的透明度与入口处目测一致时，可认为冲洗合格。

② 空气吹扫：吹扫末端用白布靶板检查，无锈、杂物为合格。

③ 蒸汽吹扫：用刨光木板在排气口检查，无脏物、锈迹为合格。

（4）安全措施

① 员工必须穿戴好劳动保护用品。

② 吹扫管道排放口 5m 内不允许有人进入。

③ 蒸汽管道吹扫，人员要采用必要的防烫措施。

10.2.1.2 机械设备的单机试运

检查机泵性能和安装质量。管线设备进一步用水冲洗、清除杂物达到畅通无阻。

（1）电机单机试运

① 冲洗前，电机必须空运合格(拆除联轴器)。

② 试运前电机及供电线路全部安装完毕。

③ 检查电机后，检查电机声音，振动情况，机壳、轴承温度，电流、电压情况，并每隔 1h 检查 1 次。空运时间要求达到 4h。

④ 在规定时间内，符合下列要求为合格，可以停机：电流不超过额定值的 95%，并记录空载电流；运行正常没有异常声音，转向正确；机壳温度 <85℃，轴承温度 <60℃；振动不超过标准。

⑤ 经以上检查合格后装上联轴器，按机泵启动要求认真检查。

（2）泵的试运

离心泵的试运：

① 试运前的检查工作：

a. 检查泵与电机的同心度及对轮的找正情况；

b. 检查轴承箱内润滑油是否清洁，油位位置，液面计、压力表是否正常。

c. 检查电机的接地，开关及转向，电阻是否合格，安装是否完成。

d. 检查冷却水及封油等是否畅通。

e. 检查密封、填料的安装和泵体。

f. 盘车检查各部件，不得有卡住、撞击或其他不正常现象。

② 开泵程序：

a. 开冷却水调节合适水量、稍开压力表引线阀。

b. 开泵进口阀和低点放空阀。

c. 用输送液(水)将泵体灌满，关死放空阀。

d. 按电机启动电钮，当电机启动达正常转速后，如果压力不上时，应停泵进行检查。压力上来后，应慢慢打开出口阀调节流量。在泵出口阀关死的情况下，泵连续工作不得超过3min。

③ 注意事项：

运行时泵流量只准用出口阀调节，禁止用泵进口阀调节。泵送流量不应小于额定流量的25%。泵出口有调节阀时，运行时泵的出口阀应全开。运行时防电机电流超高。

④ 停泵：

a. 关出口阀；

b. 停电；

c. 关进口阀；

d. 关压力表；

e. 关冷却水。

⑤ 试运标准：

a. 轴承温度不大于70℃，润滑油系统工作正常。

b. 泵出口压力和流量达到设计最高数量时，电动机不超过额定电流。

c. 泵体、电动机无异常声音，振动值符合规定要求。

d. 泵体不发热。

e. 电动机温升不超过60℃。

往复泵的试运：

① 试运前的准备工作。检查泵体各部件安装质量，把紧全部螺栓；测量拉杆与盘根压盖之间间隙，装上合格的盘根，并分层压实；往注油器装上润滑油，拆开油管通道各注油点接头，用手转动注油器，各注油管应均匀。将蒸汽在进口阀前脱水，打开排凝考克阀，放尽汽缸内存水。改好待输送介质的流程(包括泵进、出口，并确保畅通)。打开汽缸出口排汽阀。

② 开泵程序：

a. 开蒸汽进口阀进行暖缸，直到排凝考克阀全部排汽为止；

b. 打开泵进出口阀门，引蒸汽启动泵，进行试运；

c. 检查压力表是否灵敏，并进行调节。

泵启动后，细心检查运行中有无撞缸，格兰有无松动，如经检查良好，则继续慢慢打开阀门，直至活塞行程次数达到铭牌规定。确认活塞无撞击现象，开始以慢速、中速及快速检查活塞前后均匀性，必要时调整配汽机构。

③ 停泵。关泵蒸汽进口阀，停止转动；关泵的进口阀及压力表阀；放尽泵缸内的存水。

计量泵的试运：

① 试运前的准备工作。检查泵与电机的同心度及对轮的找正、压力表、电机的接地、开关，转向；泵体各部件安装；传动机构箱体内加入润滑油。转动联轴器，使泵运转两个往复以上，检查有否影响运转的障碍。排出、吸入管路的阀门应全开。检查压力表是否好用，并打开泵回流阀。

② 开泵程序：

a. 打开泵进出口阀门及进出口连通阀。

b. 冲程调至最低。

c. 启动电机进行试运，逐步关闭连通阀，检查压力是否正常。

d. 调整冲程。

③ 停泵：

a. 切断电机电源。

b. 关闭进出口阀。

注意事项：

a. 单机试运必须在泵进口管线冲洗干净后进行。

b. 泵入口应安装过滤网，在水联运结束后拆下。

c. 开泵前泵体应充满介质，禁止在无介质情况下空运。

d. 单机试运中应进行泵的最大流量、最大扬程试验，防止超负荷或抽空。

e. 机泵应在满载流量和额定电流下连续运行 8h 以上。

10.2.1.3 仪表校验

(1) 联运必备的条件

① 联合冷运是为了进一步考查生产流程的畅通情况和存在问题，进一步考验机泵的运转性能和水、电、汽、风等系统配合的可靠性能，同时，在运转过程中，通过考核有关电气仪表的准确性和灵活性，核定各参数间的平衡关系。

② 联合冷运是在单机试运，设备及管线冲洗，试水压合格之后进行。

③ 冲水冷循环。

(2) 水冷循环注意事项

① 在循环过程中，各岗位应仔细检查所属的管线和设备，发现问题应及时处理。以保证水循环顺利进行、并作好记录。

② 当仪表有关管线冲洗试压合格后，配合仪表车间启动有关电气仪表来控制流量及平衡参数。

③ 按要求控制循环水量。

④ 循环时，各塔底液面保持在中上部。

⑤ 在循环过程中，各泵应轮流切换。调节各泵流量时，应注意避免电机超负荷；检查流量指示表和液面指示表是否灵敏。

⑥ 在循环过程中，当检查设备管线没有什么问题，并又能正常转动 48h，停止冷循环。

⑦ 利用三塔顶回流泵继续往塔内装水，直到塔顶人孔有水溢出后，再把各侧线、回流线逐条投入联运，考核各设备、仪表的可靠性。各条冲洗线要正常运转 24h，才能停泵，然后拆除各泵及有关设备入口的过滤网。

⑧ 水冷循环停止后，由低处放净管线及设备中存水，放水时注意打开各设备顶部放空

阀。水冷循环流程待冲洗、单机试运完毕，试好水压后紧接着水冷循环。

水冷循环的流程参照蒸汽试压流程。

10.2.2 柴油油运

10.2.2.1 目的

① 脱净循环系统管线及设备内的存水，为装置开工打下基础。

② 进一步考验在热油状态下设备、机泵、仪表等是否好用。

③ 利用柴油渗透能力强的特点，代替原油对装置循环系统运行试油压，考验焊缝和静密点是否渗漏。

④ 通过油运，使操作人员进一步掌握装置循环及加热炉的操作。

10.2.2.2 油运的注意事项

① 进油前必须详细检查改好循环系统流程。进油时必须做到油到哪里，人到哪里。

② 油运中各机泵、设备、三塔连通线均要充油赶水。各塔底泵轮换使用，循环系统所有换热器副线开关一遍。

③ 进油前打开各塔的安全阀手阀并加好铅封。

④ 进柴油前，在柴油界区阀前、塔底泵出口给蒸汽，沿进油流程赶管线内空气，至塔顶放空。

⑤ 装置闭路循环，循环量按装置实际情况而定，平衡好三塔液面，指示与 DCS 指示是否相符。

⑥ 装置进柴油油运时，要防止初底液面投自控造成渣油系统憋压。

⑦ 加热炉引瓦斯点火，必须严格按规程执行。

10.2.2.3 引柴油建立循环

① 改好循环流程，联系柴油进装置。

② 按进油流程进油。

10.2.2.4 试油压、冷循环

① 装置闭路循环稳定后，打开三塔连通线，开始试油压。试油压包括：

渣油系统、原油系统、初底系统试压、常底系统试压。

② 试油压注意事项

a. 必须逐步提压，升压后检查，严禁一次升压至试压标准。

b. 严禁关死试压阀造成设备超压，做好记录。

c. 试压完毕要缓慢消压。

③ 冷循环：含水分析合格后，开始循环。

10.2.2.5 装置点火升温热循环

装置试油压无问题或处理完问题后，控制好装置循环量，平衡好三塔液面，准备引瓦斯点火。

① 炉对流管引入介质。

② 改好循环水流程，引循环水进装置。

③ 严格按照引瓦斯点火规程引瓦斯点火，常压炉出口温度按 35℃/h 升至 130℃后恒温 6h，注意控制好升温速度，然后再升至 150℃恒温，循环期间各塔底泵轮换使用。

④ 各侧线和中段回流按实际流程进行油运。

10.3 装置正常停工操作

10.3.1 停工前的准备工作

① 停工前回炼完污油，按计划收配好氨、碱、缓蚀剂和破乳剂，以免浪费和影响环保。

② 联系安排好各种油品的去向。

③ 准备好停工需用工具，含油污水管道清理畅通，落实好各项安全措施。

④ 扫通装置循环线，渣油冷却器走正线，开足水量。

10.3.2 降量、降温

① 内操按要求降量，降量过程中常、减压各侧线压轻出装置，注意减压炉进料调节阀后压力，及时调整炉管注汽量。及时调整炉温，严防超温。注氨、注缓蚀剂、注碱性水适当减少；降量过程中要注意调节各冷却器的冷后温度。

② 降量达到降温条件，停止降量，炉子以40℃/h 的速度开始降温。逐个停油嘴并向炉膛吹扫，联系油品改罐。

③ 电脱盐停注水、停注破乳化剂。

④ 常压炉出口温度约300℃，减压炉出口温度340℃时，炉子改自然通风，停风机，停炉管注汽。

10.3.3 熄火、关侧线、改循环操作

① 常压炉出口温度 <260℃时，常压炉熄火，各油嘴改倒吹。

② 关常压塔底吹汽及汽提蒸汽。

③ 常压塔从下而上关侧线，侧线泵抽空后停泵，关侧线冷却水，并放净存水。

④ 塔顶温度 <80℃时停塔顶冷回流，停各注液；关侧线后停打中段回流和顶循环回流。

⑤ 减压炉出口温度 <280℃时，减压炉熄火，停燃料油并吹扫燃料油线。

⑥ 破真空，将蒸汽改放空。

⑦ 停原油泵，装置改闭路循环，吹扫渣油出装置阀后管线。

⑧ 减压塔从下而上关侧线，尽可能压轻，使减压侧线油尽量变轻，冷却器放净存水。关所有冷却器循环水进出口阀。

⑨ 关侧线后当塔顶温度不高时，停打中段回流和顶回流，停各注液。

⑩ 停无盐水泵，打开各蒸汽发生器底无盐水排污阀放空。

10.3.4 装置改循环、退油

① 装置循环至减压塔底温度不大于140℃时停循环。开始退油，尽量降低减压塔底液面，保持初馏塔、常压塔液面在工艺指标范围内。

② 电脱盐罐排水，罐内压力回零后打开顶放空阀，用泵将罐内存油退出装置。

③ 关瓦斯界区阀，吹扫瓦斯线。

④ 各塔改好蒸塔流程，准备蒸塔。

10.3.5 吹扫及蒸洗操作

10.3.5.1 停工处理的原则及要求

① 扫线原则：先重后轻，先长后短，先难后易，先正后副，前后依次，不得错漏，汽、煤、柴、油线先水顶后扫线。

② 汽油、液态烃管线及流程经过的设备，先水顶后吹扫，扫通后再吹扫时间不小于8h。瓦斯线给汽扫通后再扫时间不小于8h。液态烃线往瓦斯管网消压后用蒸汽吹扫，吹扫时间不少于12h，瓦斯线用蒸汽吹扫时间不少于12h。

③ 冲洗及吹扫时水量及蒸汽量要按要求给。

④ 扫线蒸汽压力应大于被吹管线的压力，用蒸汽吹扫前，应将设备或管线的存水放净。小于1.0MPa的压力表和真空表引压阀要关死，小于250℃的温度计要取出或更换。

⑤ 扫线时要联系罐区注意罐液位，防止冒罐、窜罐事故。

⑥ 对固定管板式冷却器一般用水顶净即可；必须进行蒸汽吹扫时，应将吹扫线系统的蒸汽压力降至最低，严防憋压，以免产生较大温差而损坏设备。

⑦ 控制阀、泵体要吹扫干净。备用泵及停用设备一起吹扫。

⑧ 吹扫冷换设备的管程和壳程时，必须打开另一程管线的阀门，严防憋压，同时冷却水必须在扫线之前放净。

⑨ 扫净冲洗油线。

⑩ 连接线、死角均要吹扫，难扫的死角要反复吹扫。吹扫系统的管线时，如果有很多分支线，应每条分支线分别进行，不要同时吹扫，以免蒸汽压力不足扫不干净。

⑪ 蒸汽扫线时，流量计走副线，以免损坏流量计。

⑫ 吹扫是否干净以排空不见油为标准。

⑬ 蒸塔时塔底不存液面。水温不小于90℃。各容器吹扫时间不小于24h，塔的蒸气吹扫时间不能小于60h。

⑭ 各塔、容器打开人孔后，注意防止FeS自燃。

10.3.5.2 FeS钝化

化学清洗的目的：近年来，随着原油重质化，炼油企业加工高硫和含硫原油逐年增多，各种设备和工艺管线均有不同程度的硫化亚铁生成。在静设备(塔、容器等)的高温或高硫介质部位生成的硫化亚铁不断沉积，在装置检修期间，由于这些部位沉积的硫化亚铁很难在蒸塔及水洗过程中水解或冲走。当打开塔或容器时，残余的硫化亚铁接触空气后，迅速氧化、自燃，产生大量的热量，引起烧毁设备和火灾的事故时有发生，成为安全检修和设备安全的极大隐患。为了有效地防止硫化亚铁自燃，保证炼油厂的安全检修，消除硫化亚铁的危害，在检修过程中必须对塔或容器进行硫化亚铁钝化，保证检修期的安全。

硫化亚铁钝化原理：硫化亚铁具有较强的活性和螯合能力，基于这一机理，钝化剂主要由螯合剂加上水解促进剂及表面活性剂、缓蚀剂等组成。可以氧化腐蚀产物硫化亚铁，使其生成可溶于水的铁盐以及硫酸盐。

化学清洗方案：根据各装置具体情况而定。

第十一章　仪表与自动化

11.1　仪表基本知识

11.1.1　压力、流量、温度、液面测量仪表

炼厂常用仪表从功能上分为：测量仪表、显示仪表、调节仪表和辅助仪表等。

在炼油生产过程中，为了有效地进行生产操作和优化控制，需要对工艺生产过程中的压力、温度、流量、液位、物质成分等基本工艺参数进行自动测量、自动调节。

用来自动保持工艺生产中的压力、温度、流量、液位、物质成分等基本工艺参数在规定值上的控制过程称为自动调节。

用于常减压装置的测量仪表：温度测量仪表、压力测量仪表、流量测量仪表、液位测量仪表等。

工业上测温的基本原理：应用热膨胀原理测温，如玻璃管液体温度计、双金属温度计；应用定容下压力随温度变化的原理测温，如压力表式温度计；利用导体或半导体的电阻值与本身温度成一定函数关系的原理测温，如热电阻式温度计。其中，热电偶温度计结构简单、使用方便、测温准确可靠，便于远传、自动记录和集中控制，普遍应用在炼油生产中。为了提高测温精度，一般都要采用补偿导线，并把冷端置于温度较恒定的操作室，进行冷端补偿。

压力测量仪表常见有弹簧管压力表、膜盒压力表、电动与气动压力变送器、法兰压力变送器等几种。其中，弹簧管压力表最常见，主要利用单圈或多圈圆弧型弹簧管，在压力作用下发生位移，其位移的变化量和被侧压力成正比的原理进行测量，这种压力表结构简单使用可靠，有足够精确度，但需要增加附加装置才能实现压力的记录、远传、信号报警和自动控制等。

常用于测量流量的仪表有孔板流量计、差压流量计、椭圆转子流量计、靶式流量计、质量流量计等。其中，孔板流量计是利用节流的原理，应用较广，但精度不高。质量流量计是利用脉冲原理，精度最高，但价格较高。

液位测量仪表主要有玻璃板液面计、浮筒浮球液面计、差压液面计等。

浮筒式液面变送器可进行连续测量，就地式远传指示便于与单元组合仪表配套，适用于各种密度和操作压力的场合，也可用于真空系统，界面测量和换热器液面测量，但量程比较小(一般小于2m)不适用于液面量程大、介质腐蚀性太强、高温、高黏度、易凝固的场合。

一般差压变送器测量精度比较高，反应速度快、量程宽，可进行连续测量和远传指示。且被测差压与输出信号呈线性关系，所以应用的比较多。

双法兰差压变送器除具有单法兰变送器的特点外，还适用于液位波动比较大的场合，它的正、负压室与法兰之间的毛细管都充满硅油，变送器与被测介质之间严格隔离。

任何测量过程都存在测量误差，所谓测量误差就是测量值与真实值之间的差值。它可分为系统误差、疏忽误差、偶然误差等，表征测量元件性能优劣的主要参数有：仪表测量准确度等级、精确度、恒定度、灵敏度、反应时间等。

11.1.2 显示仪表

凡能将生产过程中各种参数进行指示、记录或累积的仪表，统称为显示仪表(或称为二次仪表)。

显示仪表一般都装在控制室的仪表盘上。它和各种变送单元配套合用连续地显示或记录生产过程中各参数的变化情况。它又可与调节单元配套使用，对生产过程中的各参数进行自动调节和显示。

随着生产的发展，按照能源来分：可分为电动显示仪表与气动显示仪表；按照显示的方式来分：可分为模拟式、数字式和图象显示三种。

11.1.3 仪表气源、电源

(1) 仪表气源

仪表所用气源(净化压缩空气)压力一般为0.5~0.7MPa，气源中的油雾和水是气动仪表的主要威胁，所以，气源不得有油滴、油蒸气、含油量不得大于15μg/g。为防止气动仪表恒节流孔或射流元件堵塞、防止气源中的冷凝水使设备及管路生锈、结冰，造成供气管路堵塞或冻裂，要求除去气源中20μm以上的尘粒，气源露点低于仪表使用地区的极端最低温度。

(2) 仪表电源

仪表用电源有不间断交流电源(UPS)和工厂用市电交流电源两种。

通常情况下，不影响安全生产的记录、指示仪、在线分析仪表等，允许采用工厂用市电交流电源。而控制仪表、多点数字显示仪表、闪光报警器、自动保护系统以及DCS等控制及安全保护系统都宜采用不间断交流电源(UPS)。

交流不间断电源规格：单相220V、50Hz正弦波。

采用电动仪表的重要工艺装置(单元)，如停电会造成重大经济损失或安全事故的都应配置仪表后备电源，备用时间大于15min。

11.2 PID介绍和气动机构

在生产过程中，必然要受到各种干扰因素的影响，使工艺参数偏离所希望的数值。为了实现高产优质和保证生产安全地进行，必须对生产过程进行控制。自动控制系统就是采用一系列自动化装置，自动地排除各种干扰因素对生产工艺参数的影响，使它们始终保持在规定的数值上或按一定的规律变化。

11.2.1 自动控制系统基本知识

(1) 自动控制系统的组成

在控制流程图中，一般用小圆圈表示某些自动化装置。圈内写有两位(或三位)字母，第一位字母表示被测变量，后继字母表示仪表的功能，常用被测变量和仪表功能的字母代号见表11-1。

表11-1 常用被测变量和仪表功能的字母代号

字母	第一位字母		后继字母
	被测变量	修饰词	功能
A	分析		报警
C	电导率		控制(调节)
D	密度	差	

续表

字　母	第一位字母		后继字母
	被测变量	修饰词	功能
E	电压		检测元件
F	流量	比(分数)	
I	电流		指示
K	时间或时间程序		自动－手动操作器
L	物位		
M	水分或湿度		
P	压力或真空		
Q	数量或件数	积分、累积	积分、累积
R	放射性		记录或打印
S	速度或频率	安全	开关、联锁
T	温度		传送
V	黏度		阀、挡板、百叶窗
W	力		套管
Y	供选用		继动器或计算器
Z	位置		驱动、执行或未分类的终端执行机构

注：“供选用”的字母(例如表中Y)，指的是在个别设计中反复使用，而本表内未列入含意的字母。使用时字母含意需在具体工程的序曲计图例中作出规定，第一位字母是一种含意，而作为后继字母，则为另一种含意。

例如：PIC表示压力指示调节。

(2) 自动控制系统的方块图

为了能更清楚地表示出一个自动控制系统各个组成环节之间的相互影响和信号联系，便于对系统进行分析研究，往往将表示各环节的方块根据信号流的关系排列与连接起来，组成自动控制系统的方块图，如图11－1所示。

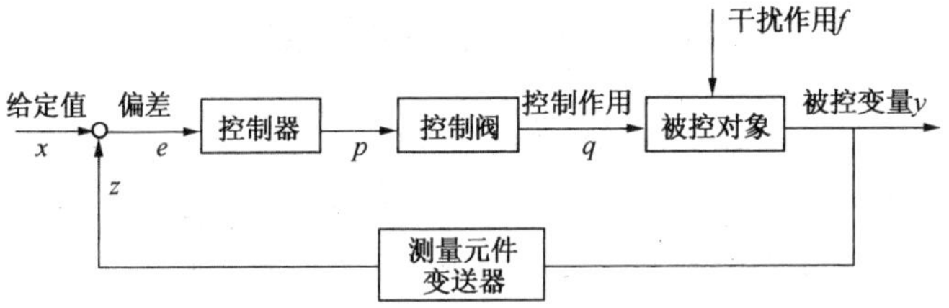

图11－1　自动控制系统的方块图

(3) 反馈

自动控制系统之所以是一个闭环系统，是由于反馈的存在。由图11－1可以看出，系统的输出变量是被控变量，但是它经过测量元件和变送器后，又返回到系统的输入端，与给定值进行比较。这种把系统(或环节)的输出信号，直接或经过一些环节重新返回到输入端的做法叫做反馈。

(4) 自动控制系统的分类

自动控制系统有多种分类方法，可以按被控变量分类，如温度、压力、流量、液位等控制系统。也可以按控制器具有的控制规律分类，如比例、比例积分、比例微分、比例积分微分等自动控制系统。在分析自动控制系统特性时，经常遇到的是将控制系统，按照工艺过程需要控制的被控变量数值(即给定值)是否变化和如何变化来分类，这样可以将自动控制系统分为三类，即定值控制系统、随动控制系统和程序控制系统。见图 11－2 所示。

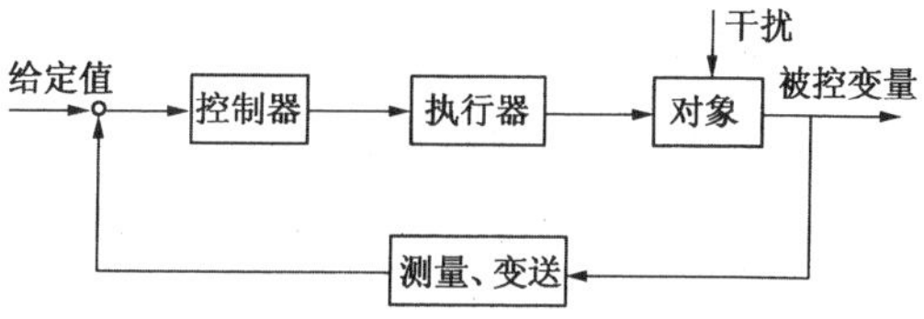

图 11－2　控制系统方块图

11.2.2　基本调节作用

在蒸馏生产过程中，对于生产装置的压力、流量、液位、温度等参数，常要求维持在一定的数值上或按一定的规律变化，以满足生产要求。如果是人工调节，操作者根据参数测量值和规定的参数值相比较的结果，决定开大或减小某个阀门以维持参数在规定的数值。如果是自动调节，可以在检测的基础上，再应用调节仪表(常称为调节器)和执行器来代替人工操作。

(1)调节器的基本调节规律

调节器的形式虽然很多，但从调节规律上看基本调节规律只有有限的几种，它们都是长期生产实践的总结。

调节器的基本调节规律有位式调节、比例调节、积分调节、微分调节及其组合，如比例积分、比例微分、比例积分微分。

① 比例式调节器。比例式调节器是最基本的调节器，它的输出信号变化量与输入信号(设定值与测量值之差即偏差)在一定范围内成比例关系，该调节器能较快地克服干扰，使系统重新稳定下来。但当系统负荷改变时，不能把被调参数调到设定值从而产生残余偏差。

② 比例积分调节器。比例积分调节器（PI 调节器)的输出既有随输入偏差成比例的比例作用，又有偏差不为零输出一直要变化到极限值的积分作用，且这两种作用的方向一致。所以，该调节器既能较快地克服干扰，使系统重新稳定，又能在系统负荷改变时将被调参数调到设定值，从而消除余差。

③ 比例积分微分调节器。应用比例积分微分调节器(PID 调节器)，当干扰一出现，微分作用先输出一个与输入变化速度成比例的信号，叠加比例积分的输出上，用以克服系统的滞后，缩短过渡时间，提高调节品质。

一般调节器的比例度(P)在 0～500%，比例度是放大倍数的倒数，比例度愈小比例作用愈强。

积分时间(I)一般为 0.01～25min，积分时间与纠正偏差的速度有关，积分时间愈小，积分作用愈强。

微分时间(D)一般为 0.04～10min，微分时间与测量参数的变化速度有关，微分时间愈小，微分作用愈弱。

通过调整调节器的这三个可变参数，使被调参数在受到干扰作用后能以一定的变化规律回复到给定值。

(2) 调节仪表的正、反作用

调节器的正、反作用是指调节器的输入信号(偏差)与输出信号变化方向的关系。

当被调参数测量值减去设定值(即偏差)大于零时，对应的调节器的输出信号增加，则该调节器为正作用调节器，如调节器输出的信号减小，则该调节器为反作用调节器。

11.2.3　自动调节系统

(1) 简单调节系统

自动调节系统最常见、应用最广泛的是简单调节系统，简单调节系统是由对象、元件、调节器和调节阀组成的单回路调节系统，它是单回路定值调节。

（2）复杂调节系统

为了适应新工艺的要求，在简单调节系统的基础上又发展了如串级、比值、均匀、前馈、分程等复杂调节系统。

11.2.4 自动调节器的选用及参数整定

（1）调节系统的过渡过程及基本形式

一般说来，自动控制系统在干扰作用下的过渡过程有几种基本形式。

① 非周期衰减过渡过程。被控变量在给定值的某一侧作缓慢变化，没有来回波动，最后稳定在某一数值上。这种过渡过程形式为非周期衰减过渡过程。

② 衰减振荡过程。被控变量上下波动，但幅度逐渐减小，最后稳定在某一数值上。这种过渡过程的形式为衰减振荡过程。

③ 等幅振荡过程。被控变量在给定值附近来回波动，且波动幅度保持不变。这种形式的过渡过程为等幅振荡过程。

④ 发散振荡过程。被控变量来回波动，且波动幅值逐渐变大，即偏离给定值越来越远。这种形式的过渡过程为发散振荡过程。

（2）被调参数的选择

在设计一个调节系统时，首先遇到的就是被调参数的选择问题。应该从工艺生产过程对自动调节的要求出发，合理选择被调参数，大量的调节系统是定值调节，其被调参数可以根据工艺操作的要求直接选定。对于控制产品质量的调节系统，其被调参数最好是能直接代表产品质量指标的参数，例如，油品的初馏点、干点、闪点、黏度、密度等。但是，有时直接代表产品质量指标的参数无法选取，或因在线质量分析仪表滞后过大，无法实现自动调节时，就往往选取与质量指标有单值对应关系的间接参数。例如，精馏塔在固定压力的情况下，选取某一塔盘温度作为被调参数，即可得到合格的塔顶或塔底产品。然而间接参数有时不能全面代表产品质量。

（3）调节参数的选择

在自动调节系统中，把用来克服干扰对被调参数的影响，实现调节作用的参数称为调节参数。最常见的调节参数是流量。此外，也有以转速、电压等作为调节参数的。一般地说，调节参数指的就是调节介质的流量。

（4）调节器的选型

各种调节器对调节质量的影响归纳如下：

① 当对象调节通道和测量元件的时间常数较大，纯滞后很小，应用微分作用可以获得相当良好的效果。这时，各类调节器对调节质量的影响，以比例积分微分作用、比例微分作用为最好，比例作用其次，比例积分作用最差。

② 当对象调节通道和测量元件的时间常数较小，纯滞后较大，应用微分作用不可能得到很多好处。

③ 当对象调节通道时间常数较小，系统负荷变化较大时，为消除其他干扰引起的余差，应采用积分作用。例如，蒸馏装置中流量调节系统经常采用比例积分作用就是这个道理。

④ 当对象调节通道时间常数较小，而负荷变化很快，这时微分作用和积分作用都要引起振荡，对调节质量的影响很大。如果对象调节通道的时间常数很小，采用反微分作用可以收到良好的效果。

⑤ 如果对调节通道滞后很大，负荷变化也很大，这时，简单调节系统无法满足要求，

只好选择更复杂的调节系统来进一步加强抗干扰能力，满足工艺生产的要求。

（5）自动调节器参数工程整定方法

所谓调节器参数的整定，就是按照已定的调节议案求取使调节质量最好时的调节器参数值。具体来说，就是确定最合适的调节器比例度、积分时间和微分时间。整定的方法很多，最常用的方法有：

① 临界比例度法；

② 衰减曲线法；

③ 经验凑试法。

11.2.5 气动执行机构

随着控制技术的高速发展，气动仪表和电动仪表已被先进的 DCS 集散控制系统所取代而淘汰，但目前一般执行机构仍是气动操作，特别在蒸馏仪表中，执行机构仍为气动操作，因此，气动仪表在蒸馏装置仍有不可取代的优势。

（1）气动执行机构的组成

气动执行器一般是由气动执行机构和控制阀两部分组成，根据需要还可以配上阀门定位器和手轮机构等附件。

（2）气动执行机构的分类

气动执行机构主要有簿膜式与活塞式两种。其次还有长行程执行机构与滚筒膜片执行机构等。

作用方式分为正作用式与反作用式两类，如图 11－3、图 11－4 所示。当信号压力增大时，推杆向下移动的叫正作用执行机构。当信号压力增大时，推杆向上移动的叫反作用执行机构。正作用执行机构的信号压力是通入波纹膜片上方的薄膜气室；而反作用执行机构的信号压力是通入波纹膜片下方的簿膜气室。通过更换个别零件，两者便能互相改装。

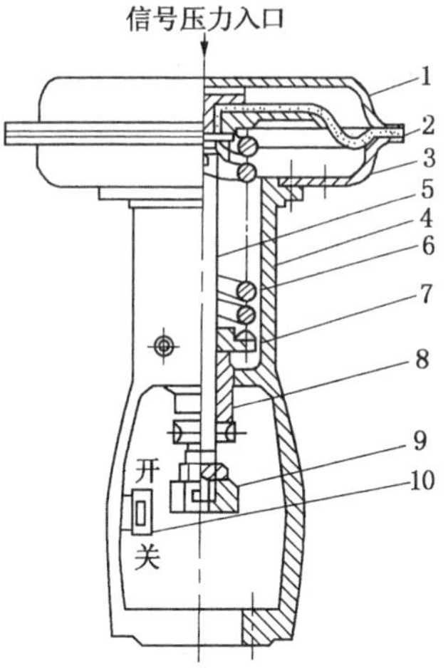

图 11－3　正作用式气动薄膜执行机构

1—上膜盖；2—波纹膜片；3—下膜盖；4—支架；5—推杆；6—弹簧；7—弹簧座；8—调节件；9—连接阀杆螺母；10—行程标尺

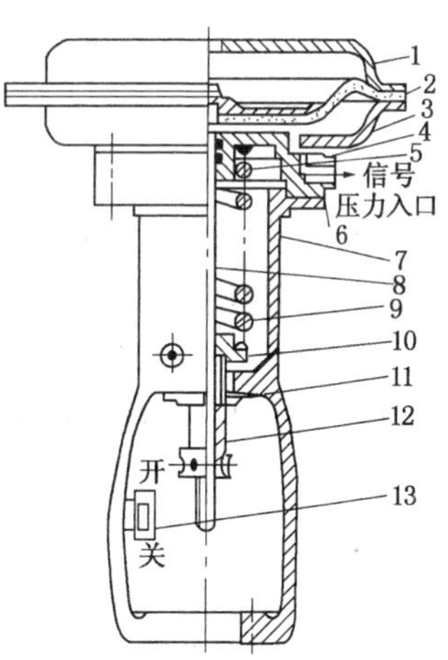

图 11－4　反作用式气动薄膜执行机构

1—上膜盖；2—波纹膜片；3—下膜盖；4—密封膜片；5—密封环；6—填块；7—支架；8—推杆；9—弹簧；10—弹簧座；11—衬套；12—调节件；13—行程标尺

活塞式执行机构在结构上是无弹簧的汽缸活塞式，允许操作压力为 0.5MPa，且无弹簧抵消推力，故具有很大的输出力，适用于高静压、高压差、大口径的场合。长行程执行机构由于采用了平衡原理和杠杆放大机构，因而提高了精度与灵敏度，用于需要大转矩的蝶阀、风门、挡板等场合。滚筒膜片执行机构是专门与偏心旋转控制阀配用的。

(3) 控制阀的分类

控制阀是按信号压力的大小，通过改变阀芯行程来改变阀的阻力系数，以达到调节流量的目的。

根据不同的使用要求，控制阀的结构有很多种类，如直通单座阀、直通双座阀、角型阀、高压阀、隔膜阀、阀体分离阀、蝶阀、球阀、凸轮挠曲阀、笼式阀、三通阀、小流量阀与超高压阀等。

调节阀按其能源方式不同，主要分为气动调节阀、电动调节阀、液动调节阀三类。这三类阀的差别在于所配的执行机构上，三者的执行机构分别是气动执行机构，电动执行机构和液动执行机构、使用最多最广的是气动调节阀。

常用的气动调节阀及其特点如下：

① 直通单座调节阀。由于单座阀只有一个阀芯，容易保证密封。因此泄漏量小。

正由于只有一个阀芯，所以介质对阀芯产生的不平衡力大，故单座阀不宜用于压降大的场合。

因只有一个阀孔，故流量系数比双座阀小。

阀体流路较复杂，故不适用于高黏度悬浮液、含固体颗粒等易沉淀、易堵塞的场合使用。

② 直通双座调节阀。双座阀有两个阀芯，流体作用在两个阀芯上，不平衡力相互抵消了许多。因此不平衡力小，许用压差可较大。

由于是两个阀孔，流通面积比单座阀大。所以流量系数比单座阀大。

由于加工时可能存在的误差，故关闭时阀芯与阀座的两个密封面不能同时密封，造成泄漏量比单座阀大。

阀体流路较复杂，不适用于高黏度悬浮液、含固体颗粒等易沉淀、易堵塞的场合使用。

③ 角形调节阀。角形阀流路简单，阻力小，适用于高黏度悬浮液，含固体颗粒等易沉淀、易堵塞的场合。

④ 笼形阀(套筒阀)。阀内组件采用压力平衡式结构，所以，可用较小的执行机构就能适用于高差压和快速响应的节流场合。

阀芯位于套筒里，并以套筒为导向，所以，具有防振耐磨的特点。

拆卸方便，阀内组件的检修和更换也很方便。如需改变阀的流通能力，只更换套筒，而不必更换阀芯。

使用寿命长。

噪音低。

⑤ 偏心旋转阀。偏心旋转阀又称凸轮挠曲阀，采用偏心的阀芯旋转来调节和切断介质。具有泄漏量小，许用压差大，可调范围大、体积小、流量系数大和流路简单等特点。适用于含有固体悬浮物和高黏度的流体。

⑥ 蝶形阀。由于蝶阀结构简单、阻力系数小，适用于大口径、大流量和低差压的场合。

⑦ 三通调节阀。三通调节阀有三个出入口与管道相连，按作用方式分为合流和分流两种。适用于热交换器的温度控制系统中，具有调节精度高、调节性能好的特点。一台三通阀可以代替两台单(或双)座调节阀，不仅可以节省投资，而且空间体积也小。

⑧ 精小型(CV3000) 系列调节阀。这是一种在调节阀结构上重大改进的新产品，具有三个突出的特点：流量系数提高30%；高度降低30%；重量减轻30%。

阀的类型有套筒阀、单座阀，小流量调节阀等。

(4) 控制阀的选择。气动簿膜控制阀选用正确与否很重要。选用控制阀时，一般要根据被调介质的特点(温度、压力、腐蚀性、黏度等)、控制要求、安装地点等因素，参考各种类型控制阀的特点合理地选用。

具体选用时，一般应考虑下列几个主要方面的问题。

① 控制阀结构与特性的选择。控制阀的结构形式主要根据工艺条件，如温度、压力及介质的物理、化学特性(如腐蚀性、黏度等)来选择。例如，强腐蚀介质可采用隔膜阀，高温介质可选用带翅形散热片的结构形式。

控制阀的结构形式确定以后，还需确定控制阀的流量特性(即阀芯的形状)。一般是先按控制系统的特点来选择阀的流量特性，然后再考虑工艺配管情况来选择相应的理想流量特性。使控制阀安装在具体的管道系统中，畸变后的工作流量特性能满足控制系统对它的要求。目前使用比较多的是等百分比流量特性。

② 气开式与气关式的选择。气动执行器有气开式与气关式两种形式，气压信号增加时，阀关小；气压信号减小时阀开大的为气关式。反之，为气开式。气动执行器的气开式或气关式由执行机构的正、反作用及控制阀的正反作用来确定。

控制阀的气开、气关形式的选择主要从工艺生产上的安全要求出发。考虑原则是：万一输入到气动执行器的气压信号由于某种原因(例如，气源故障、堵塞、泄漏等)而中断时，应保证设备和操作人员的安全。如果阀处于打开位置时危害性小，则应选用气关式，以便气源系统发生故障，气源中断时阀门能自动打开，保证安全。反之阀处于关闭时危害性小，则应选用气开阀。例如，加热炉燃料上的调节阀一定要选用气开阀。这是从炉子安全操作角度考虑。当装置动力中断时，燃料阀会因气源中断而关闭，切断燃料，以免烧坏炉管造成事故。

加热炉的进料流量调节阀要用气关式，这是为了保证装置的安全。选用气关式，当装置动力中断时，调节阀处于全开的状态，防止原料中断、炉管过热烧坏。

11.3 集散控制系统

实时工业控制计算机系统的发展非常迅速，到目前为止，如果按它的硬件体系结构来分，主要有三大体系，分别适应各种不同工业现场的要求。

第一类体系是一种结构和功能都比较固定和简单的专用控制计算机系统。这类产品中有代表性的有可编程逻辑控制器(PLC)、可编程调节器(单回路数字调节器)。这类产品的主要特点是：硬件结构比较固定、简单、体积很小，一般可装在一个金属外壳内形如一块普通的调节仪表，用户可将它直接安装在仪表盘上，连上现场信号便完成了硬件配置；它们的软件编程比较简单，一般可根据需要由用户使用专用的语言(例 POT 语言)自己编程，使用者编制程序实际上是完成功能模块的组态工作。这类产品有的采用8位机来实现，而更多的则是采用单片机系统来实现。

第二类比较流行的体系是总线结构的工业控制计算机。利用这类计算机可以完成工业过程的监测和控制任务。现在比较常用的总线结构有 STD、PC(PC/AT)、VME 和 MULTIBUS 系统。它有一块带有一排或两排连接器，并将连接器的插针连入总线信号通路的印刷电路板，称为总线底板。而为了完成各种任务(或功能)的功能模块是通过插件板插入总线底板的连接器。这样就可以开发出功能较强、适用范围较广的各种计算机应用系统。

总线结构的计算机控制系统，由于总线结构属于开放式结构，设计灵活，模块的选择也很方便，支持软件也较丰富，因此，可以很方便地组合集成一个实用的工业控制系统。但是由于总线的长度有限，使得一个总线结构系统最多可以采集和控制的输入、输出(I/O)点数一般不超过300～400点。而且所有的现场信号都必须全部引入计算机框。因此，对于一个大型的系统，例如，一个大的化工生产过程要采集和控制上千个点，现场信号又离得非常远时，这种单个总线结构系统是不能满足的。

另外，由于总线结构的计算机控制系统，所有功能全集中在一个总线结构的计算机上完成，这样，一旦计算机出现故障，所有的系统功能都受到影响，这就是所谓的“危险集中”。特别对于生产安全要求很严格的连续化生产过程，这个缺点是不能令人忽视的。所以，总线结构的计算机控制系统一般适用于集中式的小规模生产装置。

第三类结构体系就是20世纪70年代初期才开始发展起来的分布式控制系统(Distributed Control System)，简称DCS。这种结构体系实际上就是通过网络将若干个总线结构的系统连接起来。

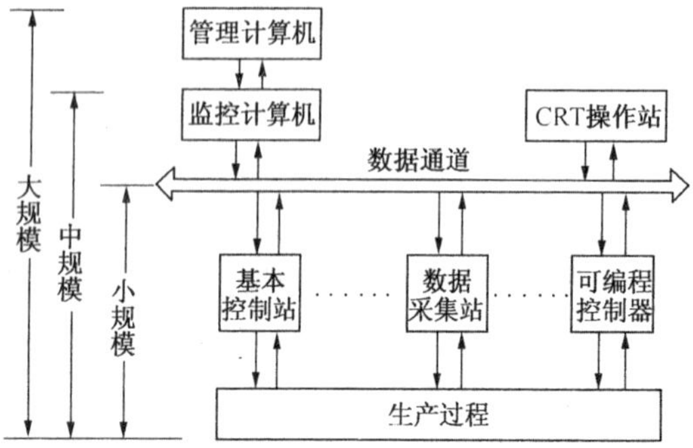

图11－5　集团控制系统的组成示意图

11.3.1　集散控制系统的基本构成

集散控制系统的品种繁多，但其基本结构是类同的，图11－5所示是集散控制系统的基本组成示意图。它主要由基本控制站、数据采集站、CRT操作站、上位计算机和数据通道组成。从结构上来看，它是一种典型的分级分布式控制结构。大规模的系统，上位计算机除执行监控职能外，还有更上一层的管理或调度计算机。小规模的系统可不带上位计算机和CRT操作站。

系统既具有集中的特点，又具有分散的特点。集中的特点主要体现在上位计算机和CRT操作站上，通过它们可以实现管理、操作和显示三方面的集中。分散的特点主要体现在基本控制站上，通过它们可以实现功能、负荷和危险性三方面的分散。

11.3.2　操作站的功能

下面就各部分的功能作一简单介绍。

(1) 基本控制站

基本控制器是集散系统中最基本的控制单元。它可以与操作面板配合组成最小规模的控制系统，这种控制系统可以代替模拟式控制器的工作，控制回路可有2～64个。它还可以直挂在高速数据通道上，组成更大规模的控制系统。

基本控制站采用功能模块组件组装式的总线结构。其控制算法有7～212种，除进行基本的PID控制外，还可以进行位式控制、串级控制、选择性控制等。此外，基本控制站还可以进行位式控制、串级控制、选择性控制、逻辑控制等。

为了提高可靠性，基本控制站一般都有冗余配置，主设备与备用设备之比(备分比)一般为1∶1～1～8∶1。

(2) 数据采集站

数据采集站又称为过程输入输出接口，它是为过程中的非控变量专门设置的数据采集系统。它不但能完成现场数据的采集及预处理，而且还能对实时数据进一步加工处理，供CRT操作站显示和打印，实现开环集中监视。它要求采集系统的容量大、采样速率高，能适用于不同类型的过程变量和各种工艺条件。为了减轻通信系统的负担，一般采用"非正常情况报告的传送方式，由接口单元自身对采集的数据进行预处理和存储。

(3) CRT 操作站

作为集散系统的人-机接口装置，CRT操作站一般配有高分辨率、大屏幕的彩色CRT、操作者键盘、工程师键盘、打印机、硬拷贝机和大容量存储器。操作站除了执行对过程的监控操作外，系统的组态、编程也可在操作站上进行。为了使操作直观方便，CRT除了有一套标准画面的选择性显示外，一般还有动态流程图显示功能。操作站还有打印输出的功能，可以完成部分的生产管理工作，如打印各种日报表、报警表和CRT屏幕拷贝，以及提供特种打印服务。

(4) 高速数据通道

集散系统的特征之一是系统中采用多处理机结构，这就使各处理机之间的联系特别是上位计算机与各基本控制站的处理机之间的数据传送变得十分重要。为了使各处理机之间的数据能够合理传送，必须将通信系统构成一定的网络，并遵循一定的通信方式才能实现。根据DCS的覆盖范围和管理条件，在DCS中常用的网络结构属于局部网络的形式。所谓网络结构是指连在通信网络上的各个站(或节点)之间的互连方式。现有的局部网络结构形式主要有星形、环形和总线形等。

① 星型网络结构。这种结构形式如图11-6所示，形状如星形，又称放射式的结构形式。在这种结构中，每个从站都与一个中心控制站(主站)相连，而且站与站之间的通信都要向中心控制站提出请求，然后经中心站把源站和目的站连接起来，实行点对点式的通信。这种结构比较简单，但还是基于集中式控制的思想，由中心站负责全部信息的协调和传输。因此，通信速率不高，而中心站的可靠性直接影响整个系统的可靠性，故应用较少，只在一些小型系统中被采用。

② 环型网络结构。这种结构形式如图11-7所示，网的首尾相连成环形(或称回路式)。这种网络是通过一组转发器(中继器)使信息的传送由始发站依次经过诸站，最后又回到始发站。上位机、操作站的一些信息也可以同时在环型通路中传输。这种结构的突出优点是结构简单、成本较低、控制逻辑简单，挂接或摘除容易，是DCS中应用较广泛的一种网络形式。但是，这种网络由于数据在整个网上顺序传输，因此，任何一个转发器的损坏或任何两个转发器之间的数据通道出现故障时，都会影响整个系统的工作。所以必须采取必要的冗余措施。

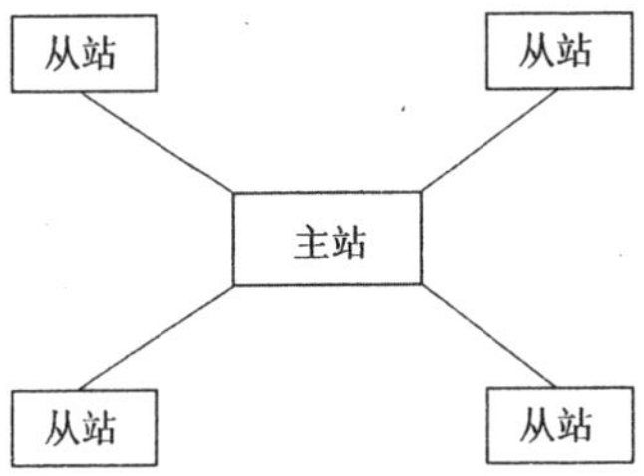

图11-6 星型网络结构

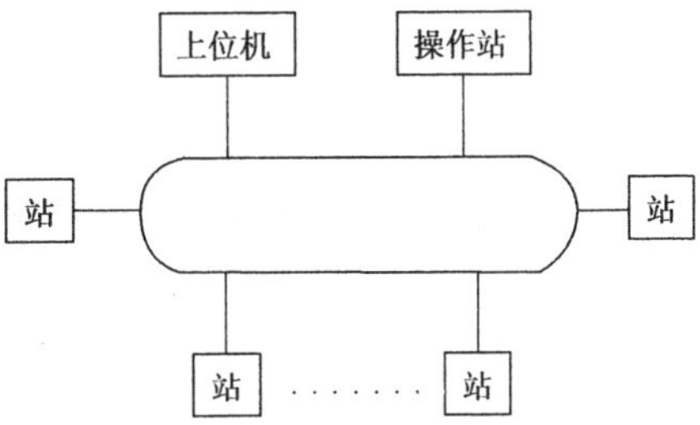

图11-7 环型网络结构

③ 总线型网络结构。这种结构形式如图 11 - 8 所示，所有的站都通过合适的硬件接口直接连按到一条总线上。任何一个站的发送都通过数据通道传播，并能被所有其他的站接收。这种形式的结构简单，系统扩展方便，可大可小，易设置备用部件。系统的可靠性高，如某个处理设备发生故障，不会威胁整个系统，而可降级使用，继续工作。因此，这种结构是目前应用最为广泛的网络形式。在比较大的 DCS 中，为了发挥上述几种网络结构各自的优点，提高可用性，常将几种网络结构合理地组合运用于一个系统中，形成组合型的网络结构。

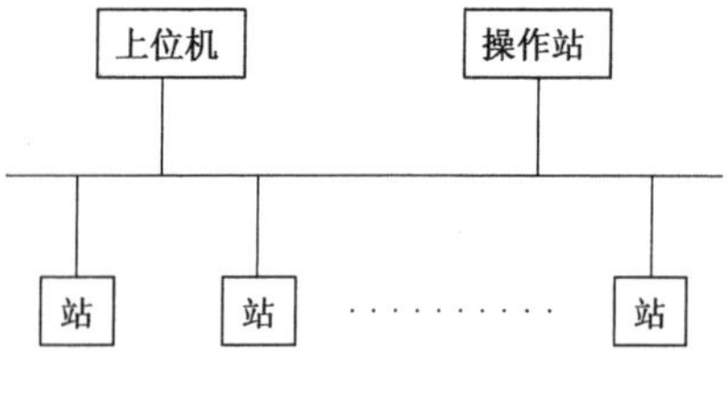

图 11 - 8　总线型网络结构

（5）管理计算机

大规模的 DCS，应配置功能强、速度快、存储容量大的管理计算机。它应包括能使用高级语言或过程控制语言的主机、硬盘存储器、输入输出和打印机等外围设备，以及系统软件、操作键盘和 CRT 显示屏等。管理计算机通过专用的通信接口与系统相连，执行工厂的集中管理和实现最优控制、顺序控制以及软件开发的特殊功能，实现控制和管理的一体化。

11.4　装置重要控制回路

常减压装置的控制调节相对比较简单，常用的控制调节方案有：单回路 PID 调节，如常压塔侧线流量调节；串级调节回路，如塔顶温度与塔顶冷回流的调节，加热炉出口总温与炉膛温度的调节等；自动连锁控制，如加热炉烟道挡板连锁控制系统。下面所列是常减压装置典型的控制回路。

（1）电脱盐系统控制回路

原油在蒸馏前必须先脱盐、脱水。其目的是降低换热器或常压炉的热负荷和压力降，以稳定操作并减轻对设备的腐蚀。

电脱盐就是在高压电场作用下，使原油中带盐的水滴聚集成大水滴而沉降在罐的下部。然后通过界位调节将水排出。

为了达到以上要求，在电脱盐系统中设置如下控制回路：

① 温度调节。至电脱盐的原油温度要求在 110℃左右，为了保证此温度。原油进装置后先进行换热，一般在最后一组换热系统中设温度控制系统。如图 11 - 9 所示。

② 注水流量调节。为了将原油所含的盐充分脱除，必须根据原油量注入一定比例的水，增加水滴的密度使水滴更易聚结，注水还可以溶解悬浮在原油中的盐，使之与水脱除。注水量是调节电脱盐操作的重要手段之一，注水采用流量调节，调节阀采用气开式。

③ 混合差压调节。原油和水均采用流量调节，然后汇合一起通过混合阀，混合阀的作用是将水和原油充分混合，使盐与水充分接触溶于水中。混合阀一般采用笼型调节阀或 V 型球阀，此阀的开度根据它前后的压差进行调节，调节阀选用气关式。

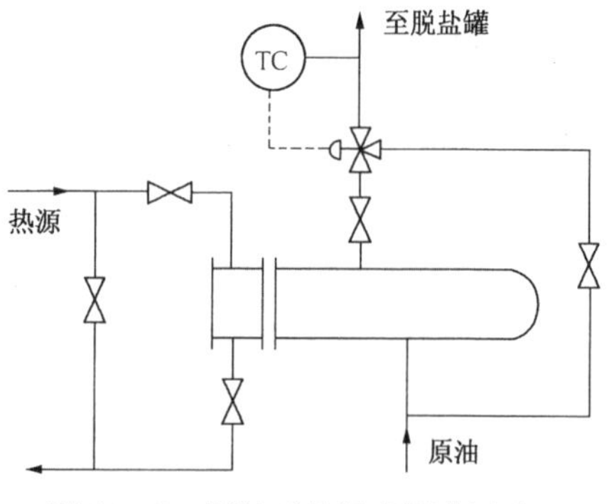

图 11 - 9　原油系统温度调节回路

④ 油水界位调节。混合后的原油和水进入脱盐罐，

脱盐罐在高压电场的作用下，原油中带盐的小水滴聚集成大水滴而沉降在罐下面。由于水与油密度的不同，在罐中上面是油，下面是水。为了防止将水带进加热炉，或放水时将油放跑，在罐中必须采用油水界位调节。

原油较黏，在罐中易形成一部分油水乳化液，除了加破乳剂外，仪表的选型也成为关键，这里介绍两种较好的一次仪表。

a. 微差压变送器。这种仪表安装时要注意变送器上、下取压口必须分别在油、水层内，不得在乳化层。差压变送器与下取压口应在同一水平线。变送器不需要配三阀组，也不安装平衡阀，但引压管要带隔离器，灌隔离液（甘油－水溶液或乙二醇水溶液等）隔离。并且要求保温伴热。

b. 气动内浮筒测量仪表。采用气动内浮筒测量界位时，要求采用低比重的规格。规格为比重差范围0.05～0.2，放水阀用气开式。

（2）常压塔系统典型控制回路

常压塔顶由于对产品质量有较高的要求，塔顶要求分馏出合格的汽油馏分，通常有下列两种控制回路。

① 常压塔分馏出汽油馏分，为保汽油的质量（干点等），通常都在常压塔顶设置塔顶温度－回流流量串级调节系统，如图11－10所示，以克服回流方面的干扰。

② 内回流调节。塔顶采用空冷器时，外回流液温度往往波动较大。为保证塔的稳定操作，可考虑内回流控制（图11－11）。

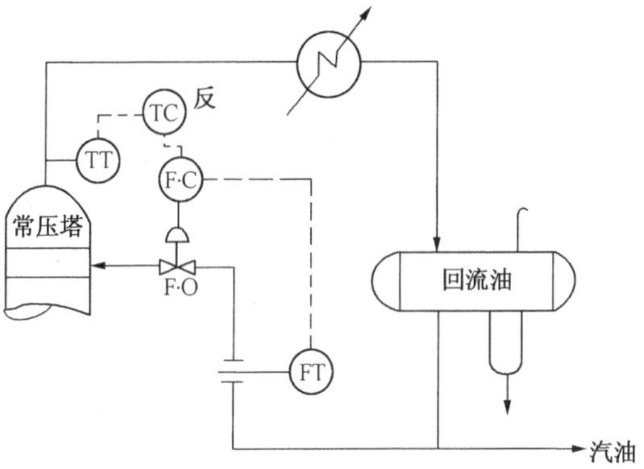

图11－10　常顶温度－回流量串级控制

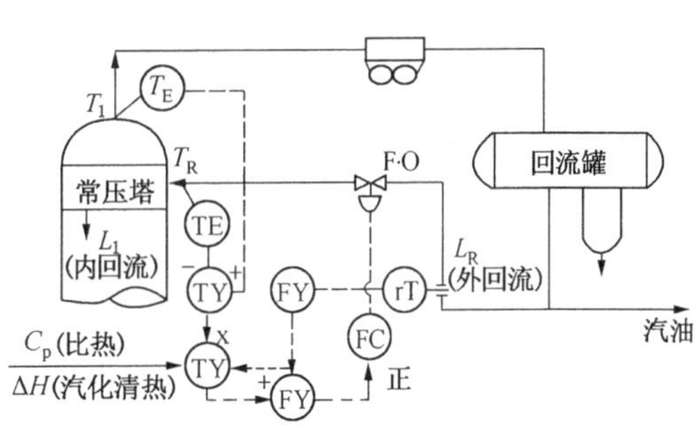

图11－11　常顶的内回流控制

③ 常压塔侧线抽出量及侧线产品质量控制。常压塔侧线产品的抽出均要通过常压汽提塔汽提，以保产品的质量。侧线产品的抽出量是根据对产品质量的要求来控制的。不同的产品结构，其质量要求及控制指标也不一样，但原理大体相同，具体如图11－12所示，图中AT表示各类油品在线质量分析仪表，如干点、闪点、凝点等。

对多线出料的常压塔，为提高侧线产品的质量及收率，减少各侧线质量控制（抽出量控制）之间的相互干扰，可考虑用各侧线流量解耦，原油流量前馈及各侧线质量反馈的控制系统（见图11－13）。

④ 常压塔中段回流取热控制回路：

a. 传统的控制方案是采用中段回流流量控制，加上回流返塔进口处的气相温度调节换热器三通调节阀。如图11－14所示。

b. 常压塔中部取热负荷调节，这个方案采用中段回流换热器取走的热量来改变中段回流流量，如图 11－15 所示。

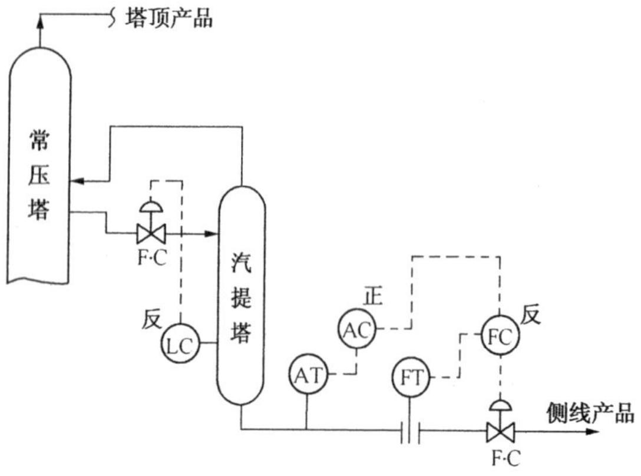

图 11－12　常压塔侧线抽出量及侧线产品质量控制

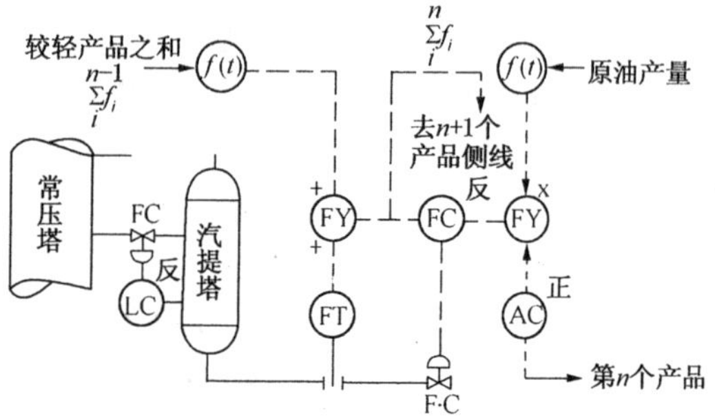

图 11－13　常压侧线产品质量控制图

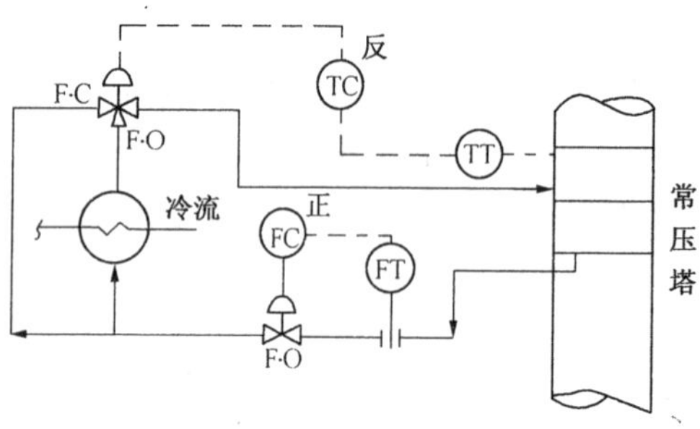

图 11－14　传统的常压中段回流取热控制方案

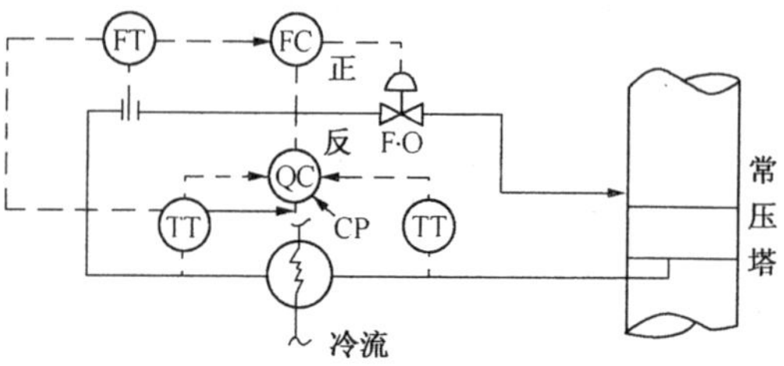

图 11－15　中段回流取热调节常压塔中部热负荷

热值调节器(QC)的给定值是根据塔内各段负荷计算得出的理论取热值，这样即可保证塔内各段的分离效果，又可取出更多的热量。

这个方案根据

$$Q = C_{\mathrm{P}} \cdot F \cdot \Delta t$$

式中　Q——热量 单位为，kJ/h；

C_{P}——比热容，kJ/℃ · kg；

Δt——换热器前后温差,℃；

F——回流量，kg/h。

⑤ 常压塔底液位及减压炉进料流量控制回路。为保持常压塔底液位在一定范围内波动，又要保证减压炉进料流量的稳定。设计一般采用液位与流量组成的均匀串级调节系统(图 11－16)。在此系统中，允许液面在一定范围内变化，而保持流量相对稳定和变化平缓，以减缓进料变化对减压炉温度控制和减压塔平稳操作的影响。

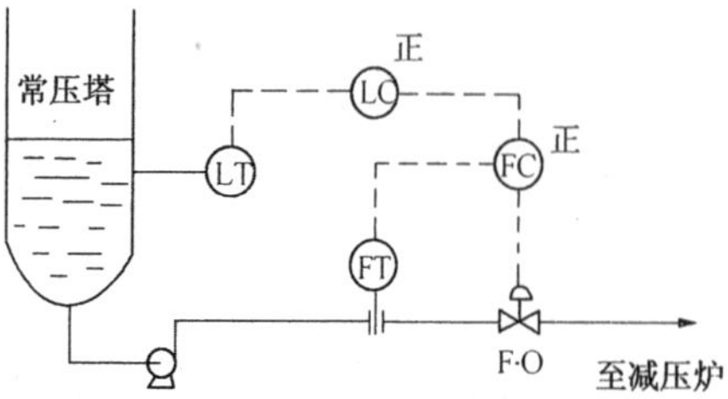

图 11－16　常压塔底液位与流量的串级控制

（3）加热炉系统控制回路

① 加热炉进料分支流量调节回路。加热炉操作的好坏，直接影响塔的操作。加热炉正常操作的任务是在保证炉子正常运转的条件下，保持油品出炉温度平稳，为达到此目的，要求炉子进料流量要稳定。所

以，炉子进料均设有分支流量调节。

分支流量调节器为正作用，调节阀为气关式。在分支流量为四路或更多时(分支数均为偶数)，为了保持各分支出口温度相近，温差最小，目前国内已开发出“加热炉支路平 PASS-BAL”计算机优化控制系统。

② 加热炉出口温度调节回路。加热炉要求出口温度平稳以保证塔的平衡操作和优化生产，为此一般采用加热炉出口温度－加热炉燃料流量串级调节系统，该控制系统通过调节加热炉燃料流量，达到稳定加热炉出口温度的目的。

有些装置为了克服干扰，还采用了前馈控制系统。

前馈控制系统引入进炉原料流量及原料温度的前馈信号。这样调节系统的调节作用能有效地克服以上参数干扰，提高控制精度。

调节器为反作用，燃料调节阀选用气开式。

(4) 减压塔系统典型控制回路

为了保证减压塔顶温度一定，避免油气损失，在塔顶出口管线上装有温度调节器，以调节塔顶回流油量。

为了提高轻油收率，塔顶轻质油出装置管线上装有流量调节器。

减一线出装置管线上，也装有流量调节器。

减二、三线出装置上设有流量调节器，以调节出装置的油量。

为了取走减压塔的热量，并保证侧线产品质量，设有减二、三线回流。为了保证回流一定，在入塔后回流油管线上，装有流量调节器。

为了保证塔底液面稳定，设有塔底液面调节器，以调节减压塔底渣油出装置的油量(图 11－17)。

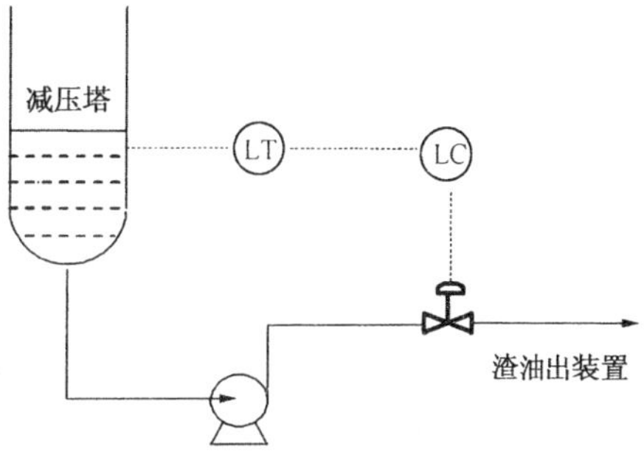

图 11－17　减压塔底液面控制

11.5　联锁自保系统

生产过程中，有时由于一些偶然因素的影响，导致工艺参数超出允许的变化范围，当出现不正常情况时，就有可能引起事故。为此，常对某些关键性参数设有自动信号联锁保护装置。

当工艺参数超过了允许范围，在事故即将发生以前，信号系统就自动地发出声光信号警报，告诫操作人员注意，并及时采取措施。如工况已到达危险状态，联锁系统立即自动采取紧急措施，打开安全阀或切断某些通路，必要时紧急停车，以防止事故的发生和扩大。它是生产过程中的一种安全装置。例如，某反应器的反应温度超过了允许极限值，自动信号系统就会发出声光信号，报警给工艺操作人员及时处理生产事故。由于生产过程的强化，往往不可能只靠操作人员处理事故，因为在一个强化的生产过程中，事故常常会在几秒钟内发生，由操作人员直接处理根本来不及。而自动联锁保护系统可以圆满地解决这类问题。如当反应器的温度或压力进入危险极限时，联锁系统可立即采取应急措施，加大冷却剂量或关闭进料阀门，减缓或停止反应，从而避免引起爆炸等生产事故。

自动信号联锁保护电路按其主要构成元件的不同，可分为有触点式和无触点式两类(有时可采用混合式)。有触点式电路是由各种继电器、按钮、开关等电器组成的继电线路，它是依靠各种电器的触点开合来完成电路的通断和切换。无触点式电路是利用由二极管、晶体管以及集成电路等电子器件，构成具有一定功能的电子线路，利用电子器件的导通或阻断特性实现自动信号的报警和联锁保护作用。随着电子技术和计算机技术的不断发展，自动信号联锁保护系统可以利用更为先进的可编程控制器(PLC)来实现，比起传统的电路来说，它具有操作方便、应用灵活、安全可靠和维修简单等优点。

联锁自保系统在蒸馏装置中的应用不多，常见是有：加热炉空气预热器引风机运行和烟气直接排空挡板的联锁，鼓风机运行和加热炉自然通风挡板的联锁。这些联锁措施是为了增强加热炉设备的本质安全，确保在引风机故障时烟气直接排空挡板自动打开。在鼓风机出现故障时，自动切换备用鼓风机或加热炉自然通风挡板自动打开，保证安全生产。

第十二章　安全生产与装置事故处理

常减压蒸馏装置作为原油一次加工装置，与二次加工装置相比，操作温度和压力方面相对较低，但随着高硫原油和高酸原油的比例越来越大，设备腐蚀越来越严重。常减压蒸馏装置容易发生高温阀门的盘根泄漏、高温机泵的密封泄漏、高温管线、高温设备、加热炉炉管破裂着火、真空系统泄漏造成爆炸等。加工高硫原油时，由于原油受热分解产生大量的硫化氢气体分布在三塔顶不凝气中，减顶瓦斯硫化氢含量相对较高。另外，初馏塔、常压塔顶汽油也溶解了大量的硫化氢气体。因此，装置的下水井、气体采样口也是容易发生硫化氢中毒事故的部位。

高硫原油对装置设备腐蚀十分严重，尤其是对碳钢材质的设备，腐蚀机理在腐蚀与防腐章节有讲述。硫化氢主要分布在三顶不凝气中，最高浓度超过10%，因此，未经脱硫的瓦斯泄漏是十分危险的。在这些部位(泄漏点)施工作业必须佩戴强制供风式防毒面具，如空气呼吸器等。由于硫化氢同时也溶解在汽、煤、柴油里，不但会影响产品质量，还会因储罐内温度变化散发出来，造成人员中毒。

高酸值原油对装置高温管线、设备造成严重腐蚀。由于这些酸性物质主要存在柴油、蜡油及渣油馏分里，因此，对设备的腐蚀在250℃以上管线及设备最为严重，一般要求这些部位的工艺管线及设备必须使用耐酸材质，尤其是加热炉辐射炉管、转油线等管线。

高含盐类原油对装置的危害，表现在加重了塔顶 H^+ 腐蚀及容易造成加热炉炉管结盐和分馏塔塔板结盐。分馏塔结盐后会堵塞气液相流动通道，分馏塔分馏效果变差，严重时分馏塔无法正常操作。

在蒸馏装置，有毒有害物质在装置分布地点和危害主要如下：

(1) 硫化氢

① 电脱盐区；

② 隔油池；

③ 三顶冷凝水罐切水处；

④ 减压瓦斯凝缩油罐切水处；

⑤ 装置消防井、地下泵房及罐、新水井等低洼不通风处；

⑥ 精制汽油碱渣罐顶、地下浓碱罐。

(2) 氨

配液氨瓶及氨罐接头处。

12.1　安全生产

12.1.1　加工高含硫原油的措施

加工高含硫原油的措施体现在下面几个方面：含硫原油的加工流程、含硫原油的脱盐、含硫原油的蒸馏、含硫原油的产品精制、含硫原油防腐等。

12.1.1.1 含硫原油的脱盐

与常规的原油脱盐相比没有特别的改进，主要是在注剂上选择了更加适合各种原油脱盐脱水的注剂。另外，采用了重质原油电脱盐技术，深度脱盐技术和成套脱盐技术，确保原油的脱盐效果。

12.1.1.2 含硫原油的防腐

加工含硫原油所带来的腐蚀越来越严重，对上下游的装置都面临许多问题。在炼制含硫原油的过程中都遇到过严重的腐蚀问题，在腐蚀控制方面所采取的措施是多方面的。例如，除在工艺防腐蚀、选材和腐蚀监检测方面进行综合治理外，在加工路线方面也有较大改进。随着人们认识水平和管理水平的提高，含硫原油加工和相应的防腐蚀技术也得到快速发展。目前有设备腐蚀和防腐管理的规范化，开发统一的数据录入、网络和专家系统；选材导则；还有“工艺防腐蚀管理规定”、“装置设备及管线测厚管理规定”、“加强炼油装置防腐蚀管理规定”、“储罐防腐蚀管理规定”、“防止 H_2S 中毒管理规定”和“安全管理规定”等。

12.1.2 加工高含酸原油的问题和措施

12.1.2.1 加工高含酸原油的问题

① 由于高酸原油密度大，胶质和沥青含量高、黏度大，酸值高导致油水界面不清，脱盐脱水困难，致使设备低温 $H_2S-HCl-H_2O$ 型腐蚀加剧。

② 部分含酸原油的钙、钠含量高，这些油溶性的环烷酸盐具有表面活性，会导致原油乳化，造成电导率上升，严重影响脱盐效果。

③ 带来 225～420℃高温环烷酸设备腐蚀。

12.1.2.2 加工高含酸原油的措施

① 掺炼。高酸原油和低酸原油混炼，降低原油酸值。用硫含量高、酸值较低的原油与高酸原油混合降低酸值，可以减轻环烷酸的腐蚀。

② 低温部位的 $H_2S-HCl-H_2O$ 型腐蚀，主要发生在常减压蒸馏装置的初馏塔、常压塔顶部及塔顶冷凝冷却器系统。此类型防腐应以“一脱四注”（或“一脱三注”）等工艺防腐为主，材料防腐为辅。

③ 材质升级。高温部位的环烷酸腐蚀，主要发生在常减压蒸馏装置中介质温度 225～420℃与环烷酸接触的设备、管线等，如常减压加热炉出口管及转油线、常减压塔进料段塔壁、减二线以下及渣油线、相应的抽出线和换热设备等。此类防腐措施主要采取合适的防腐材质。

④ 改进设计。环烷酸腐蚀与介质流速、流态、相变有很大关系，设计上应适当加大管线或管束的流通面积，降低流速，并尽可能取直线走向，避免流向突然转向，减少流体流向的死角和死区。加热炉出口主转油线应平缓过渡，集合管进转油线最好斜插，流速较高和转向部位应增加壁厚或增设防冲板等。

⑤ 缓蚀剂技术。使用油溶性高温（280～450℃）缓蚀剂，在设备表面形成附着力强的动态薄膜，降低高温下的环烷酸腐蚀。

⑥ 腐蚀监测及预测技术。对于高酸原油带来的高温腐蚀，国内外通常采用腐蚀挂片、电阻探针、腐蚀旁路、馏分油铁离子分析和超声波测厚等方法进行腐蚀监测。

12.1.3 防毒措施

在炼油生产过程中，含有的一些有毒物质，由于设备不够严密或突发性事故，会对工人健康产生有害的作用，我们要对这些物质有一个正确的认识，制定有效的措施进行预防。

12.1.3.1 主要毒害物质

（1）石油成品及瓦斯

石油、石油成品及瓦斯对人具有刺激性和毒害作用。汽油经常侵入皮肤，能引起皮炎，吸入瓦斯过多时，会使人失去知觉，造成慢性中毒，引起恶心、呕吐和头痛。炼高含硫原油时，由于硫化氢的产生，危害性就更大了。

预防中毒的方法：

① 所有设备、管线应经常检查其密封情况，防止泄漏；

② 凡有油品及瓦斯积存的地方，应经常进行清扫，保持通风；

③ 凡入塔、容器、下水道、管沟作业者，必须在进入前用蒸汽吹扫干净内部毒气，采样分析合格办理有关作业票后才能进行作业。在人孔旁应有人监护和轮换，每次工作时间应在 20min 左右，以防在设备内工作时间长而发生中毒。

④ 凡接触石油、石油产品及瓦斯等有毒物质者，有毒气体超过国家标准时，在工作过程中，应戴好防毒面具。

（2）硫化氢（H_2S）

硫化氢是无色剧毒气体，具有臭鸡蛋刺激性臭味，比空气重（相对密度 1.53），石油加氢、气体脱硫、硫磺回收等装置都可能有硫化氢逸出，浓度大的时候臭味不如浓度小时显著，甚至无味，但毒性剧烈。在空气中，浓度在十万分之一时，即能很容易觉察，浓度在二千分之一时，足以引起严重中毒，吸入后即感头晕、头痛、恶心、呕吐、全身虚弱、瞳孔缩小、反应迟纯等，浓度在千分之一以上时，会立即发生昏迷和呼吸麻痹，而迅速死亡。

防止中毒方法：防止设备、管线泄漏，在检修含残硫设备、管线时，应按规定处理合格，配戴好防毒面具。

12.1.3.2 防毒面具种类

（1）防毒口罩

用于有毒气体浓度≯0.1% 的情况下。内装有活性炭药剂，主要防 H_2S、SO_2、有机蒸气、苯类、苯胺、硝基苯、有机化合物、汽油、煤油、丙酮、二硫化碳及其衍生物等气体中毒，但不适用于一氧化碳等无臭味有毒气体。空气中含氧低于 18 % 时（体积），不能用。使用时注意检查口罩的严密性，药剂是否失效。当口罩内闻到有毒气体的轻微气味时，应立即离开现场。用完后放在清洁干燥和温度适宜的地方，以防变质。

（2）过滤罐式防毒面具

由橡胶面具、导气管、滤毒罐组成，滤毒罐内装有活性炭药剂。用途和使用注意事项同活性炭防毒口罩。适用于有毒气体浓度低于 1%（体积），氧气量高于 18%（体积）的场合。用完后应将滤毒罐帽和橡胶塞盖好，以防受潮失效。

（3）空气呼吸器

由氧气瓶、清净罐、减压器、自动排气阀等组成。空气呼吸器是利用压缩氧气的隔绝再生式原理制造。工作人员从肺部呼出的气体，经面具、呼气阀进入清净罐，因清净罐装有 CO_2 吸收剂，吸收了呼出气体中的 CO_2，其他残留气体进入气囊。另外，从氧气瓶中储存的氧气经高压管、减压器到气囊中，与从清净罐出来的残留气体相混合组成高含氧空气，当工作人员吸气时，适量的高含氧空气由气囊经吸气阀、吸气软管、面具而被吸入人的肺部，完成了整个呼吸循环。这种呼吸器用于有毒气体环境中进行工作的人员佩戴。

（4）防毒面具的使用及保管

① 防毒面具主要靠滤毒罐对毒物的过滤和吸收（或吸附）作用，凡在酸气管线或瓦斯管线上拆装法兰、排水、放空、加盘根、采样、换压力表和液面计等，一定要佩戴好相应的防毒面具，否则不准作业。

② 在危险区进行工作，必须有专人监护，以免发生危险，有事应以信号或手势联系，严禁在毒区摘下面具说话。

③ 专物专用，防毒面具型号很多，隔离式、隔绝生氧式、蛇管式空气呼吸器能防硫化氢和烃类，过滤式 4#防硫化氢，过滤式 3#防烃类。

④ 使用中如在面罩内闻到毒气之微弱气味或发现呼吸不畅时，应立即离开毒区。

⑤ 使用后的防毒面具，其面罩和导管必须用热水清洗晾干放入袋内，尚未失效的滤毒罐必须上盖下塞，保持密闭，存于专用箱内，以免受潮过热。

⑥ 滤毒罐按规定使用时间更换药物和重新鉴定。

12.1.4 冬季操作的安全基本要求

12.1.4.1 装置防冻、防凝、防滑要求

① 建立巡回检查制度，加强易冻点的检查与交接班检查。

② 入冬前换用符合冬季气候条件牌号的润滑油。

③ 及时清除积雪，防止结冰。清除框架、结构、设备上的冰棱，防止砸坏设备或伤人。

④ 处理冻结时，要防止骤然升温损坏设备。

12.1.4.2 设备的防冻措施及原则

设备防冻重点是室外安装的动设备。如：泵、压缩机等。这些设备大多是有冷却水的，主要从以下几方面做好防冻工作。

① 能切断冷却水的切断冷却水，放出存积的水；不能停冷却水的，要保证冷却水处在常流水的状态，不可断水备用。

② 备用泵要经常切换使用，对于输送含水介质的机泵，备用泵要进行预热。

③ 经常脱水的管线要加强保温。

④ 室外的冷却器，原则上不要停用。一定要停用的，必须将冷却水的管线用空气进行彻底吹扫。

12.1.4.3 管线防冻措施及原则

管线的防冻工作是工艺操作的重要工作。冬季操作中，巡回检查及交接班检查，特别是交接班检查，认真检查工艺管线是否冻结。

管线防冻的重点应放在水线、间断使用的管线、含水介质的管线以及凝点较高的介质管线。

① 工艺管线应保证在管线末端有放空阀，保持常流水，以防止冻结，有条件的应在管线上加设保温。

② 间断使用的水线，必须加设拌热线并进行保温。

③ 冬季不用的水线，要将两边法兰拆开，放尽存水。

④ 正常生产中不用的管线，如开工循环线等，入冬前要进行疏通置换处理后，关闭相关阀门，保持备用状态。

⑤ 碱线、酸线应当采用热水拌热或电伴热，不得采用蒸汽伴热。

⑥ 高凝点的油品输送完毕后要用轻油、氮气置换，保证管线畅通。

12.1.4.4 压力表的防冻措施及解冻要求

压力表冻结主要是引线和缓冲管内存水造成的，所以压力表在安装时要考虑冬季如何防冻。在温度较低、压力变化不大部位适当缩短缓冲管，靠近管线和设备本体安装。有条件的，将压力表选择安装在背风面。

压力表冻结处理原则：

① 压力表解冻应先从引线的引压点一头吹起，防止引线内介质吹热汽化后压力表超压损坏。

② 先对引压阀进行解冻，并将其关闭。

③ 拆下压力表，拿到室内自行解冻，并将表内弹簧管内的存水排出，看压力表指示是否回零，如不回零，说明压力表已冻坏，不能继续使用，要换新表。

④ 不得用蒸汽直接对压力表解冻，以免水汽在表内结冰冻结。

⑤ 引线彻底解冻后，应稍开引线阀，将其中存水全部放出，再重新装上压力表使用。

12.1.4.5 玻璃板液面计的防冻措施与解冻要求

玻璃板液面计是操作工用来判断塔、容器等液面，验证仪表测量指示是否正确的手段。保证玻璃板液面计的准确好用是平稳操作的重要保证。玻璃板液面计的防冻措施如下：

① 必须加装伴热线(干燥不含水的介质除外)，并确保完好无损。

② 入冬前要认真检查，保温不好的，应组织修复。

③ 玻璃板液面计上的上下引线应装有隔断阀，并同时装有上下放空排凝阀。

玻璃板液面计冻结后，应按照以下要求进行处理：

a. 不得用蒸汽直接对着玻璃板吹，应缓慢加热，对玻璃板两边的金属部分进行加温解冻。

b. 先对引线上的阀门进行解冻，并关闭上下引线阀，然后打开液面计下部的放空阀，排放出液面计内部的存水。

c. 解冻后，分别开一下上下引线阀，对上下引线及玻璃板进行吹扫和试通。

d. 正常后，关闭放空阀，打开上下引线阀，使液面计投入正常使用。

e. 解冻过程中，要特别注意不要使玻璃板受到急剧的温度变化，因为玻璃板是最易损坏的部件。

12.1.4.6 管线的解冻要求

（1）应用蒸汽对冻结管线从一头开始进行缓慢预热，再逐步提高温度。

（2）管线冻结时间较长时，可接力加温解冻，并选择低点排空。

（3）阀门冻结时，应先用蒸汽缓慢加温，使其解冻，然后再进行开关。

12.2 事故处理

常减压装置是炼油行业的龙头，是重要的生产装置，具有人员集中、操作连续、设备密集、高温易蚀、易燃易爆、有毒有害之特点。一旦发生生产事故，轻则打乱操作影响生产，重则损坏设备、伤亡人员，直至造成重大经济损失和装置停工停产。因而事故处理方案在生产中占有极其重要的地位。

在日常生产和管理中，要认真落实安全生产方针，认真操作、严守规程、落实制度、掌握动态，对生产事故及时采取有效措施，迅速制止事故的扩大和蔓延，最大限度地保证人身安全和设备安全，快速全面地恢复正常生产。

生产事故的产生具有很大的随机性，我们很难判定何时何处会发生什么事故，因而事故处理常具有较大的难度。一旦发生事故，如何争取时间，采取有效措施，制止事故尤为重要，这是对操作人员心理素质，实践经验、技术知识和组织能力的综合考验。

12.2.1 事故处理的基本原则

生产事故发生后，要保持镇静，组织人员根据事故的现象查明事故的原因、部位，做到判断准确。然后一方面安排人员及时向上级领导、调度、消防队汇报，一方面安排人员采取一切措施，全权处理事故。

保证人身、设备安全，控制事态发展，迅速恢复生产的原则：

① 在处理事故的过程中，严守操作规程，执行安全规定、遵守规章制度。

② 掌握平衡的原则：把物料平衡、热平衡和压力平衡三大平衡作为事故处理的基础，控制各处温度不超标，尤其是加热炉温度不超标，要特别注意其低量偏流，局部过热和分支、出口、炉膛温度的超温问题，一旦超温要及时平衡流量，降温直至熄火；控制好各处压力不超标，尤其是常顶、换热器压力不超标。一旦超标，降原油、调吹汽、开空冷、放火炬，停泵撤压；控制塔、罐液面不超标，尤其注意塔底液面不超标，低则机泵易抽空，应及时降抽出量或停泵；高则易冲塔，要及时降原油量，直至切断原油进料，罐液面超标易带油或易溢出油品，扩大事态，应及时调整。

③ 紧急停工的原则：一旦发生着大火、爆炸事故，一方面要报火警消防灭火，一方面要立即采取一切有效措施，迅速控制事态扩大和蔓延，必要时可按局部停工和紧急停工处理或采取断进料(包括装置和单体设备的进料)、停注水、熄炉火、关吹汽、放火炬、破真空、停机泵、防冻凝等措施。总之，在事故处理过程中，应当本着上述原则，努力做到：不惊慌、不害怕、不超温、不超压、不跑油、不冲塔、不着火、不爆炸、快恢复、勿扩大。从而达到控制事态，保证安全，恢复生产的目的。

12.2.2 紧急停工

紧急停工作为事故处理的手段，在事故原因尚不明确，或发生重大事故且有扩大趋势而危及本装置的安全生产时，即可采用紧急停工。这可能不是最优化的事故处理方案，但却可以迅速有效地控制事故的蔓延，保证装置的安全，从而为迅速恢复生产奠定基础。

12.2.2.1 紧急停工的条件

当遇到突发的重大事故时，一时难以下手，为了迅速控制事态，避免事故的扩大和蔓延，保护人身、设备的安全，最大限度地减少损失，迅速恢复生产，应果断地采取紧急停工手段，这些突发事故可以归纳为以下几类：

① 装置内发生重大着火、爆炸。

② 加热炉管严重烧穿、漏油着火。

③ 分馏塔、转油线等主要设备严重漏油着火。

④ 主要机泵，原油泵、塔底泵严重故障无法运行或漏油着火。

⑤ 公用系统，如电、风等长时间中断。

⑥ 重大的灾害如地震等。

⑦ 外装置重大事故严重危及本装置安全。

12.2.2.2 紧急停工操作要点

① 沉着冷静，果断决策，及时汇报调度和上级领导，必要时通知消防。

② 加热炉迅速熄火，各塔顶瓦斯改放火炬或放大气。

③ 切断原油进料，停掉所有机泵(原油泵、塔底泵、侧线泵、回流泵、燃油泵、引风机等)。

④ 关闭所有汽提蒸汽，过热蒸汽放空。

⑤ 减压塔破真空，恢复常压，破真空时要严防空气倒串入塔发生爆炸。

⑥ 设备内给蒸汽掩护(微正压)，存油迅速拿走、退净。

⑦ 迅速切除与事故相关的管线、设备，并对事故环境中的管线、设备进行消压、拿油、蒸汽掩护、给水降温或组织消防灭火等，严防设备管线受热膨胀爆裂、漏油着火，使事态扩大。

⑧ 紧急停工过程中严防超温、超压、超液面情况发生。

⑨ 根据停工时间的长短，决定重油管线是否吹扫。

⑩ 未尽事宜均按正常停工处理。

12.2.2.3 停电脱盐罐

(1) 停电脱盐罐的条件

① 电极击穿或法兰问题造成漏油或着火。

② 设备内件存在问题需要处理。

(2) 操作要点

① 原则视情况降量，停原油注水。

② 电脱盐罐停电。

③ 改流程，甩掉电脱盐罐。

④ 电脱盐罐切水撤压，见油后停切水、扫线。

⑤ 开泵退油，视脱盐罐压力给汽加压，防泵抽空，退油完毕后扫线。

12.2.2.4 停减压(减压塔、减压炉系统)

实现减压塔、减压炉能够切出常压系统的关键是常压塔底油能够改入减压渣油系统。

(1) 停减压塔、减压炉条件

① 减压系统设备存在泄漏。

② 转油线腐蚀穿孔。

③ 减压炉炉管漏油着火或衬里损坏，影响加热炉主体设备等。

④ 减顶冷却器冷却水中断。

(2) 操作要点

① 原油降量。

② 减压炉熄火改自然通风，燃料系统扫线。

③ 减压塔破真空。

④ 停减压塔底吹汽、停注氨、注缓冲剂、注水。侧线及回流无量后停泵，视情况扫线处理。

⑤ 常底油改入渣油系统、逐渐减少减压炉进料直至切断。

⑥ 常压塔底泵出口给汽或减压炉进料控制阀处给汽把重油扫入减压塔内。

⑦ 减压塔底泵将减压塔内存油打入渣油系统，注意防凝线。

⑧ 若只处理减压炉或转油线问题，减压塔只给汽暖塔(微正压)塔顶放空。

若减压塔处理内件问题，则给汽蒸塔并给水洗塔直到达检修进塔作业条件。

若减压塔只处理外部问题，如真空泵、冷却器、大气腿等，⑤、⑥、⑦三步可以不进行(即：油走减压炉、减压塔底)，减压塔只给汽暖塔(微正压)，塔顶放空，馏出线加盲板处理即可。

12.2.2.5 装置闭路循环

(1) 改闭路循环的条件

① 原油来量不足或原油中断。

② 产品堵库、成品罐满。

③ 循环水中断。

④ 燃料中断。

(2) 闭路循环流程

原油泵出口→脱前换热器→电脱盐罐→脱后换热器→初馏塔→初底泵→拨头原油换热器→常压炉→常压塔→常底泵→减压炉→减压塔→减底泵→渣油换热器→渣油冷却器→原油泵出口。

(3) 闭路循环操作要点

① 原油降量。

② 加热炉降温(约按40t/h降)，停燃料油火嘴并扫线，燃料油改循环。

③ 减压炉出口350℃，破减压真空。

④ 初馏塔、常压塔、减压塔各侧线回流无量停泵，并视情况退油、扫线、暖线、防冻、防凝。

⑤ 关小塔底、侧线吹汽。常压塔顶瓦斯放火炬或大气放空。

⑥ 渣油系统基本充满原油后改闭路循环。循环量视渣油泵负荷而定，控制好各塔液面及各器液界面。若塔底液面低，可以适当补原油。

⑦ 渣油出装置线扫线，冷却器视情况关小或停用。

12.2.3 原料事故及处理

对于常减压的原料(原油)来讲，出现问题最多的是原油带水或中断，对于炼制混合原油的装置来讲，原油性质变化更常见，从而增加操作难度。对这些问题，常减压装置大都无法预测或控制，因而，操作人员只有作好事故预想，一旦出现问题，做到应付自如，果断处理，保证安全生产。

12.2.3.1 原油带水

(1) 原因

① 原油罐切水未尽或降沉时间不足。

② 原油性质不好，乳化严重。

③ 注水过多，造成电脱盐罐脱水效果不好。

④ 电脱盐操作失误、水界面超高。

⑤ 回炼污油。

(2) 现象

① 原油在线含水仪指示高，脱前温度降低。

② 电脱盐罐跳闸、电压下降、电流上升。电脱盐罐水界面上升，切水量增大或切水乳化。

③ 脱后原油换后温度下降，压力上升，原油流量下降。

④ 初馏塔进料、初底温度降低，初顶压力、气体流量上升，严重时出现安全阀起跳、冲塔、塔底泵抽空现象。

⑤ 初顶回流罐水量增加，易出现回流带水。

（3）处理

处理原油带水，首先根除带水原因，其次水带入系统后，严防超压和污染成品罐。

原油轻度带水：

① 装置降量，降注水，联系罐区换罐。

② 电脱盐罐加大切水，降低水界面，甚至切出乳化层，维持正常操作。

③ 适当增加破乳化剂注入量。

④ 提高初顶温度，使水从塔顶蒸出。

⑤ 检查初侧线油品颜色，必要时停初馏塔侧线。

原油严重带水：

① 装置大降量，停注水，联系罐区换罐。

② 电脱盐罐快速切水降界面(甚至切除乳化层)。

③ 加大破乳剂注入量。

④ 初馏塔顶回流罐加大切水防回流带水，控制好初馏塔底液面，防止泵抽空。

⑤ 停初馏塔侧线，检查初馏塔油品颜色，颜色变深及时联系改不合格罐。

12.2.3.2 原油中断

（1）现象

① 原油流量回零，电脱盐罐压力迅速下降。

② 脱前温度、换后温度、拨头原油换后温度、加热炉出口温度均上升。

③ 初馏塔底、常压塔底、减压塔底液面迅速下降，侧线及回流罐液面下降。

④ 初馏塔顶、常压塔顶压力下降，系统压力下降。

⑤ 脱后原油接力泵抽空。

（2）原因

① 原油换罐阀门开关出错。

② 原油罐液面过低造成原油泵抽空。

③ 原油泵入口线堵或泵体故障。

（3）处理

原油短时间中断：

① 大幅降低常压炉进料量，使初馏塔液面维持更长时间，为原油泵调整上量争取更多时间。

② 加热炉迅速降温，严禁超温。初馏塔底泵、常压塔底泵、减压塔底泵降量防抽空，侧线、回流降量，防止泵抽空，燃料油泵防抽空，液面无法维持后停泵。

③ 电脱盐罐、回流罐、产品罐等切水关闭防跑油。

④ 各塔侧线、塔底吹汽适当关小，保持塔内温度、压力。

⑤ 原油来量后，逐渐恢复操作。

原油长时间(0.5h 以上)中断：

原油中断时间过长，初馏塔底液面无法维持时，装置按改闭路循环步骤处理，等待来油。

12.2.3.3 加热炉进料中断

加热炉进料中断关键是保证加热炉不超温。

（1）现象

① 初馏塔、常压塔底泵抽空或自停。

② 加热炉进料量中断。

③ 加热炉出口、分支温度直线上升，燃料量下降。

④ 相关的前塔底液面急剧上升，后塔底液面急剧下降。

（2）原因

① 加热炉进料泵抽空。

② 加热炉进料泵一台损坏而另一台未送电或开不起来。

③ 进料泵入口堵塞。

④ 原油中断或原油接力泵停运。

（3）处理

① 中断进料的加热炉迅速熄火且进料控制阀后给蒸汽掩护炉管。其他加热炉迅速降温。

② 迅速启运备用泵及时调整使之恢复上量。

③ 若进料泵短时间不上量，原则降量，各塔回流、侧线降温，维持好进料泵前的物料平衡及压力，防止满塔。

④ 若进料泵长时间不能上量，而物料平衡又无法维持时，按紧急停工处理。

12.2.4 操作事故及处理

在生产操作过程中，操作人员不按规程、制度办事，容易发生一些通常可以避免的违章操作事故，这些问题应引起操作人员的高度重视，不可掉以轻心。

12.2.4.1 电脱盐罐超压

（1）现象

① 电脱盐罐压力指示上升、超程。

② 脱前换热器憋压漏油。

③ 严重时电脱盐安全阀启跳。

（2）原因

① 误操作造成脱后原油流程切断。

② 脱盐后原油接力泵误操作，造成憋压。

③ 二级混合阀失灵或误动作造成一级罐憋压。

④ 装置严重超负荷。

（3）处理

① 若是二级混合阀失灵，立即打开副线。

② 属于误操作的立即纠正。

③ 装置超负荷的立即降负荷。

12.2.4.2 冷换设备憋压漏油

（1）现象

① 压力指示上升、超程。

② 冷换设备憋压漏油，严重时着火。

（2）原因

① 误操作，造成后流程切断。

② 超负荷，造成憋压。

③ 冷换设备进、出口阀阀芯脱落。

（3）处理

① 首先适当关小相应的机泵，降低压力避免发生事故。

② 检查是否有误操作，若有应立即纠正。

③ 若界区憋压，应立即联系相关单位卸压。若界区不憋压应检查确定憋压点，对阀门阀芯脱落的冷换设备开副线。

④ 装置超负荷的则降负荷处理。

12.2.4.3 烧毁炉管

在正常生产、加热炉烧焦、烘炉过程中，当温度超过了炉管钢材所承受的极限温度时，就会造成晶相破坏，再加上热膨胀弯曲致使炉管报废。

（1）现象

炉管颜色发红，炉管弯曲，有时弯头箱被顶开。

（2）原因

① 正常生产时炉管内介质中断，加热炉未及时降温或熄火。

② 烧焦风量过大，冷却蒸汽过小或未开。

③ 烘炉时未给冷却介质或给的太小。

（3）处理

① 正常生产时炉管内介质中断，加热炉应立即降温或熄火。

② 烧焦时风量过大，冷却蒸汽过小，应立即调整风量及蒸汽量。

③ 烘炉时未给冷却介质或给的太小，应立即调整冷却介质量。

12.2.4.4 炉管结焦

炉管结焦是由于炉管中油品温度过高、停留时间过长而造成，严重时整个炉管几近结死。

（1）现象

① 炉管出现暗红色斑点或条纹，颜色越亮越严重，严重部分出现鼓泡，爆皮直至漏油着火。

② 在相同处理量下，炉膛温度升高，炉出口温度反应缓慢。

③ 炉管压降上升。

（2）原因

① 加热炉长期处于低处理量状态，造成油品停留时间太长而结焦。

② 操作不当，某一路流量过低，即严重偏流而结焦。

③ 加热炉出口温度严重超温，使油品过热而结焦。

④ 火嘴扑炉管，使炉管局部过热，而造成局部结焦、鼓包甚至破裂。

⑤ 原料性质变重、变劣，易于结焦。

⑥ 烧焦、清炉管不彻底，管壁残焦诱导生焦。

（3）处理

① 将结焦炉管的流量适当控大，防止结焦进一步发展。

② 减少结焦炉管所在炉膛温度，减缓生焦。

③ 将过热炉管结焦处喷射蒸汽或空气降温，减缓生焦。

④ 结焦严重至无法操作时，则停炉烧焦处理。

（4）预防措施

① 严格执行操作规程，控制好炉总出口温度、分支温度及炉膛温度不超标。

② 加热炉处理量保证处于设计范围内，且做到不偏流。

③ 加强加热炉操作，多火嘴、短火焰、齐火苗，严禁扑炉管燃烧。

④ 停工烧焦要干净彻底。

12.2.4.5 燃料气带油

（1）现象

① 燃料气分液罐液面迅速上升，直至满罐。

② 燃料气压力波动。

③ 加热炉烟囱冒黑烟，炉膛变正压，严重时火焰窜出炉外燃烧。

④ 炉膛温度、分支温度、出口温度上升。

⑤ 带油严重时，炉膛内发生闪爆，防爆门开，甚至损坏加热炉。

（2）原因

① 燃料气管网带油。

② 排凝不及时。

（3）处理

瓦斯排凝罐满或轻微带油：

① 迅速打开排凝线排凝。

② 打开排凝罐加热盘管加热，使凝油汽化。

③ 调整加热炉燃料气火嘴或熄灭一部分改燃料油，保证加热炉不超温。

④ 带油消除后，恢复正常操作。

12.2.4.6 炉膛回火

导致炉膛回火、爆炸的根本原因是炉膛内进入的瓦斯达到了爆炸极限，在遇到明火、火星或高温时产生爆炸。这种情况一般发生在加热炉开工点火、增烧火嘴、燃料带液严重的情况下。

预防措施：

① 加热炉开工点火时必须严格执行制度，吹扫燃料气线及炉膛，并经采样分析，燃料及炉膛含氧量均合格方可点火。

② 加热炉火嘴熄灭后必须用点火设备点火，严禁利用旁边火嘴引着。

③ 加强对燃料气分液罐脱水，避免瓦斯带液。

12.2.4.7 塔顶回流带水

（1）原因

① 塔顶回流罐水界面控制过高或仪表失灵造成水从回流入塔。

② 塔顶水冷却器漏水或原油带水量大，脱水不及水面超高带水。

（2）现象

① 塔顶回流罐水界面满（现场玻璃板满）。

② 塔顶压力上升，温度下降。

③ 常一线、常二线等侧线温度下降，顶回流量下降，常一线泵有时抽空。

④ 严重时安全阀启跳。

（3）处理

① 塔顶回流罐加大切水，迅速降低水位。检查仪表控制是否准确，冷却器有无漏。

② 塔顶压力升高很快时，关小塔底吹汽，视情况调整空冷，控制塔内压力，防止安全阀启跳。

③ 适当提高塔顶或常一线温度加速水分蒸发，侧线不合格时及时改罐。

12.2.4.8 分馏塔冲塔

冲塔是分馏塔内气相负荷过大，气、液相失去平衡，气、液传质传热被破坏，造成分馏效果严重变坏，产品变色，操作波动大的情况。

（1）现象

① 塔顶压力迅速升高。

② 塔顶及侧线温度升高，顶回流量增加。

③ 塔顶量增加，侧线量减少，产品颜色变深、变重，甚至出黑油。

（2）原因

① 原油带水。

② 塔顶回流带水。

③ 塔底液面超高，满过吹汽分布管或进料段。

④ 塔底吹汽量过大或带水

⑤ 塔内压力突然降低或大波动。

⑥ 进料量偏大，超设计负荷，进料温度突然变化。

⑦ 侧线抽出量过大。

（3）处理

发生冲塔事故，尤其要注意检查产品颜色（目测），适时改走不合格线，严禁污染产品大罐及影响下游装置生产，及时处理冲塔。

① 视产品颜色、质量及时改次品线，防止污染产品罐，影响下游装置。

② 装置适当降量。

③ 减小侧线产品抽出量，增加内回流量。

④ 加大回流量，提高分馏效果。

⑤ 必要时降低炉出口温度。

⑥ 控制好塔底液面，超高时迅速拿油，降原油量。

⑦ 针对不同原因相应进行处理：

原油带水：迅速切水、控制好塔顶压力，按带水事故处理。

回流带水：回流罐切水，提高塔顶温度，按回流带水处理。

塔底液面高：加大抽出，降原油量，平衡物料。

塔底吹汽过大或带水：降过热蒸汽量，提高出口温度。

塔顶压力波动：迅速调节空冷、吹汽、原油量等，平衡压力。

进料温度突变：平衡炉出口温度。

塔盘结盐：降量、塔降温、给水洗塔，见结盐处理。

冲翻塔盘：调整吹汽量及处理量，维持操作，严重时停工修复。

仪表失灵：针对失灵的仪表进行处理。

12.2.4.9 塔顶产品罐满

（1）现象

① 产品罐液面指示满程，现场玻璃板液面满。

② 塔顶压力突然上升。

③ 若瓦斯自烧则炉膛、出口温度上升，烟囱冒黑烟，火嘴漏油造成加热炉底着火。送轻烃回收或放低压则带液严重。

（2）原因

① 仪表失灵，指示假象或巡检不认真未注意到产品罐液面。

② 产品泵故障、抽空或操作失误，造成塔顶产品抽出量为零。

③ 处理量过大，塔顶产品过多超出塔顶泵能力。

（3）处理

塔顶瓦斯改火炬，关去加热炉低压瓦斯手阀，炉底灭火，调整分馏塔操作，并调整加热炉操作，平衡出口温度，针对具体原因做处理：

① 立即降低处理量，开双泵拿油。

② 若是产品泵故障或抽空，迅速开启备用泵调整液面。

③ 若是换罐憋压，联系罐区开阀。

④ 若是误操作，立即纠正。

⑤ 若瓦斯自烧，则改低压线避免加热炉超温。

12.2.4.10 塔盘结盐堵塞

（1）原因

① 原油经过预处理后残存的盐类或原油性质不好或电脱盐效果不好。

② 工艺防腐注入 NaOH 或 Na_2CO_3形成的盐 NaCl、$Mg(OH)_2/MgCO_3$、$Ca(OH)_2/CaCO_3$随进料入塔，携带到塔盘上。

③ 塔顶注氨后形成 NH_4Cl，随塔顶回流带入塔盘中。

④ 原油中的泥沙类杂物在塔盘上沉积。

（2）现象

① 塔顶及侧线温度出现波动，用顶回流调节塔顶温度变化迟缓。

② 分馏塔压降增大，塔顶压力波动且常出现突变。

③ 分馏效果变差，产品质量波动，馏程重叠严重。

（3）结盐部位判定方法

测量分馏塔各段压力降，压降增大(与标定数据比较)的塔段为结盐部位。

（4）处理

塔盘结盐采用水洗的办法即可解决。

① 确定洗塔部位，决定洗至哪条侧线(一般可洗至二线)。

② 确定生产方案，水洗的侧线走污油线，化验分析 Cl^- 含量

③ 水洗流程：

塔顶回流泵入口给水→塔顶回流系统→塔顶→塔结盐段→一线或二线抽出→不合格线→污油罐。

④ 原油降量至 60% ~80%(设计负荷)。

⑤ 提大中段回流量及塔顶回流量，降塔顶及侧线温度，逐渐使塔顶温度＜100℃，这时从塔顶回流泵入口适量给水。注意塔顶压力变化情况，水量不宜过大，以防止将塔顶温降得过低，使水流至未结盐的塔盘上而污染塔盘并打乱操作。

⑥ 水进塔顶以后，用塔顶给水量严格控制塔顶及侧线温度，逐步将水洗段侧线抽出的温度调到103～105℃，加大水洗段侧线抽出量，汽提塔不存液面，从水洗段侧线抽出泵放空采样，观察来水情况正常，这时即认为洗塔正常。水洗段侧线抽出温度不能过高，否则排不出水，污染下段塔盘，影响操作。

⑦ 从侧线泵放空采样，分析 Cl^- 含量(1 次/h)，待 Cl^- 含量稳定不再下降时止，洗塔完毕。

⑧ 逐步减小水洗水量，调整回流量，使塔内温度逐渐上升。速度要缓慢。逐渐使分馏塔操作参数达到正常工艺指标。

12.2.4.11 塔盘吹翻

塔盘吹翻大都是由于气相负荷过大或水击而造成的。

(1) 原因

① 停工蒸塔时蒸汽给得太大。又发生水击，再加上塔盘固定螺栓腐蚀，强度减小，造成塔盘吹翻。

② 分馏塔在开工吹扫过程中，蒸汽给得过大。

③ 原油带水严重造成分馏塔气相负荷过大，会冲掉浮阀或吹翻塔盘。

(2) 现象

① 开停工过程中，吹汽流量过大，且伴有严重的水击声。

② 正常生产过程中　塔盘被吹翻的塔段，产品馏程的间隙与正常产品间隙相比减少许多或产品的重叠增加许多，产品出现不合格，侧线产品收率分布发生大改变。

塔盘吹翻的塔段，压降比正常下降许多。

塔盘吹翻的塔段，用 X 光检测，可以从胶片上清楚看到被吹翻的塔盘。

(3) 处理

不严重时通过调整操作或改变侧线产品品种，维持操作至下次检修。严重时停工修复。

12.2.4.12 开工时分馏塔满塔

装置开工引油或循环过程中，由于仪表刚投用，不好用，出现液面尤其是塔底液面指示假象，造成分馏塔装满原油事故。

(1) 现象

分馏塔顶放空处冒出原油，液面指示满程。

(2) 原因

① 塔底液面仪表失灵。

② 操作人员责任心不强，盯表不紧。

(3) 处理

① 切断原油进料，加大该塔拿油。

② 修校失灵的仪表。

12.2.4.13 真空度下降

稳定的高真空度是减压操作的关键条件，一旦真空度下降就会打乱减压操作。

(1) 现象

① 真空度指示下降，真空泵喘气、异响。

② 减压侧线、回流量降低，严重时侧线泵抽空。润滑油型减压塔，造成润滑油原料不合格。

③ 塔底液面上升，渣油量增加，渣油性质或沥青质量不合格，影响焦化、沥青等装置生产。

（2）原因

① 减顶温度过高。

② 塔底吹汽、汽提蒸汽或炉管注汽量过大。

③ 减压炉出口温度超高。

④ 减压塔底液面过高。

⑤ 减压系统有泄漏。

⑥ 冷却水温度高，减顶冷却器冷后温度高。

⑦ 抽真空蒸汽压力不足或真空泵故障。

⑧ 水封破坏。

⑨ 真空瓦斯后路堵。

（3）处理

① 塔顶温度过高时应加大顶回流及中段回流，尽快降低顶温。

② 检查塔底吹汽、汽提蒸汽量、炉管注汽量、减压炉出口温度、减压塔底液面是否超工艺指标，若超指标尽快控回。

③ 若真空瓦斯后路堵应立即改瓦斯明放空。

④ 若真空度直线下降时，应立即给上水封水，开大减压塔顶冷却水。

⑤ 检查减压系统有无泄漏点。

12.2.4.14 水封破坏

水封破坏是减压塔操作的大忌，处理不及时会造成空气倒吸入塔，发生爆炸。

（1）现象

① 真空度直线下降。

② 水封罐水面指示为零。

（2）原因

① 水封罐倒U形管顶破虹吸阀未开或堵塞，造成水封罐内水封水全部虹吸抽走。

② 水封罐放大气线中存油凝线或堵塞，造成水封罐内压力升高，将水封水压出破坏水封。

（3）处理

迅速给上水封水，然后消除破坏水封的原因。

① 若虹吸阀有问题，迅速处理畅通。

② 若水封罐变大气线堵或凝线，迅速处理畅通。

③ 水封变油封，迅速拿净罐内存油，并检查放大气线是否畅通。

12.2.4.15 分馏塔填料自燃

引起填料烧结的主要问题是硫化亚铁自燃。

（1）现象

分馏塔顶放空及顶部人孔处冒烟，严重时烧结填料。

（2）原因

硫化亚铁自燃或动火引燃塔内油箱、填料上的硫化亚铁、油泥等，造成燃烧，烧毁或烧结填料。

（3）处理

① 用消防水带或消防车向塔内打水灭火或用水带定时浇水，使得填料湿润。

② 水无法到达时，在确认塔内无人也可以给蒸汽，隔离空气。

（4）预防措施

① 停工时对塔、器进行 FeS 钝化清洗。

② 接专用水线，停工后定期喷水湿润、降温。

12.2.4.16 设备管线水击

水击是一种碰撞现象，在设备管线吹扫时，由于设备存水或蒸汽带冷凝水，水被蒸汽带动快速运行，动量很大，在运行中水与器壁等发生碰撞，作用时间很短，速度或动量变化很大，因而产生巨大的撞击力，严重时损坏管线设备。

（1）现象

① 设备管线发生水击时，发生低沉的撞击声，设备管线振动、摇晃，保温层震落。

② 严重时震裂设备管线的法兰、焊口及内件。

（2）原因

设备管线吹扫给汽时，蒸汽未放净冷凝水。

（3）处理

迅速关小或关闭蒸汽，待水击逐渐消除后，处理干净蒸汽及设备存水后，重新缓慢给汽扫线。

（4）防范措施

① 蒸汽扫线时要放净蒸汽中的冷凝水。

② 给汽一定要缓慢。

12.2.4.17 塔底泵抽空

（1）现象

① 轻微抽空时，泵出口压力、流量波动大，泵体伴有振动，声音异常或间歇式异常，塔底液面上升。

② 抽空严重时，泵出口压力很低或无压力，流量回零，泵体振动，声音异常，塔底液面迅速上升。

③ 长时间抽空会抽坏密封，漏油着火。

（2）原因

① 塔底液面低或假液面。

② 塔底油轻组分多，部分在泵体内汽化。

③ 泵入口扫线蒸汽阀内漏。

④ 泵入口过滤网堵。

⑤ 备用泵密封不好，冷却水内漏或空气吸入泵体。

⑥ 备用泵预热时有冷油或预热循环量太大。

⑦ 封油含水或注入量过大。

⑧ 泵本身故障。

（3）处理

① 轻微抽空：关泵出口阀憋压处理。

② 严重抽空时，首先关泵出口阀憋压，关闭备用泵出入口阀，切断备用泵影响。其次，启运备用泵，消除运行泵本身存在的问题。

③ 进料中断的加热炉立即降温，并切换备泵调整上量，若长时间不上量应熄火，按停工处理。

④ 针对泵抽空的几种原因，全面查找，逐步消除。

检查塔底液面的实际情况，校表，调稳液面。

检查泵入口扫线蒸汽是否关严。

若关闭出口阀，出口压力正常，开大出口阀压力速降则是入口阀堵，打开检查入口过滤网。

检查备用泵密封及格兰冷却水情况，适当调整。为排除此影响，可暂时关闭备用泵入口阀。

检查封油含水及注量情况，适当调小封油量，必要时可短时间切除封油，消除此影响，观察机泵运行情况。

12.2.4.18 停用的工艺管线憋压

(1) 原因

工艺管线改线后，两头阀关死未消压，气温升高，油压上升造成管线超压爆裂。

(2)处理：

迅速打开消压阀，无消压阀的略开一头阀门。

(3) 预防措施

① 做好定时卸压工作。

② 停用管线、设备要有撤压设施。

③ 长时间停用管线应吹扫干净。

12.2.5 公用系统事故

公用系统或称动力系统是各装置共同使用的部分，它是生产辅助装置提供的，公用系统出现问题的原因是多种多样的，本装置是无法控制的，公用系统出现问题，对装置的影响通常是大面积的，轻则影响生产，打乱操作，重则导致装置停工停产。因此，对操作人员来讲，只有做好充分的事故处理方案准备，一旦公用系统出现问题，做到应付自如，严格控制好三大平衡，保证人身设备的安全，待原因消除后，逐步恢复正常生产。

12.2.5.1 停水

12.2.5.1.1 停新鲜水

新鲜水在各装置的使用不尽相同，有的装置将新鲜水用作减顶冷却器用水，若出现中断，则有下列表现和处理措施。

(1) 现象。

① 减压塔顶真空度迅速下降直至回零。

② 新鲜水流量指示回零。

③ 减压塔顶冷却器迅速汽化，下水温度升高。

④ 减压塔底液面上升，侧线无量。

⑤ 真空泵串汽，声音异常。

(2) 处理

① 若循环水改不进冷却器，则原油降量，维持操作。

② 循环水改不进冷却器，则减压炉降温直至熄火，停真空泵，破真空，回流及侧线泵停运。

③ 新鲜水正常后，逐步调整操作至正常。

12.2.5.1.2　停循环水

循环水主要用于减顶抽真空系统各种冷却器、分馏塔顶产品，侧线产品，渣油外甩，电脱盐脱水等冷却器及机泵、引风机轴承箱冷却水。

（1）现象

① 减压塔顶真空度下降，真空泵串汽，声音异常，冷却器汽化，减压塔底液面上升，侧线无量(冷却器使用新鲜水时无此现象)。

② 循环水表压力指示为零。

③ 外甩产品及渣油温度上升。

④ 回流温度上升。

⑤ 塔顶压力升高。

⑥ 机泵轴承温度上升。

（2）处理

① 时间较短时，可将新鲜水串入循环水维持操作，若不能串新鲜水，则大幅度降量降温维持操作(注：新鲜水串循环水中，时间不宜长，否则破坏循环水的水质，如浓缩倍数等)。

② 时间较长时，应按装置闭路循环处理。

12.2.5.1.3　停低温软化水

低温软化水一般用于机泵格兰冷却水及渣油冷却槽冷却水。

（1）现象

① 格兰冷却水中断，密封漏油。

② 渣油冷却槽水面降低。

（2）处理

将新鲜水或循环水串入低温软水即可，或暂用水带浇轴承。

12.2.5.1.4　停高温软化水(除盐水)

（1）现象

① 废热锅炉上水中断，分液包液面下降，排烟温度升高。

② 蒸汽包上水中断，液面急剧下降，热源出口温度升高。

（2）处理

① 可以串新鲜水的，暂时串新鲜水维持操作。

② 无法串新鲜水的，蒸汽发生器热源改副线，引系统 1.0MPa 蒸汽，维持生产。

③ 来水后，按投用方案逐步投用，恢复操作。

12.2.5.1.5　水全停

各种水全停时，装置改闭路循环操作。

12.2.5.2　停电

动力电是装置的重要动力之一，用于机动设备(除蒸汽泵外)和沉降电场。

（1）局部停电

装置供电一般采用双路或多路供电，局部停电一般是电压波动或某路供电中断或某电盘出现问题而造成部分机泵停运，一般说来，运行机泵与备用机泵分别在不同的电路上，运行泵停运后，备用泵可以启运，但也有例外情况。

局部停电每次发生的部位各不相同，因而对操作的影响也就各有差异。如果发生局部停电，首先应视情况降原油处理量，这样可以降低生产负荷，有利于控制好三大平衡，其次应及时启运备用泵，根据停电后的不同情况，做出相应处理。

原油泵、塔底泵停电：

① 切换备用泵看是否停电。

② 按紧急停工处理。

某侧线泵、回流泵停电：

① 备用泵也停电情况下，立即降量生产，停该回流泵或侧线泵。

② 适当加大其他回流、冷回流保证产品质量；适当加大该侧线上、下侧线流量，确保物料平衡。

引(鼓)风机停电：打开自然通风门，降负荷生产。

蒸汽发生器上水泵停电：停蒸汽发生器，热源改副线。

（2）全面停电

① 加热炉立即熄火，按紧急停工处理。

② 塔底吹汽改放空。

③ 初馏塔、常压塔、减压塔顶瓦斯改放空。

12.2.5.3 停蒸汽

1.0MPa 蒸汽主要用于减顶抽真空、加热炉燃料油的雾化及减压炉炉管注汽，1.0MPa 蒸汽网一般说来有系统外供和自产蒸汽两种供汽形式，操作中蒸汽压力大幅度下降的情况经常出现，但完全中断情况甚少。无论哪种情况出现，都将影响操作。

（1）现象

① 蒸汽压力指示迅速下降或逐步下降为零。

② 减顶真空度迅速下降、塔底液面上升，侧线液面下降等。

③ 加热炉烟囱冒黑烟，炉出口温度下降。

④ 以蒸汽为动力的机泵减慢或停运。

⑤ 以蒸汽冷却的泵密封易泄漏。

（2）处理

当外供蒸汽中断时，应立即关闭外供蒸汽阀，改用自产蒸汽，维持低量生产，若无自产蒸汽，则应根据实际情况处理。

① 短时间蒸汽中断。

a. 关闭塔底及侧线吹汽，关闭抽真空蒸汽线及不凝气放大气或去炉子阀。

b. 原油降量，提大减压塔底泵抽出量，控好减压塔底液面及渣油外甩温度。

c. 减压塔侧线停止外甩，中段回流适当降量。

d. 加热炉熄油火，点瓦斯火，燃料油改循环，适当降温保护废热锅炉炉管及过热蒸汽炉管。

e. 注意废热锅炉及蒸汽发生器的水面等的变化。

② 长时间停汽。

a. 关闭塔底及侧线吹汽，关闭抽真空蒸汽及末级真空泵不凝气排出线手阀。

b. 减压塔侧线、回流停泵。

c. 原油降量，提大减压塔底抽出，控制好渣油液面及外甩温度。

d. 减压加热炉熄火，重油线尽快用余汽扫线，或用泵抽净管线存油。

12.2.5.4 停风

工业用风一般分两种：即非净化风和净化风。非净化风正常生产时一般用于搅拌，净化风则用于控制阀、蝶阀、挡板等调节机构的开关动力以及部分仪表的信号传递(如气动表)，一旦净化风中断，对生产影响很大。这时可以迅速串入非净化风，若不能满足要求或非净化风同时停，应做如下处理：

(1) 现象

停风的基本现象是风开阀全关，风关阀全开。

① 流量控制：一般出装置流量控制均用风开阀；非出装置流量(如回流、进料、原油流量、原油压控)均用风关阀。风开阀控制的流量全部回零，风关阀控制的流量全部最大。

② 温度控制：加热炉出口温度大幅度下降，塔顶(或常一线)温度迅速下降。

③ 压力控制：测压点在阀前时，风开阀，压力上升；风关阀，压力下降。测压点在阀后时，风开阀，压力下降；风关阀，压力上升。具体来说：脱盐罐压力上升，过热蒸汽压力上升，渣油压力上升，燃料油压力下降。处理时，注意超压问题。

④ 液面控制：一般来讲，用进料量控制的液界面，均用风关阀；用抽出量控制的液界面均用风开阀。因而，停风后，液面升高，处理时注意冲塔及满液面，溢油问题。

⑤ 停风后，电Ⅲ型仪表的室内外指示均有，气动表或就地调节表均无指示。

(2) 原因

① 空气压缩机故障。

② 管线或阀门故障或开错。

③ 管线或风罐有水结冰，或过滤器堵塞。

(3) 处理

① 参照现场一次表指示，将风开阀改副线，关前手阀调节；风关阀用前手阀调节。

② 用手动控制引(鼓)风机入口烟道挡板开度，防止负荷过大跳闸。

③ 液面：参照浮球位置或玻璃板液面计一次表，调节进料或抽出量。

④ 压力：参照一次表指示调节流量。

⑤ 炉子温度参照现场一次指示调节燃料量，若炉子火嘴灭火，应按点火步骤点火。

⑥ 原油降量，塔顶瓦斯放火炬，关去加热炉手阀。

⑦ 处理停风事故时要分清主次，主要的是：加热炉进料控、原油流控、塔底液控、引(鼓)风机挡板、渣油压控、炉子温控等，其他为次要的。

在处理停风过程中，一定要控制好三大平衡，尤其要注意防止超压、超液面问题的发生，保证安全。供风正常后，逐步改为正常控制，恢复操作。

12.2.5.5 燃料中断

加热炉所用的燃料一般是瓦斯与燃料油同时使用，两者完全中断的情况极少发生，如若出现，短时间无法恢复，则改闭路循环操作。生产中经常遇到的是燃料油中断和瓦斯压力下降的情况。

12.2.5.5.1　燃料油中断

（1）现象

① 加热炉炉膛温度、分支温度、总出口温度及烟气温度下降。

② 燃料油火熄灭。

③ 燃料油压力指示回零。

（2）原因

① 燃料油罐液面低造成泵抽空。

② 燃料油泵自停或跳闸或泵本身故障。

③ 燃料油泵切换或预热造成泵不上量。

④ 燃料油计量表出现堵塞。

⑤ 燃料油控制阀故障。

（3）处理

提大加热炉瓦斯，缓慢启用燃料油自保，点油火调整加热炉操作，然后分别检查原因并处理。

① 调好燃料油罐液面，开启燃料油泵。

② 速开备用泵，然后对另一泵检查处理。

③ 及时处理，使燃料油泵上量。

④ 燃料油计量表堵，开副线调节，停计量表处理。若孔堵则停该加热炉燃料油线，扫线，拆孔板处理，加热炉用瓦斯维持。

⑤ 控制阀自关，应关闭各油火嘴手阀，开控制阀副线，逐个点油火嘴，然后处理燃料油控制阀。

12.2.5.5.2　燃料气中断

（1）现象

① 燃料气流量指示回零。

② 瓦斯火极小或灭。

③ 加热炉温度下降。

（2）原因

① 回火器堵塞。

② 瓦斯压力大幅度下降。

③ 仪表控制阀故障。

④ 仪表计量表、孔板堵或卡。

（3）处理

加大油火，维持操作，瓦斯正常后，一个个点火，调整加热炉操作。

① 若阻火器前有压力而瓦斯火灭，关瓦斯火嘴手阀，阻火器改副线，然后逐个点瓦斯火嘴。

② 瓦斯压力极低，火未灭时，可以联系提高瓦斯压力。若瓦斯火灭，关瓦斯火嘴手阀，瓦斯压力正常后，逐个点火，调整操作。

③ 控制阀故障造成全关时，关瓦斯各火嘴手阀，瓦斯控制阀改副线，逐个点火，然后处理瓦斯控制阀。

④ 计量表卡，关瓦斯火嘴，计量表改副线操作，然后逐个点瓦斯火，若孔板堵，切除

扫线，拆孔板处理。

12.2.6 设备事故及处理

设备是生产中的硬件，一旦发现问题要么降温降压处理，要么停工检修，影响极大。导致设备出现问题，除超温、超压、爆炸等操作因素外，腐蚀是一个重要因素。包括低温酸腐蚀，高温环烷酸腐蚀，露点腐蚀，高速冲刷腐蚀(即冲蚀)以及设备磨损等。这些因素的出现常难避免，一般通过工业防腐、提高材质、定期更换等措施来解决。而检修中用错材质、施工不当的问题常会发生，这是导致设备事故的又一重要因素。通过强化检修管理，严格施工标准，加大理化检测和坚持试压规程等措施来消除。在设备事故处理过程中，常用的方法：一是补焊或包盒子处理；二是切除设备处理(单体损伤)；三是停工检修处理(关键设备问题)。

12.2.6.1 电极棒击穿

(1) 现象

① 该电极变压器送不上电。

② 电极密封绝缘油着火。

③ 原油喷出或着火。

(2) 原因

① 电极棒质量差或用久老化，绝缘耐压能力下降。

② 电脱盐常跳闸，送电频繁且反复受冲击而击穿，或电流经常大幅度变化而击穿。

③ 电极棒附水滴或导电杂质而击穿。

(3) 处理

① 迅速停电(或电工停电)，灭火。

② 切出该电脱盐罐，适当切水至不喷原油。

③ 电脱盐罐退油，适当降低液面待油温降低后，打开电脱盐罐放空。

④ 抽出电极棒更新。

⑤ 投用前用蒸汽试压合格后，装油排净空气，送电半小时后逐步并入系统。

12.2.6.2 换热器漏油(外漏)

(1) 现象

换热器管程与壳程密封、法兰、阀门漏油着火

(2)原因

① 操作压力、温度急剧变化。

② 检修质量差，或垫片不符合要求。

(3)处理

① 用蒸汽、灭火器灭火，可临时停泵、撤压，严重时报警。

② 迅速切出该换热器：换热器改副线，关出入口阀(注：先甩热源，后甩冷源)，若无副线，可甩掉其中一路，热源无副线要暂时停泵，热源分两路走时，可停其中一路，原油降量。

③ 管程、壳程退油扫线(注：一程扫线，另一程开退油线，防憋压)。

12.2.6.3 换热器内漏

(1) 现象

① 原油产品换热器内漏，原油漏入产品中，产品的颜色变深，严重时发黑，产品的各项指标均不合格。

② 原油产品换热器内漏严重时，塔底液面下降。

③ 原油渣油换热器内漏。

原油漏入渣油中：

a. 渣油质量变轻，如密度、软化点降低，500℃馏出量、针入度、延伸度增加。

b. 严重时，塔底液面下降或塔底泵电流下降。

c. 渣油收率升高，而总拨下降，在操作稳定时，可以计算泄漏量。

d. 渣油罐顶冒瓦斯。

渣油漏入原油中：

a. 相同进料量时，处理量变小。

b. 换热终温度上升，加热炉负荷减小。

c. 相同进料量时，侧线产品变少。

（2）原因

① 换热器浮头小帽子漏。

② 管束腐蚀漏。

③ 质量不好，胀口漏。

（3）判定方法

侧线产品、原油、渣油常有好几组换热器，确认清楚哪组换热器内漏是处理前应做的工作。

① 首先从采样口放样检查，确定是哪条侧线与原油互串。

② 其次通过逐台切出确认哪组换热器内漏。

（4）处理

① 不合格产品改次品线。

② 将泄漏的换热器切出。

③ 换热器退油扫线，检修换热器。

④ 投用时换热器要试压合格，先投冷源，后投热源。

12.2.6.4 冷却器（水）内漏

（1）现象

① 一般冷却器中油压大于水压，内漏后，循环水场有气泡或油品，且循环水浊度超标。

② 渣油冷却器内漏后，渣油罐区渣油罐冒罐。

③ 常顶冷却器漏水，产品罐切水量增大，水面上升，造成汽油带水。

④ 减顶冷却器内漏，水封罐污水量大增，真空度下降。

（2）判定方法

油漏入循环水中时，从循环水场采气样、油样、水样分析组成、馏程、pH 值及浊度，判断是什么油品，然后停用该油品冷却器，放空检查，水面有油漏出为内漏。

（3）处理

① 有副线的冷却器，内漏后可将冷却器切出，并依据油品冷后温度降温或原油降量，维持低负荷生产，处理冷却器。

② 无副线冷却器可以停掉该产品线处理。

常见冷却器漏水，可以切出冷却器入产品罐部分，回流泵外甩部分汽油产品。冷却器处理无油后，加盲板检修冷却器。

12.2.6.5 炉管漏油着火

（1）现象

① 如果轻度漏油，从看火窗（孔）可以看到漏油处着小火，或有黑色焦块，若在弯头箱处，可看到冒烟及重油痕迹。

② 如果严重漏油，则炉膛、出口、分支、对流室及排烟温度上升，其中某一分支上升比其他分支快，炉膛看不清，烟囱冒黑烟。

（2）原因

① 炉管局部过热（如：火嘴安装不正，造成火焰扑炉管）。

② 辐射炉管流量小、偏流，造成炉管内结焦，传热不好，烧坏漏油。

③ 炉管质量有缺陷，炉管材质等级低，炉管内油品高温冲蚀，炉管外高温氧化爆皮及火焰冲蚀，造成沙眼及裂口。

④ 操作中出现超温、超压情况，造成炉管结焦烧穿。

⑤ 检修质量有缺陷。

（3）确认方法

炉管出现轻度漏油，操作人员能够看清漏油部位，因而判定是准确的。但当炉管严重漏油时，就不易判断准确，由于严重漏油现象与瓦斯带油，燃料油突然增大，雾化蒸汽中断，引风机停运，低压瓦斯带油等事故现象有许多相似之处，都会出现炉膛发暗，充满烟气，烟囱冒黑烟和各处温度上升。因此，一旦出现上述现象，要做到判断准确。

首先要迅速检查瓦斯排凝罐液面、引风机运行情况，产品罐液面，蒸汽压力，燃料油阀位，烟道扫板位置，排除这些因素，并检查是否有某分支温度上升很快。在排除以上原因时，可判定为炉管漏油。

（4）处理

① 炉管轻度破裂漏油着火。若发生在弯头箱处，可以打开弯头箱盖板，拿出保温材料，检查漏情，包盒子处理即可（必要时稍降量或降温）。

若发生在炉膛内，对于常压加热炉，按正常停工处理。

② 炉管严重漏油着火。加热炉熄火，瓦斯改放空，切断进料。漏油炉管给蒸汽吹扫，其余步骤按紧急停工处理。

12.2.6.6 热油式预热器漏油

（1）现象

① 加热炉膛、炉出口及分支温度上升，燃料量降低。

② 烟囱冒黑烟。

③ 检油器内有存油。

（2）原因

① 管束腐蚀，造成漏油。

② 温度变化，焊口裂缝漏油。

③ 超温造成局部损坏。

（3）处理

① 炉子改自然通风，停引（鼓）风机。

② 切出预热器，退油扫线。

③ 若漏油在风道内着火，给消防蒸汽灭火。

④ 检修处理预热器，保证正常生产。

12.2.6.7 引(鼓)风机停运处理方案

（1）现象

① 炉子进风不足，燃烧不好，炉膛发暗，烟囱冒黑烟，炉膛负压减小。

② 炉膛、出口、分支温度下降。

③ 炉出口温控表输出信号增大，燃料消耗量上升。

④ 引风机室内指示灯灭。室外电流为零，停运。

（2）原因

① 引(鼓)风机自停。

② 引(鼓)风机超负荷跳闸。

③ 引(鼓)风机停电。

④ 引(鼓)风机剧烈振动或抱轴，或轴承散架。

（3）处理

① 迅速启运备用风机，调整入口烟道挡板，控制好电流，防止超负荷。停运的风机要关闭入口烟道挡板，并加制动措施防止倒转。若无备用风机则改自然通风，装置降低处理量维持生产即可。

② 联系检查处理故障风机，及时启运恢复操作。

12.2.6.8 加热炉衬里局部脱落

加热炉衬里主要用于防止热量散失和保护加热炉的框架免受高温损坏。在加热炉施工与操作中，尤其是开停工当中，否则一旦脱落，即便是很小的脱落，也有很大的影响。

（1）现象

① 加热炉外壁某处出现高温，甚至保温铁皮烧坏，夜间发红。这种情况常发生在炉顶。

② 通过看火窗或加热炉底看火孔能够观察到衬里脱落部位。

（2）原因

① 施工质量不合要求，保温钉焊接不牢固，造成衬里脱落或松动，串烟气造成保温钉高温炭化、烟气腐蚀而脱落，或螺丝帽未上好，螺丝帽外边的衬里未黏结好，造成脱落，烧毁螺帽，整块衬里脱落。

② 操作不当，炉膛闪爆造成松动，串烟气而脱落或烘炉升温速度快，水分汽化或热膨胀剧烈而衬里脱落。

（3）处理

若发生在常压炉，按正常停工步骤停炉，修复衬里。

若发生在减压炉，可考虑停减压系统，修复衬里。将加热炉膛处理好，达到进入检修条件。

12.2.6.9 高铬炉管急冷脆裂事故处理方案

各装置的加热炉现在大都使用Cr5Mo材质的炉管，在停工操作中，尤其是寒冷地区的紧急停炉，要特别注意降温速度不宜过快，防止炉管急冷脆裂事故的发生。

（1）现象

炉管用鉴定锤敲击时，出现裂纹或断裂。

（2）原因

急冷变脆。在370～510℃温度区工作过的高铬炉管，在严寒地区停炉时，加热炉冷却速度过快，可能会造成高铬炉管延展性消失而硬度增加，炉管变脆，炉管受到撞击等而断裂。

（3）处理

① 更换已损伤炉管。

② 将原炉管重新缓慢加热到一定温度，然后缓慢降温冷却可以使炉管脆性消失而恢复延展性，继续使用。

（4）注意事项

① 对碳钢、低铬钢和含镍不锈钢（如 18－8、316、317 等 300 系列），失去延展性不是一个严重的问题，但对于高铬钢管就必须足够重视其脆性。

② 操作温度在 370℃以上的高铬炉管加热炉，停工降温不能过快，尤其在低气温地区，降温要严格按方案进行。若紧急停炉时，要关小风门，炉膛吹汽。

12.2.6.10　塔壁漏油着火

塔壁漏油着火大都是由于腐蚀和冲刷造成的，一般发生在进料段和塔顶部位。

（1）现象

① 常压塔、初馏塔、汽提塔壁漏油，在保温缝隙处冒烟，严重的能自燃着火。

② 减压塔腐蚀泄漏时，空气吸入塔内，高温部位内部自燃，减压塔顶真空度波动，减压塔顶瓦斯量增加或 CO_2、空气增加。

（2）原因

① 原油腐蚀，冲刷而造成塔壁腐蚀所致，多发生于进料段和塔顶。

② 检修质量不好。

（3）处理

① 轻度漏油：

a. 及时汇报、打开保温，蒸汽带掩护，确认泄漏部位。

b. 降量、降压并视情况降温，减小泄漏。若是减压塔则降低真空度，降侧线外甩量。

c. 将塔壁粘补后补焊或包盒子处理。

② 严重漏油着火：

a. 及时汇报，报火警，消防灭火。

b. 加热炉熄火。

c. 切断原油进料，分馏塔内迅速拿油，停回流、侧线，关塔壁阀。破坏真空度（关闭排大气阀），漏油塔内给汽掩护（微正压），需作大处理时蒸塔。

d. 其他步骤按正常停工处理。

12.2.6.11　常压塔顶空冷器腐蚀穿孔漏油（外漏）

（1）现象

腐蚀穿孔部位漏汽油并有泄漏响声。

（2）处理

① 轻度漏油：切出漏油空冷器，处理干净存油后粘补处理。

② 严重漏油着火：

a. 报火警，消防灭火。

b. 轻油罐给水幕掩护（降温）。

c. 原油降量，常压加热炉降温，关小常底及侧线吹汽，降低常压塔顶压力。

d. 迅速切出漏油空冷器。

e. 灭火后，恢复生产。再检修空冷器。

（3）防范措施

抓好“一脱四注”工作，加大防腐力度。

12.2.6.12 侧线抽出斗漏油

（1）现象

① 侧线抽出量比正常低许多，无论怎样调节，无法提高抽出量，造成质量不合格。

② 操作平稳，但抽出温度比正常温度低许多。

③ 该侧线产品变轻，色度减小（KK、HK 减小，闪点降低），下侧线产品头部轻（即初馏点、闪点等降低）。

（2）原因

① 抽出斗或集油箱腐蚀泄漏。

② 集油箱升气孔塌陷或焊口开裂倾斜漏油。

（3）判定方法

① 抽出线上的阀门处于全开状态，且灵活好用（无不动作或阀掉头等情况）。

② 抽出线无堵塞（蒸汽倒扫入塔，观察压力变化）且抽出阀后扫线蒸汽不漏，泵运行正常。

③ 操作平稳，抽出温度在水饱和温度以上。

④ 抽出油品变轻，无法达到要求。

满足上述四个条件，即可判定抽出斗或集油箱漏油。

（4）处理

① 中段回流甩油当侧线产品，若合格，可维持操作。

② 改变侧线产品型号，若合格，维持操作。

③ 若无法保证操作及产品质量，按正常停工检修处理。

12.2.6.13 热电偶漏油着火

（1）原因

① 焊接质量不好。

② 温度变化拉裂。

③ 热电偶套管腐蚀、磨损、穿孔。

（2）处理

① 热电偶套管周围焊口漏油，一般情况不会严重，适当降压，衬焊或直接焊死，报废热电偶即可。

② 热电偶套管穿孔，喷油着火。若热电偶所在位置及设备可以切出，则迅速组织灭火，同时将设备切出系统，撤压、退油、更换或焊死热电偶漏点。

12.2.6.14 真空泵故障

（1）现象

① 真空度波动或较大幅度下降，减压塔操作参数相应变化。

② 泵体有砂眼或裂纹。

③ 抽真空蒸汽量变化。

④ 真空泵声音异常。

⑤ 真空泵串汽，吸入口管线发热。

（2）原因

① 真空泵喷嘴堵塞。

② 真空泵扩压管焊口腐蚀裂缝，砂眼。

③ 真空泵泵体制造质量有问题。

（3）确认方法

① 焊缝砂眼或裂纹一般可从外部观察或用纸、手套类东西贴近真空泵漏点，遂即吸住，这时真空度一般发生波动。

② 喷嘴堵塞。

a. 一般真空泵伴有串汽现象，吸入口管线发热（>40℃），扩压管喉管发热（>100℃）。

b. 若真空泵一、二、三级每级只有一台泵时，逐步停一级，再停二级，分别记下抽真空蒸汽量，其中蒸汽量变化很小的为喷嘴堵或与开工时抽真空试验的蒸汽量对比即知。

若真空泵一、二、三级均有两台时，可对有怀疑的真空泵直接停运，观察蒸汽量变化，变化量很小者为喷嘴堵。

（4）处理

① 真空泵体砂眼或裂纹，可以采用补板的办法处理，若铸铁泵不易焊接时，可以从外部加固真空泵，然后用“309”胶黏死即可。

② 喷嘴堵：

a. 若有备用真空泵，开备用泵，切出故障泵处理。

b. 若同级真空泵有两台或两台以上且可以切出系统，即可切出换泵。

c. 若堵喷嘴的真空泵只有一台，又无法切出系统时，原油降量至70%正常量，破坏减压塔顶真空度（关闭不凝气排出阀），减压停外甩、回流，控制好塔底液面，塔内适当吹汽，排不凝气阀后，减压塔顶稍开放空，减压塔微正压。拆真空泵更换即可。

12.2.6.15　减压系统泄漏

（1）现象

① 真空度波动或下降，侧线液面下降，拿量变小，塔底液面上升。

② 泄漏严重时，减压塔内爆，炸毁塔盘或填料，甚至更严重。

（2）原因

① 设备腐蚀穿孔，造成空气漏入塔内。

② 设备密封不严，空气漏入塔内。

③ 破坏真空度时，排不凝气阀未关，空气倒吸入塔。

（3）判定方法

要判定减压系统泄漏并不难，难在如何确定泄漏部位。

① 确定减压系统是否泄漏。一般减压系统出现泄漏时，漏点处伴有刺耳的尖叫声，真空度出现波动或下降。从末级真空泵不凝气采样分析，CO、C或O_2含量≥5%，说明减压系统泄漏。

② 确定泄漏部位。

a. 分段采样法：减压系统泄漏时，发生在低温部位时，只增加了减顶瓦斯中的空气含量；在高温部位时油　品与空气混合会自燃而产生CO或CO_2，通过系统分段采样分析即可找到漏点。油品的自燃点见表12-1。

表 12-1 油品自燃点

油品	重柴油	馏分油馏程/℃				渣油
		350~400	400~450	450~500	500~535	
自燃点/℃	300~330	300~380	300~380	300~380	300~380	230~240

因此，手提式机械真空泵，分别从排不凝气线(三级出口排气)、二级真空泵排汽冷却器出口，一级真空泵排气冷却器出口、减顶真空度测量点处、减压塔侧线标定嘴子、进料段真空度测压嘴等处采样分析，按 CO 及 $CO_2 \not> 5\%$ 或空气 $\not> 5\%$ 的指标与分析数据比较(注：按不凝气流动方向排列)，第一个出现超标的数据，说明该段有漏项，若后边的数据出现比前面的数据大的情况，说明该段也有漏项。然后对漏项段的人孔、焊口、真空泵(焊缝)、膨胀节、大气腿等易漏部位进行细致检查，即可发现漏点。

注意事项：首先机械真空泵在高真空段采样时，吸入口一定要密封严密，否则数据不准确。其次，样品分析应冷却至室温，使样品中只有不凝气、CO、CO_2、空气，否则无可比性。

b. 正压检查法：原油降量，减压炉降温熄火，减压塔破坏真空(关不凝气阀)，停侧线回流，使减压塔微正压，漏气处出现泄漏、着小火或冒瓦斯、蒸汽，即为漏点。

(4) 处理

① 查出漏点位置后，贴板焊死或包盒子处理(或更换真空泵)即可。

② 若减压塔发生内部闪爆，则按紧急停工处理。其中减压塔迅速给蒸汽掩护，破坏真空度(停真空泵，关不凝气排出阀，微正压)后再放空。

③ 控制减压塔微正压，侧线、回流及塔底迅速拿净存油。达到检修条件后，修复减压塔。

12.2.6.16 转油线腐蚀穿孔

(1) 现象

① 真空度波动，影响减压操作。

② 泄漏处有刺耳的响声。

③ 末级真空泵排出线采样分析 CO 及 $CO_2 > 5\%$。

④ 破坏真空恢复常压时漏油处着火。

(2) 原因

① 转油线高速冲刷及高温腐蚀穿孔。

② 制造质量有问题或材质等级低。

(3) 处理

将漏点处补板焊死或包盒子处理即可。

12.2.6.17 减底浮球损坏

(1) 现象

① 减底液面指示最高或最低，外部重锤位置最低或最高。

② 液面失控，减底泵抽空或真空度下降。

(2) 原因

① 浮球与连杆未焊接好，脱落。

② 浮球焊缝裂开，进油。

（3）判定方法

① 浮球脱落：减底浮球无论怎样活动都指示最大，外部重锤位置最低，且拿掉重锤，手托或压重锤杆无力感觉，即为浮球脱落。

② 浮球破裂：减底浮球无论怎样活动，都指示最小，外部重锤位置最高。当减小塔底抽出至真空度稍下降，这时减压塔底实际液面已 >100%，手压重锤至最低位置，松手后，重锤自动恢复最低位置，此即浮球破裂。

（4）处理

① 切出减压系统彻底处理。停工或停减压系统，更换浮球液面计。

② 改微差压液面计。干式蒸馏塔底有蒸塔线或吹汽线，停用吹汽，阀后再加一个阀，两阀间引出正压线。从进料段测压嘴处引负压线。蒸汽两阀间引最低侧线油作冲洗油，并加限流孔板，防结焦。正压线充封油。将液面控制在分布管或蒸塔线稍上 1000mm 的范围内，维持操作。

12.2.6.18 机泵漏油着火

（1）原因

① 端面密封泄漏严重或嗤开。

② 机泵预热速度太快，法兰垫片漏油或嗤开。

③ 泵体砂眼或压力表焊口开裂，热油喷出。

④ 泵体腐蚀漏油喷出着火。

（2）处理

① 报火警，现场用灭火器、蒸汽灭火。

② 立即停泵，若现场无法停泵，则通知电工停电。

③ 关闭泵进出口阀，启动备用泵。若泵进出口阀无法关，应在远处切断油品消压。

④ 若塔底泵着火，火势太大无法关闭泵入口阀或塔底抽出阀时，加热炉熄火，切断进料，按紧急停工处理。

12.2.6.19 机泵抱轴

（1）现象

① 轴承温度过高、发红，甚至主轴发红。

② 轴承与主轴紧抱在一起，无法转动或盘车，密封破坏或着火。

③ 转子损坏。

④ 主轴损坏或断裂。

⑤ 连轴器损坏或飞出。

（2）原因

① 润滑不良或无润滑油（脂）。

② 格兰冷却水中断。

③ 轴承质量不好，滚珠破碎。

④ 机泵动平衡破坏，造成机泵严重振动。

（3）处理

① 迅速停用该机泵，切换备用泵运行。

② 检修抱轴机泵。

（4）预防措施

① 加好润滑油(脂)，润滑油(脂)质量、液位达到规定要求。

② 冷却水畅通，流量适中。

③ 认真巡回检查，发现异常(如润滑油不足、冷却水不够、轴承温度高、机泵振动大等)立即处理。

12.2.6.20　阀门掉头

(1) 现象

① 风关控制阀阀芯掉，相当于控制阀全关，流量回零，其他参数相应变化。

② 风开控制阀阀芯掉，相当于控制阀全开，流量最大，其他参数相应变化。

③ 闸阀掉头，开手轮不起作用，流量回零。

(2) 原因

① 控制阀掉头，一般是螺丝松动或压力大造成阀杆断。

② 闸阀掉头，一般是阀板与阀杆连接处损坏或脱落。

(3) 判定方法

① 控制阀掉头，仪表调节系统正常，阀杆正常动作，但不起调节作用，流量无变化。

② 闸阀掉头，开关手轮，不起作用，阀后无量。用管钳止住阀杆，轻轻转动，可以旋转一圈即为掉头号(正常时，阀柄只能左右晃动，但不能转动一圈)。

(4) 处理

① 控制阀可以改副线操作，切出控制阀检修。

② 闸阀掉头，切出该阀所在的设备，退油扫线，更换阀。

第十三章　环保与清洁生产

13.1　常减压蒸馏装置的污染物

常减压蒸馏装置的污染物主要包括生产过程中排放的污水、废气、废渣及噪音等，还有一些其他环境危害污染物，如汽油、氨气等。

常减压蒸馏装置的污水主要由以下几部分产生：

① 电脱盐罐切水；

② 初馏塔、常压塔顶油水分离罐切水；

③ 减压塔顶油水分离器切水；

④ 机泵轴封冷却水；

⑤ 含油雨水。

常减压蒸馏装置的废气主要为加热炉烟气，烟气中主要污染物有二氧化硫、氮氧化物、一氧化碳和烟尘等。

常减压蒸馏装置的废渣主要由以下几部分产生：

具有油品碱液精制流程的装置，会产生碱渣，另有检修时产生的工业固体废弃物。

噪音的来源：

① 流体振动所产生的噪音，如加热炉喷嘴气体的喷射，管线阀门的截流声等都会产生噪音。

② 机械噪音，由机械振动所产生。

③ 电磁噪音，由电机、变压器等因磁场作用引起振动而产生。

13.2　常减压蒸馏装置污染物的控制与回收

13.2.1　污水的控制与回收

每个常减压蒸馏装置所排放的污水要符合本厂制定的分级控制指标。因为污水处理场和生产装置一样，对水质和水量都有一定的要求，否则虽经处理也很难达到国家允许的排放标准。尤其是生化曝气池是用微生物净化废水中的污染物，如果微生物中毒死亡，少则十几天多则1~2个月才能使曝气池恢复正常。所以一个小时污染物的冲击，对污水场造成的危害是相当大的。

废水中主要污染物：油、硫化物、挥发酚、氨、碱、盐等，一般废水为偏碱性。这些污染物均会污染环境及危害人体。

13.2.1.1　污水控制

① 因为减压塔顶的大气冷凝排水对环境污染严重，因此，减压塔的直冷式塔顶冷凝器改造为管壳式表面冷凝器或空冷器。

② 侧线汽提由过热蒸汽改为重沸器汽提，既降低了塔顶冷凝冷却器的负荷，又有利于侧线产品质量的提高，降低了污水排放量。

③ 在条件允许的情况下，将湿式减压塔改为干式减压塔，塔底不吹汽和减压炉炉管少

量吹汽，既提高了减压真空度，又降低了减压塔顶冷凝冷却器的负荷，降低了污水排放量。

④ 大量采用空气冷却器代替水冷器。

⑤ 机泵冷却水回收利用，可作为电脱盐注水、塔顶注水，也可作为精制装置配碱用水。

⑥ 减压塔顶抽空器采用水环式真空泵，降低抽空器蒸汽用量，水环式真空泵的水可冷却循环使用。

污水排放指标按国家标准共 26 项，这里着重说明一下常用的三种指标。

① COD：化学耗氧量。是利用化学氧化剂（如高锰酸钾）将排水中可氧化物质（如有机物、亚硝酸盐、亚铁盐、硫化物等）氧化分解，然后根据残留的氮化剂的量计算出氧的消耗量。COD 是表示水质污染度的重要指标，COD 的单位为 mg/L，其值越小，说明水质污染程度越轻。

② BOD：生化需氧量，又称生化耗氧量。是表示水中有机物等需氧污染物质含量的一个综合指标，它说明水中有机物由于微生物的生化作用进行氧化分解，使之无机化或气体化时所消耗水中溶解氧的总数量，其单位为 mg/L。其值越高，说明水中有机污染物质越多，污染也就越严重。

③ pH 值：pH 值可以判断水体中的酸碱度。动物、植物在水中生存的适宜 pH 值在 6 ~ 9 之间，超过这个范围很多水中的生物会受到伤害。

13.2.1.2 污水回收

目前大多数常减压蒸馏装置都是将废水分为含油污水和含硫污水两种，在装置内集中回收后送到净化水和汽提装置进行相应的处理，不再直排。

13.2.2 废气控制

常减压蒸馏装置的废气主要为加热炉烟气，主要污染物是二氧化硫、氮氧化物、一氧化碳和烟尘，以及安全阀放空、取样、检修放空系统的烃类不凝气和管线、阀门、机泵等泄漏出来的轻质烃类等。

二氧化硫：是有恶臭和强刺激性气体，主要是对呼吸系统的损害。二氧化硫浓度为 1 ~ 10mg/L 时对人有刺激；浓度为 10 ~ 100mg/L 时，人开始流泪、胸痛；浓度大于 100mg/L 时会导致死亡。

氮氧化物：对植物的危害较大，高浓度下植物不能生存，在低浓度长期作用下，使农作物减产。氮氧化物浓度高时，会形成酸雨。能使人血液输氧能力下降，使中枢神经及肺部受损。空气中浓度达 2.5μL/L 时，危害植物生长，达 100 ~ 200μL/L 时人类会发生肺水肿，甚至急性中毒死亡。

一氧化碳：能和血液中的血红蛋白结合，降低血液输氧功能，造成全身组织缺氧中毒。

烟尘：烟尘大部分含炭粒子，其吸附性很强，能吸附各种有害物体和液体，黑烟中还含有被认为是致痛性物质，焦油状碳氢化合物侵入人体呼吸系统会产生综合性危害。

烃类：浓度高时造成缺氧症状，在一定条件下与氮氧化物一起构成光化学烟雾，形成可比氮氧化物毒性更强的物质，对人体危害更大。

我国规定车间空气中有害物质允许浓度见表 13 - 1。

表 13 - 1　有害物质允许浓度表

有　害　物	SO_2	NO_x	CO	H_2S	汽　油
允许浓度/(mg/m^3)	15	5	30	10	<300

13.2.2.1 减轻加热炉烟气中有害物质的方法

① 采用低硫燃料油。

② 使用经过脱硫的燃料气或燃料油。

③ 应用烟道气脱硫技术(如吸附法等)。

④ 提高加热炉操作水平，改善燃烧条件，使燃料燃烧更充分，适当控制过剩空气量。

13.2.2.2 减少空气中一氧化碳含量的方法

① 控制适宜的过剩空气量，空气量不足时，烟气中的一氧化碳量会因燃烧不完全而增加；但如空气量过多，烟气中一氧化碳量也会因火焰熄灭而增加。

② 控制适宜的燃烧温度，若燃烧温度超过1500℃，二氧化碳即将分解成一氧化碳。

③ 控制适宜的燃烧时间，若时间短，燃烧不完全，一氧化碳增加。总之，燃烧时应注意充分供氧和防止聚冷，才能使一氧化碳得以充分的燃烧并防止因火焰熄灭而产生一氧化碳。

13.2.2.3 减轻烃类污染的方法

① 初顶、常顶、减顶不凝气如果不回收利用排入大气，则对装置的安全生产构成威胁，因此初顶、常顶不凝汽可引致催化裂化装置等，做到全回收、全脱硫利用。

② 减少各种形式的“跑、冒、滴、漏”。

13.2.2.4 减少烟气中氮氧化物的一般方法

① 改进燃烧方法，适当控制过剩空气量，采取分阶段燃烧的方法。

② 烟道气脱氮氧化物(用吸附法等)。

13.2.2.5 减轻加热炉烟气中 SO_2 危害的方法

① 采用低硫燃料油。

② 烧经过脱硫的燃料气或燃料油。

③ 应用烟道气脱硫技术(如吸收法等)。

④ 提高加热炉操作水平，改善燃烧条件，使燃烧完全。

13.2.3 噪音控制

噪音的限制标准：生产车间及操作场所(工人每天连续接触噪音8h)的噪音限制值为90dB(A)。也就是说在90dB(A)的噪音环境只适宜工作8h。一般是噪音每增加3dB(A)，工作时间就应该减少一半，也就是说在93dB(A)的噪音环境中只适宜于工作4h。

噪音的危害：

① 听力损伤。听力损伤随着接触噪音的强度增加而增加。

② 引起多种疾病。噪音作用于人的中枢神经系统，可以影响到人体各个器官的功能，如消化道、内分泌等，也会使人的交感神经紧张，导致心血管的疾病。

③ 影响人的正常生活，降低劳动生产率。在嘈杂的环境中工作，心烦意乱，容易贫乏，注意力不集中，还容易出错。

控制和防治噪音的方法：消声、吸声、隔音、减震。即降低声源处噪音，在声的传播途径处降低噪音。

常减压蒸馏装置对引起噪音的主要因素进行消减，具体方法如下：

① 加热炉的噪音防治一般有以下几种方法，可根据不同情况选用。

a. 采用低噪音喷嘴。

b. 喷嘴及风门等进风口处采用消音罩。

c. 炉底设隔音墙。

② 电机噪音的防治方法。

a. 安装消音罩。一般应选用低噪音电机。

b. 改善冷却风扇结构、角度。

c. 大电机可拆除风扇，用主风机设置旁路引风冷却电机。

d. 采用变频调速技术改造电机，既降低了电机的噪音，延长了机械密封的寿命，又使电机始终处于高效率的工作状态，达到节能的目的。

③ 空冷器噪音的防治一般方法。

a. 设隔音墙，以减少对受声方向的辐射。

b. 加吸音屏，可设立式和横式吸声屏。

c. 加隔音罩。

d. 用新型低噪音风机。

13.2.4 废渣的控制和回收

碱渣一般含有游离碱、油、硫化物和酚等。大部分碱渣为具有恶臭的灰黑色稀黏液，如不回收处理直接排入水体会造成严重的污染。碱渣不能直接排入污水处理场。如限量排放污水处理场处理，需要经过工厂环保部门的允许。

碱渣中的污染物如果加以回收综合利用，就能成为很有用的产品，作为有用的工业原料，同时增加了收入。

其他可回收的产品还有硫氢化钠、硫化钠、环烷酸钠等。

碱渣的最佳处理方法是综合利用，还可用硫酸中和或废酸中和，也可用烟道中的 CO_2 中和。

减少装置内碱渣生成量的一般方法。

① 用加氢精制替代油品的酸碱精制。

② 用加大初馏塔顶、常压塔顶注氨量或氨洗代替碱洗。

13.2.5 其他环境危害污染物控制

（1）汽油

蒸馏装置生产直馏汽油。汽油为神经麻醉性毒物，毒性主要表现在使中枢神经系统机能紊乱，低浓度可引起条件反射改变，高浓度能造成呼吸中枢麻痹。汽油对脂肪代谢有特殊影响作用，能引起细胞内类脂质平衡失调，血中脂肪含量波动、胆固醇和磷脂量改变。

防止汽油对人体的危害措施如下：

① 加强设备管线的维护检修，防止泄漏；

② 汽油采样后应及时关阀，严禁随意排放；

③ 当需进入汽油蒸气浓度较高的环境处理异常情况时，应注意用空气置换；

④ 避免皮肤直接接触汽油和用汽油洗手。

（2）氨（NH_3）

氨是无色有强烈刺激性的气体。在常减压蒸馏装置中氨用来注入到塔顶挥发线上以中和 HCl。氨气在空气中最高允许浓度为 $30mg/m^3$。轻度中毒时，对眼及上呼吸道黏膜有刺激作用，患者眼及口有辛辣感、流泪、流涕、咳嗽、声嘶、吞咽困难、胸闷、气急。重度中毒，是吸入高浓度氨气所致，可引起肺充血、肺水肿及肺出血；皮肤黏膜接触氨水或高浓度氨气可引起化学性烧伤，甚至角膜浑浊引起失明。少数患者可因反射性喉头痉挛或呼吸停止造成

“闪电式”中毒死亡。

预防措施：

① 对储存氨水的储罐和使用氨水的管线设备要定期检修，严防跑、冒、滴、漏。

② 对含氨废水及废气要净化处理，不得任意排放，防止污染劳动场所及周围环境。

13.3 常减压蒸馏装置防治污染的方向

（1）采用污染少的炼油工艺

在炼油装置上尽量采用不污染或少污染的工艺过程和设备是防治污染、保护环境的积极措施。蒸馏装置减压塔的大气冷凝排水对环境污染严重，国内外有的炼油厂已采用管壳表面冷凝器或空冷器代替直冷式大气冷凝器，用真空泵代替蒸汽喷射泵，从而消除了大气冷凝器的排水。用重沸器代替蒸汽进行汽提，并研究用天然气或炼油厂干气来代替汽提蒸汽，都是减少污染的有效途径。

近来，在国外炼油工业中，加氢精制所占比重迅速增加，其中重油加氢发展迅速。采用加氢精制可降低污水的排放量和污染程度，并消除了难以处理的酸、碱渣。用催化脱硫醇等油品脱硫工艺也可在不同程度上减少污染。

（2）降低新鲜水用量，压缩排污。

a. 大量采用空冷代替水冷。

b. 循环水取代单程冷却。

c. 重复利用净化污水。

有的炼厂将水质较好的冷后水供机泵、压缩机、抽空器冷却二次利用。喷气燃料水洗排水供柴油水洗用，既节约了新鲜水又压缩了排污水量。

回收蒸汽凝结水对节能、节水、压缩排污都有很大意义。这部分水经过处理后可用作锅炉给水。

某炼油厂将催化裂化的含酚冷却水和汽提脱硫、氨的冷凝水，用于原油脱盐设备，然后再用作焦化的冷凝水，不仅减少了污水排量，而且可将水中大部分的酚脱除。

（3）综合利用回收有用产品

从直馏煤油、柴油碱洗碱渣中回收环烷酸，从蒸馏装置的汽油碱洗碱渣和来自催化裂化、热裂化、焦化汽油的碱洗碱渣中回收酚。

（4）烃类、气体防治

将初馏塔顶、常压塔顶、减压塔顶的不凝气回收作为加热炉的燃料；采用浮顶、塑料浮罩，塑料微球等措施消除或减少油品的蒸发空间。

13.4 清洁生产

清洁生产是将综合性、预防性的环境战略持续地应用于生产过程、产品和服务中，以提高效率和降低对人类和环境的危害。

对生产过程来讲，清洁生产指节约能源和原材料，淘汰有害原材料，减少污染物和废物的排放和它们的有害性。

对产品来说，清洁生产指降低产品在整个产品生命周期（包括从原材料的生产到生命终结的处置)内对环境的有害影响。对服务来说，清洁生产指将预防性的战略结合到服务的设计和提供活动中。

清洁生产乃是从生态经济大系统的整体优化出发，对物质转化的全过程不断采取战略性、综合性、预防性措施，以提高物料和能源的利用率，减少乃至消除废料的生成和排放，降低生产活动对资源的过度使用以及对人类和环境造成的风险，实现社会的持续发展。

清洁生产谋求的两个目标：

① 提高资源的利用效率，即通过资源的综合利用、短缺资源的代用、二次资源的利用以及节能、省料、节水，以减缓资源的耗竭。

② 减少废料和污染物的产生和排放，促进工业产品的生产和消费过程与环境相容，降低整个工业活动对人类和环境的风险。

清洁生产包括三个内容：

① 清洁的能源。常规能源特别是煤的清洁利用，可再生能源的利用，新能源的开发，各种节能技术等。

② 清洁的生产过程。尽量少用不用有毒有害的原料，中间产品尽量是无毒无害的，减少生产过程中的各种危险性因素，如高温、高压、低温、低压、易燃、易爆、强噪音、强振动等；少废、无废的工艺和高效的设备；物料的再循环(厂内、厂外)；简便、可靠的操作和控制；完善的管理等。

③ 清洁的产品(包括无形的产品——服务)。节约原料和能源，少用昂贵和稀缺的原料，利用二次资源作原料；产品在使用过程中以及使用后不含危害人体健康和生态环境的因素；易于回收、复用和再生；合理包装；合理地使用功能(以及具有节能、节水、降低噪音的功能)和使用寿命等；产品报废后易处置、易降解等。

实现两个全过程控制：在宏观层次上组织工业生产的全过程控制，包括资源和地域的评价、规划、组织、实施、运营管理、维护、改扩建、生产设施的退役处置和效益评价等环节；在微观层次上，产品生命周期全过程的控制，包括原料的采集、储运、预处理、加工、成型、包装、产品的储运、销售、消费、使用以及报废后的处置等环节。

清洁生产应该是双赢战略，在它的概念中不但含有技术的可行性，还包括经济上的可赢利性，体现经济效益、环境效益和社会效益的统一。清洁生产又是一个相对的概念，所谓清洁的工艺和清洁的产品以致清洁的能源是和现有的工艺、产品、能源比较而言的。因此，推行清洁生产本身是个持续完善的过程，随着社会经济的发展和科学技术的进步，需要适时地提出更新的目标，争取达到更高的水平。

第十四章 节能管理

常减压蒸馏装置的能耗占炼油厂总能耗的14% ~15%左右，搞好常减压蒸馏装置节能降耗有重要意义。常减压蒸馏装置重点要做好与能耗相关的操作，控制好换热终温、加热炉总出口温度、加热炉排烟温度、热介质去冷却器前温度等。

14.1 原油换热终温

当一个装置的原油换热系统设计好以后，如果实际物料流量及温度与设计值相差较大，超出了该换热网络的操作弹性范围，则该换热网络的效率将会降低，换热器的传热系数将减小，实际原油换热终温将大大低于设计值。

一是要优化塔的回流取热比，提高高温位的热源数量。

在保证塔内负荷均匀和产品分离效果的前提下，尽量降低塔顶冷回流的取热比，提高常二中、常一中的回流取热比。因为热源的温度越高，其热量利用率越高。又比如，在某些侧线出同一产品时，如常二线和常三线同时作轻柴油调合油，减压二线和减压三线同时作为催化裂化装置的原料，就可在保证塔内负荷均匀的前提下，适当增加常三线和减压侧线油品的馏出量，都可以起到提高热量品级的作用。

二是尽量减少一、二段换热热量，增加原油三段换热热量。

一般原油换热系统，把从原油进装置换热至原油进电脱盐称为原油一段换热，把从电脱盐装置出来换热至进初馏塔称为原油二段换热，把从初馏塔塔底出来换热至常压炉进料称为三段换热。从换热网络优化的角度来讲，增大原油一二段换热热量，温度传递于最后，效率将是比较低的而增大原油三段换热热量，将有利于提高整个换热网络的效果。

三是要平衡好原油流量。

一般原油换热网络，由于热流个数较多而冷流只有原油一种，为了提高传温度差、减小换热面积，通常在设计原油换热网络时，都将原油人为地分成几股，分别与不同热流进行换热。在操作过程中，应控制好各股原油的流量，保持各股原油与不同热流换热后，重新汇合时的温度尽量接近。因为两股物流温差较大，热的一股由于汽化量相对较大，产生热阻压降增大。将温度较高的一路适当增大其流量，来达到各路原油温度尽量接近的目的。

另外，提高原油换热终温还要尽量搞好平稳操作，减小换热器内漏，减少换热器壁结垢等。

14.1.1 换热网络优化节能技术改造

换热网络优化节能技术是近几年来研究开发的高新技术成果，在换热网络的合成、分析、流程优化模拟、优化控制、最优化设计等方面形成了自己的特色，各装置编制了实用的计算机软件。有的利用于生产中，对炼油厂两种生产方案常减压换热网络进行优化节能研究并实施技术改造，均一次开车成功，能量回收效果达到国际先进水平。

加工轻质原油，低温位热量多，高温位热量不足。采用“窄点”换热技术，有利于换热网络的优化，可以更好地回收利用大量的中低温位热量。“窄点”换热技术的应用，同时也增加了原油的换热次数，提高换热强度，减少每次换热所需的换热面积，就有可能使用较小的换热面积或较少换热器台数，这样，建设投资小，介质在系统管路和设备中产生压降小，“窄点”换热的优势能够更好发挥。

14.1.2 使用高效换热器，回收中低温余热

各种高效换热器的共同特点在于提高换热器的换热系数，有的通过强化介质的流动状态，有的通过改进传热面结构和控制结构，最终实现传热系数的提高。高效换热器种类很多，如螺纹管换热器、扰流子换热器、双弓板换热器和折流杆换热器等，可以根据不同的介质选择使用。可回收高温余热的高温陶瓷换热器，比折流板式换热器传热系数提高20%～70%；可回收中低温余热的折流杆式换热器；比管壳式换热器传热系数提高4倍左右。

14.2 加热炉燃料消耗

加热炉燃料消耗占装置总能耗的70%～80%，是装置能耗的大头，也是装置节能最有潜力可挖的部分，优化加热炉操作应从以下几个方面入手：

一是加强加热炉“三门一板”的调节，降低加热炉过剩空气系数的同时，保证加热炉燃料完全燃烧，在操作过程中，可根据燃烧的火焰情况，调节加热炉每个火嘴的供风量和雾化蒸汽用量，保证适当的炉膛负压。同时，根据加热炉烟气氧含量情况调节加热炉的总供风量，尽量减小烟气排放量，减少加热炉排烟损失。

二是要降低加热炉烟气排放温度。现在一般加热炉都设有空气预热器系统，就是通过炉用空气和加热炉排烟换热来降低排烟温度，排烟温度越高，则排烟损失越大。降低排烟温度有一个低限，那就是要防止烟气在空气预热器热管的露点腐蚀，控制好合适的排烟温度。操作时，可通过调节加热炉排烟挡板和风门开度，保证适当的炉膛负压来调节。

三是要保持加热炉出口分支之间温差为最小，分支温差越大，除易引起加热炉炉管结焦外，还会产生总能级损失；调节分支温度差的方法除调节加热炉各火嘴的火焰大小外，还可调节加热炉各路进料的流量。

四是要保持加热炉炉管、空气预热器等有较高的传热系数，如定期对加热炉对流室钉头管外表面、空气预热器热管外表面进行吹灰除垢等。

14.2.1 加热炉热效率的控制

解决加热炉操作波动大，实施先进的均衡控制与燃烧优化技术。

现在加热炉操作波动大，挡板、风门以及火焰控制存在缺陷，热效率一直处于起伏状态，尤其是过剩空气系数控制不好是影响加热炉热效率的主要原因。

通过加热炉先进控制与优化攻关，减小加热炉出口各支路温度差，减小炉总出口温度波动幅度，达到优化操作、降低燃料单耗，提高加热炉热效率的目标。

由于常压加热炉温度的稳定非常依赖于加热炉前面各环节的稳定，前面生产过程的任意波动，都会影响到常压加热炉温度的稳定。对加热炉以及前面各环节回路进行PID控制器参数的自动整定，一方面可增强装置的稳定性，从而使常压加热炉的温度波动减小，增加整个装置的稳定性，另一方面也可以节能增效，有利于整个优化控制和燃烧优化项目，各回路的稳定性增强，这本身也可以达到部分的优化和节能目的。

在PID自整定中主要介绍了相关系数辩识法，原理是采集系统闭环运行时的输入/输出数据，并用实际的输入数据激励模型；然后计算实际输出与模型输出的相关系数，不断调整

模型参数，搜索对应于相关系数最大值的数学模型；再在此模型基础上依据二次型性能指标设计优化 PID 控制器。基于相关系数辩识法的 PID 自动整定方法，原理简单，操作方便，鲁棒性强，不熟悉算法的人也能使用得较好，特别是不需要系统开环运行，一般不需要施加扰动信号，比较适合工业过程控制的需要。

加热炉的先进控制与优化除了 PID 控制器参数的自动整定外，还可以包括以下内容。

（1）加热炉支路出口温度的均衡控制

常压加热炉进料一般分为几个支路。常规的控制方法是在各支路上安装各自的流量变送器可控制阀，而用加热炉出口总管温度来调节炉用燃料量。这样的调节方法根本没有考虑支管温度均衡的控制，支管温度均衡的控制由操作工凭经验根据分支温差来调节流量差。这种人为操作显然无法实现稳定的均衡控制，往往是各支管流量较均衡，而分支温度有相当大的差异，某一炉管因局部过热而结焦的可能性很大。为了改善和克服这种情况，需要采用支路均衡控制法。近年来出现的差动式平衡控制、解耦控制以及多变量预测控制等方法能够收取一定的效果，其中差动式方法不仅效果好，而且实现简单，操作简便，对于长期运行有一定的优势；另外，针对系统的非线形、强耦合性，模糊控制等智能控制方法也能实现较好的控制。其中总温参考支路均衡控制方法将支路的出口温度和炉出口总管温度比较，通过自动调节各支路的进料流量，维持各支路的温度均衡。

（2）加热炉出口总管温度控制

加热炉出口总管温度是加热炉操作最为重要的参数，出口温度的稳定对于常压塔等后续工艺的生产稳定、操作平稳甚至提高收率至关重要。现在使用较多的为串级控制系统。出口温度控制器的输出作为炉膛温度的设定值，炉膛温度控制器的输出作为燃料量的给定值，燃料量控制器再去控制调节阀。这种串级控制利用炉膛温度的重要信息，有利于克服某些装置燃料压力的波动，但反过来对炉膛温度测量的准确性要求较高。

在串级控制的基础上，再引入原油进料前馈，可以构成静态前馈控制或动态前馈控制。采用原油进料前馈控制后，在原油进料流量有变化时，控制系统能很快使燃料流量发生相应的变化，从而得到补偿，使进料流量波动对出口温度的影响较小。对于现在使用较多的串级控制，由于实际中系统的大时延、非线性以及时变特性，PID 控制很难取得理想的控制效果，采用先进控制，如目前在工业过程中应用最广泛的预测控制成为改善控制品质的必要手段。

(3)加热炉燃烧控制

加热炉燃烧控制的任务是提高加热炉的热效率，以达到节能增效的目的。由于加热炉是常压蒸馏装置中耗能最大的环节，能耗占整个装置的 70% 以上，因此，加热率效率的提高对于整个常压蒸馏装置的节能具有决定性的意义。常规的控制系统中，加热炉出口温度、炉膛负压、烟气氧含量等变量是独立的、互不关联的，而实际上各变量之间相互影响。一般可以采用前馈加反馈的控制方法。如：反馈调节对象选择加热炉的热效率或烟气氧含量，执行手段采用调节控制量；前馈系统采用单参数或多参数前馈，如选干扰源为燃料流量或燃料压力等。在燃烧控制的基础上可进一步实施燃烧优化，即采用高级优化策略通过烟气氧含量或热效率反馈寻求最佳的过剩空气系数。一般情况下，采用燃烧优化控制后能显著提高加热炉的热效率。

14.2.2 空气预热器技术

不少的蒸馏装置均采用了空气预热器技术，空气预热器技术类型主要有热管、水热媒、钢管、搪瓷管等。从排烟温度控制来看，热管空气预热器排烟温度控制到了180~200℃；使用水热媒空气预热器排烟温度控制到了150~170℃；使用搪瓷管空气预热器排烟温度控制到了140~160℃。新热技术的使用，大大提高了加热炉热效率。

14.3 日常节能管理

在装置的节能措施没有多大改动时，日常节能管理也是很重要的一部分。

塔的操作压力和装置能耗有一定关系，塔的操作压力提高以后，整个塔的操作温度也上升，有利于侧线馏分以及中段循环回流与原油的换热。但随着压力的升高，相对挥发度降低，分离困难，为达到相同的分离精确度，则必须加大塔顶的回流比，增加了塔顶冷凝器的负荷。一般认为，对于塔顶回流采取一段冷凝措施的常压塔，宜采用较低的操作压力，而对于塔顶回流采取二段冷凝措施的常压塔，一般采用较高的操作压力，有利于节能。在调节油品冷后温度的时候(如汽油进罐温度一般要求控制在50℃左右)，如果油品冷后温度低于控制指标，有些操作人员习惯于把冷却器开副线的做法，这样调节实际上也不利于装置节能，应采取关小冷却器出口阀的做法，可降低装置冷却水消耗。此外，在降低装置机泵冷却水用量、降低装置污水排放量等方面，操作人员都应有节能意识，尽量从细微处着手，从点滴做起。

14.3.1 降低电耗

(1) 此合理选用机泵

炼厂常减压蒸馏装置所选用的机泵，由于设计选用的原因，一般容量较大。效率较低，电力浪费较大。为此可采用以下措施：

① 根据生产实际需要，更换叶轮。

② 按实际处理量换成小泵。

③ 按实际负荷合理选用电动机。

④ 对于负荷变化较大的机泵，可采用变速电机或液力耦合器等。

⑤ 在背压蒸汽有合理用途时，用背压透平代替电动机。

(2) 降低电脱盐罐用电量

降低电脱盐罐用电量可以从两方面考虑。一方面是改进电脱盐罐结构(如将三层电极板改为两层)，选择适宜的罐体尺寸，电极板间距和电极板形式等，另一方面是从工艺操作条件着手，减少注水量，选择适宜的油水界面等。

这里需要指出，上述节电措施必须在满足电脱盐工艺要求，即满足原油脱后含盐、含水指标的基础上实施，切不可为节电而降低脱盐指标。

还应当指出，应该合理制定原油脱后含盐量的指标，例如，下游装置无重油催化加工装置时，硬性要求深度脱盐(脱后含盐 <3mg/L)是不合适的。此时应主要考虑设备防腐蚀对脱后含盐量的要求。

(3) 降低空冷器用电量

① 采用调角风机，根据介质的冷后温度及时调整风机角度或停止供风。采用自动调角风机约可比常规风机减少用电量三分之一。

② 采用玻璃钢叶片的风扇，可使同型号风扇配套马达功率降低。

③ 采用增湿空冷。

④ 用引风式空冷器代替送风式空冷器。

⑤ 最先进的方法是采用调速电机，用改变电机转速的方法来调节空冷器冷后温度。

(4) 用好调频电机节省电能

调频电机的投用具有启动平稳、噪音低、节能效果好等优点，尤其是节电。据介绍可节电30%左右，特别是对一些处理量和原油性质变化大的装置，其节电效果更加明显。但有些操作人员不愿使用，操作人员应努力改变观念，坚持使用调频电机，发挥调频电机的节能优势。

从电机的工作原理可知，异步电动的转速关系式为：$n=60f(1-s)/p$；从电机的结构可知道，一旦电机定型后，p(电机的极对数)、s(较差率)是不能改变的，唯有关系式中的f值(交流电频率)是可以变化的。当f值增加时，电机转速增加，反之减少，能够实现平滑无级的调速。而变频器就是接受4~20mADC或1~5VDC控制信号，将其输入的380V50Hz的供电，变换成电压0~380V和频率f可调的输出电源去驱动电动机，实现了不同的频率f值对应不同的转速，这就是变频调速。常规调节回路由液面检测仪表、流量检测仪表、调节器、控制阀、机泵组成。由变频取代了控制阀，机泵的转速受控于电源频率的变化。只要控制了机泵的转速，就控制了泵的排量。由于机泵的能耗与转速的立方成正比，即$W=an^3$，同样的排量机泵的转速降低，则功耗会大大降低，从而达到节电的目的。

由于变频器串接在控制回路中，仅作为一个电源逆变机构，特别对于那些在设计中流量和扬程明显较实际流量和扬程大的机泵，节能效果更为突出；尤其是其完善的保护功能，可更加有效地保证机泵的运行安全，启动过程可实现软启动，调节精度高，调速范围宽，降低设备维修率和维修成本。

① 变频电机的开泵。机泵做好启用准备(机油、冷却水等各部件完好)。CRT调出控制主显示控制回路切换手动操作，给定信号为20%~25%。机泵盘车，启动按钮，静候30~60s。电机转数稳定后，缓慢开泵出口阀门，调整到满足生产需要为止，不宜全开。实际值与给定值相接近时，控制改自动，使变频器平稳地过渡到正常。

② 变频电机的停泵。CRT调出控制主显示控制切换手动操作，信号值定在20%~25%。关闭泵出口阀门，按停止钮。

14.3.2 降低水的消耗

(1) 减少循环水用量

① 搞好低温位热量的利用，减少全装置冷却负荷。例如，把侧线产品与原油及其他需加热的介质换热至出装置的温度。取消相应的循环水冷却。

② 循环水二次利用。减压渣油用其他侧线产品水冷却器排出循环热水冷却，可大大减少装置的循环水用量。

③ 用空气冷却器代替水冷却器。用空气代替循环水作冷却介质，可大幅度降低循环水用量。空气冷却器尤其适用于夏季循环水温高，冬季气温不太低，不必采取热风循环防冻措施的炼油厂。

(2) 减少污水排放量

① 降低汽提蒸汽及抽真空器蒸汽用量。这些蒸汽都在塔顶经冷凝冷却，油水分离后排出，是装置含硫含油污水的主要来源。

② 降低机泵冷却水的排放量。机泵冷却水应尽可能回收至循环水系统，循环使用。全部排入含油污水系统是不合适的。

③ 降低电脱盐排水量。对有两级电脱盐的装置，应采用第二级电脱盐罐排水作为第一级电脱盐的注水。

④ 减顶不采用直冷。减顶采用直冷，将使含油污水大量增加。目前，国内只有个别装置仍沿用直冷。

⑤ 塔顶注水采用塔顶回流罐的排水。

（3）减少软化水用量

① 减少电脱盐注水。有两级电脱盐的装置，采用二级脱盐罐的排水作为一级脱盐的注水，可使注水量降低一半左右。此外也可采用经污水汽提后的净化水作为电脱盐注水。

② 减少湿式空冷器用水。湿式空冷器用水量一般由工作介质决定，但在选择湿式空冷器时，应合理选定用水量，不宜过多。此外，操作中可根据工作要求及季节的变化，能不喷水就尽量不开湿式冷空器的水系统。

③ 机泵冷却水尽可能采用循环水，不用软化水。

14.3.3　减少装置蒸汽用量

① 减少抽真空器工作蒸汽的用量。

② 减少或取消减压塔的汽提蒸汽用量。

③ 采用大型高效火嘴，减少加热炉的燃料雾化用蒸汽。

④ 减少伴热用汽。

蒸汽大部分在常压塔和减压塔塔顶在较低温度和压力下排出。它的热量难以回收。因而常常用水冷却器或空气冷却器使其冷凝，耗用大量冷却水或风机电能。所以降低蒸汽用量，对降低装置能耗有较明显的作用。

14.4　提高装置负荷率

在装置能耗构成中，有些是固定能耗，即能耗中与装置处理量无关的部分，如设备表面散热损失，这部分能耗在我国大多数炼厂一般占能耗的15%左右。固定能耗包括设备、管线的散热损失，无变频器机泵和电脱盐成电耗、抽真空蒸汽耗量等。如果这部分能耗占整个装置的比例大，负荷率降低后，装置的能耗仍较高，降低固定能耗措施是搞好保温减少热散失，配置与处理量相适应的动力设备等。另一部分是“可变能耗”，它与装置负荷率成正比，如加热炉有效热负荷越小，实际消耗越大，如蒸汽消耗等。综合来讲，如果装置负荷为80%，则装置能耗单耗约是满负荷的1.08倍。因此，在操作过程中须精心调节、精心操作、努力实现装置安稳长满优生产、提高装置负荷率，减少不必要的停车降量等事故，也能起到降低装置能耗的效果。

14.5　能源的多次利用

不少炼油厂加工了轻烃和高含硫原油，从提高经济效益和改善环境出发，目前大部分装置对三塔顶的轻烃组分进行回收利用。

初馏塔、常压塔顶气普遍通过压缩或提压操作方式回收其中轻烃，C_3、C_4 回收率高。回收的类型分为有压缩机和无压缩机两大类。

有压缩机流程的雅尔塔应用较广，轻烃回收率高。无压缩机流程的是通过提高初馏塔操作压力，将初馏塔顶气体中的 C_3、C_4 组分全部或大部分溶解在初馏塔顶油中，用泵将初馏塔顶油送到轻烃回收系统中回收液化气，这种方法回收率达95%。

减压塔顶不凝气的回收：传统的处理工艺一般是去加热炉燃烧，加热炉使用专门的抽真空火嘴。但在加工高硫油时，减顶瓦斯去加热炉燃烧将会带来一系列问题。对炉管及空气预热器造成腐蚀与结垢，且减压塔顶瓦斯燃烧后的烟气 SO_2 含量较高，也不符合环境保护的要求。为解决上述问题，主要办法有：

① 把减压塔顶不凝气经分液罐进入压缩机提压，回收轻烃并脱硫后送出装置。

② 增压脱硫。减压塔顶不凝气采用 Hijet 技术增压脱硫处理后，再送到加热炉作为自用燃料。原理主要是利用碱性溶剂（如二异丙醇胺 DIPA）在一定的温度、压力下，在吸收塔中与含硫气体逆向接触，使 H_2S 与贫溶剂发生化学吸收，从而脱除不凝气中的 H_2S。吸收了 H_2S 的富溶剂送到溶剂再生装置，在一定条件下进行解吸再生，再生后的溶剂可循环使用。

第十五章 腐蚀及防腐

随着市场需求的增加，部分炼油厂进行了扩能改造，使加工能力和实际加工量又有了一定幅度提高，但由于自产原油严重不足，进口原油数量逐年增加，对进口原油的依赖程度很强。2004 年，中国进口原油 1.22 亿吨，而进口原油主要以中东地区的含硫和高硫原油为主，自产原油约占总加工量的四分之一。从国内炼油厂所处区域来看，沿海炼厂以加工进口含硫和高硫原油为主；沿江和内陆炼油厂以加工胜利原油与进口原油的混合原油为主。如沿海某炼油厂 1997 年至 2004 年，进口原油比例逐渐增加，原油平均硫含量逐步升高。高硫原油所占比例占总加工量的 79.2%，最高含硫量为 2.98%，原油平均含硫量达 1.59%，是 1997 年的 3.5 倍。随着沿江、沿海加工含硫原油基地的逐步建立，加工含硫原油的数量及原油的硫含量也逐年增加，加工高硫原油过程中装置的腐蚀问题日益突出，炼油装置由腐蚀造成的事故也明显增多，已经成为严重制约延长炼油装置开工周期的重要因素。常减压蒸馏装置常见的腐蚀有低温露点腐蚀、高温 $S-H_2S-RCOOH$(环烷酸腐蚀)、垢下腐蚀、SO_2、SO_3-H_2O 型腐蚀等。

常减压蒸馏是原油加工的第一步，为后续的二次加工提供原料，常减压蒸馏装置的高效正常操作，对整个炼油厂的生产至关重要，同时常减压装置也是加工高硫原油过程中发生腐蚀的重点装置。在生产中了解和解决加工高硫原油过程中常减压蒸馏装置的腐蚀，全方位地对装置进行防护。

15.1 常减压蒸馏装置腐蚀分类

(1) 低温露点腐蚀 $H_2S-HCl-H_2O$

这类腐蚀主要发生在初馏塔、常减压蒸馏塔的上部、塔顶管线和三顶水冷器。低温 $H_2S-HCl-H_2O$ 型腐蚀主要是由原油含盐引起的。在原油加工过程中，原油中的无机盐(主要是 $MgCl_2$、$CaCl_2$)和原油开采过程中加入的有机氯化物发生水解，生成腐蚀性的 HCl，在蒸馏过程中 HCl 和硫化物加热分解的 H_2S，随同原油中的轻组分挥发至塔顶并进入塔顶冷却系统，在冷凝水较少的初冷区，可形成腐蚀性很强的稀盐酸腐蚀环境。随着冷凝温度的下降，无机氨进入冷凝水中，并与 HCl 反应生成 NH_4Cl，此时冷凝水的 pH 值急剧上升，H_2S 迅速溶解，在 pH = 8 ~ 10 时，HS^- 的离解浓度接近最高水平，同时 S^{2-} 浓度迅速上升。所以在加工高硫原油时，设备腐蚀加剧。在低于 140 ℃的部位，由于脱盐后剩余的盐类遇到露水以后，发生水解反应生成盐酸的结果，可使冷凝段的 pH 值降低到 1 ~ 3 左右。它的腐蚀破坏程度与 Cl^- 浓度、pH 值的高低成正比，H_2S 的浓度对腐蚀影响稍弱。主要腐蚀部位：常压塔顶部 3 ~ 5 层塔盘和塔顶冷凝冷却系统。

(2) 高温腐蚀 $S-H_2S-RCOOH$(环烷酸)

由高酸值和含硫原油引起的高温部位的腐蚀，主要有高温硫和高温环烷酸的腐蚀。腐蚀主要部位加热炉出口、转油线、常减压塔底和渣油换热器等。当温度在 240℃以上时，原油中的部分有机硫化物转化为 H_2S 和元素硫，活性硫、硫醇和 H_2S 在高温下与金属材质反应生成 FeS，使设备腐蚀由快变慢，但是，由于原油中石油酸的存在，保护设备表面的 FeS 膜受到破坏；且在 280℃以上时，石油酸也可造成设备的严重腐蚀。

高温硫的腐蚀主要取决于原油中含有活性硫（硫化氢、硫醇、单质硫）的多少，活性硫含量增加，腐蚀速度增加，主要表现在 240 ~ 430 ℃之间，480℃之后分解，腐蚀减弱。

在高温下硫主要以 H_2S、S 的状态存在，直接与铁反应：

$$Fe + H_2S \longrightarrow FeS + H_2$$

$$Fe + S \longrightarrow FeS$$

而 FeS 本身对金属有保护作用，但在高速液体中和环烷酸存在的情况下，破坏保护膜和 FeS 反应析出 H_2S 造成循环腐蚀。

$$2R - COOH + FeS \longrightarrow Fe(R - COO)_2 + H_2S$$

环烷酸的腐蚀除了受油品酸值的影响（>0.5mgKOH/g）外，在 270 ~ 280 ℃和 350 ~ 400 ℃ 两个温度范围腐蚀比较明显。

$$2R - COOH + Fe \rightleftharpoons Fe(R - COO)_2 + H_2$$

由于腐蚀生成的环烷酸铁溶于油，所以介质流速的提高会加重腐蚀。

腐蚀重点部位：处在该温度范围的高温介质和分馏塔靠近底部的侧线、塔底油、流速较高的塔进料线、转油线。

（3）垢下腐蚀

发生在蒸馏塔顶的垢下腐蚀有三种：

① 酸盐的水解。当 HCl、H_2S 用弱碱中和时产生了酸盐，酸盐的含水物在 pH 值接近 4.0 时就会水解成溶液，它们有很大的腐蚀性，并导致严重的垢下腐蚀。

② 弱碱生成共轭酸。当任何酸类用弱碱中和时都会生成弱酸，这种弱酸是氢离子的一种来源，虽然它不会使 pH 值降低，但可以与钢铁反应引起腐蚀，仅用 pH 值并不能定义它的腐蚀性。含水的中和盐沉积物会使这种共轭酸有很高的危害。

③ 电势差。在表面上发生反应的速度，对于垢后表面，与清洁表面或轻微覆盖的表面是不同的，钢铁是良导体，不能保持两种不同的电势，电子流动会使表面电势平衡，其结果是造成沉积物下面的铁质溶解，使腐蚀加快。

有的蒸馏大部分碳钢水冷器镀有 Ni - P 镀层应比碳钢水冷器耐蚀，但从腐蚀调查看，镀有 Ni - P 镀层的水冷器比碳钢水冷器腐蚀更严重，所有镀层全部剥落。这主要是镀层结构不严密，镀层空隙率高或基体材质没处理好，造成腐蚀性介质穿过镀层侵入到基体材质，使镀层起到实际的“垢层”作用，从而形成垢下腐蚀。设备、管线内沉积的铵盐等垢物和水冷器的积垢随着水分和空气的进入，内外形成氧浓差，从而形成严重的垢下腐蚀。

（4）SO_2、$SO_3 - H_2O$ 型腐蚀

该类型的腐蚀在常减压蒸馏装置中主要存在于加热炉的空气预热器、对流室炉管。其腐蚀形态主要表现为腐蚀产物堵塞后局部腐蚀穿孔。腐蚀机理为含硫烟气的“硫酸露点”腐蚀。反应方程式如下：

$$S + O_2 \longrightarrow SO_2$$

$$SO_2 + 1/2\ O_2 \longrightarrow SO_3\text{（高温或氧化）}$$

$$SO_3 + H_2O \longrightarrow H_2SO_4\text{（600℃以下）}$$

由于常减压蒸馏装置加热炉燃料油一般采用本装置重油，不经脱硫处理。而燃料重油中通常含有 2% ~3% 的硫及硫化物，燃烧时约大部分形成二氧化硫。二氧化硫中约有 1% ~

5% 在一定的条件下氧化形成三氧化硫。三氧化硫对设备几乎不发生作用，但当它与烟气中水蒸气(5% ~18%)结合形成硫酸蒸汽时，却大幅度提高了烟气的露点。这样当接触烟气的装置表面温度低于露点时，即发生酸液的凝结并强烈地腐蚀金属。

15.2 常减压蒸馏装置工艺防腐

常减压蒸馏装置的工艺防腐措施通常采用"一脱三注"或"一脱四注"方案进行，防治初馏塔塔顶、常压塔塔顶、减压塔塔顶等低温部位的 $H_2S-HCl-H_2O$ 型腐蚀。

15.2.1 常减压蒸馏装置深度脱盐

加工含硫(高硫)原油会对生产装置带来一系列腐蚀问题，同时后续加工装置对原料油的质量要求也越来越苛刻，因而对原油深度脱盐问题十分重视。

(1) 油田原油的脱盐脱水

油田原油脱盐脱水与炼油厂电脱盐关系密切。只有油田加强原油的预处理，降低外输原油的盐、水含量，才能保障炼油厂深度脱盐得以顺利进行。近年来重视油田管理，使进厂原油的质量不断提高。有关国家规定，经油田处理后进炼油厂的原油盐含量不大于 50mg/L，水含量小于 0.5%。由于进厂原油的盐含量较低，所以二级脱盐效果稳定。这种加强油田脱盐脱水管理的做法，可以借鉴。

(2) 低温预脱盐

由于进厂原油品种较多，有些原油的性质差别较大，从而给电脱盐装置的平稳操作带来了困难。鉴于这种情况，出现了原油预脱盐技术的研究，包括低温广普破乳剂的开发、高效新型电脱盐罐的研制以及利用原油储罐进行预脱盐技术等。有的破乳剂可在较低的温度(70 ~80 ℃)下有效地进行原油破乳化，促进原油中的油水分离。与之配套的新型平流式电脱盐罐采用鼠笼式电极板结构，不仅有利于油水分离，而且具有脱盐效率高和能耗低的特点。上述技术适用于落地回收原油和劣质原油的脱盐脱水预处理以及机械杂质的脱除，可有效地保证原油深度脱盐装置的正常运行。相对来说，原油在储罐中有较长的停留时间，因此，有些单位设想在原油进罐时，在泵出口注入适量的水和破乳剂，使原油中的大部分盐水在罐中实现自由沉降分离，结合采用浮动抽油技术和加强原油罐切水管理，可达到预期脱盐的目的。

(3) 油田 - 炼油厂的综合管理

炼油厂原油预脱盐移到油田进行处理要经济得多。如果能使 90% 的盐在油田脱除，那么炼油一般只需一级脱盐便可达标。

(4) 成套电脱盐装置

电脱盐设备是炼油厂减轻设备腐蚀及满足原油深度加工要求的关键设备。随着含硫原油产量的增加、原油的重质化以及深度加工技术的发展，对原油电脱盐的要求也越来越高。近年来，国内电脱盐装备以及与之相应的技术取得了快速发展，成套电脱盐技术，对电脱盐水平的提高起到了积极的促进作用。国内成套电脱盐装置正在各生产企业发挥着主导作用，其主要经济技术指标已接近或达到国际先进水平。

(5) 主要影响因素和操作

① 原油性质。原油进炼油装置时应尽可能保持平稳，尽量避免原油含水、含盐的大幅度波动。例如，尽量减少原油储罐底部的大量积水，防止在切罐时造成原油大量含水，对脱盐和蒸馏装置造成冲击。一旦在脱盐罐内形成过厚的乳化层，将导致脱盐电流急增，可能导

致无法供电。

② 原油电脱盐工艺。

a 脱盐工艺。为了保证电脱盐装置的长期稳定运行，电脱盐工艺一般不少于两级电脱盐，每级电脱盐包括注水、注破乳剂、混合强度、电场强度。

b 脱盐装置。电脱盐罐宜用卧式电脱盐罐，脱盐罐体积应满足原油的停留时间；推荐原油在脱盐罐内的流动为平流，从而避免原油流动与水滴沉降的返混。脱盐装置应有反冲洗系统，防止脱盐罐底部沉积物沉积(如泥沙等)。

c. 注水。电脱盐注水是为了将原油中的可溶性盐类洗涤至水中，通过脱水将盐脱除，因此，电脱盐注水应为除盐水或新鲜水。为了保证洗盐效果，同时节约用水，降低能耗，单级注水应≯10%，总注水量≯15%(相对于原油处理量)，各注水点应在各级混合器之前适当位置。如果采用三级脱盐，可将三级脱盐排水回注一级。

d. 注破乳剂。破乳剂的类型、用量是影响原油电脱盐效果的重要因素之一，破乳剂宜选用广普性较强的破乳剂，以满足炼油厂加工原料多变的需要。破乳剂采用每级分别注入，可注在注水管线上(或混合器之前的合适位置)。如果采用三级脱盐方式，三级脱盐的排水回注一级，一级可不再另外注破乳剂。根据实验研究结果，三级电脱盐的总破乳剂用量可控制在50mg/L以内(相对于原油处理量、建议破乳剂总用量≯40mg/L，其中二级脱盐的用量可适当高一点)。破乳剂可采用稀释后泵注(配置成1% ~5%溶液)，也可以采用自动注入系统直接加注破乳剂产品。

e. 电场强度。电场是电脱盐的重要参数，一般来说，电场强度的提高有利于电脱盐的效果，但电场强度超过一定数值时，再提高电场强度，对脱盐效果影响不大，如果电场强度过高，反而引起电分散现象，不利于原油脱盐。因此，无论采用何种极板结构，强电场强度应在800V/cm以上，最好在1000V/cm左右，弱电场在300 ~500V/cm左右。

f. 脱盐温度。由于高硫原油具有相对较低的密度、黏度，脱盐温度较低，油水混合和分离难度增加，相对来说应选择较高的脱盐温度，这样可以改善原油的流动性，提高油水密度差，有利于油水分离。但温度过高，水容易汽化，脱盐压力加大，油水也容易乳化，推荐脱盐温度为120 ~130℃。

15.2.2 常减压蒸馏装置防腐措施

原油中的氯化物和硫化物在原油被蒸馏过程中受热分解或水解，产生的氯化氢、硫化氢以及有机酸等腐蚀介质，对设备和管线造成腐蚀。在常减压蒸馏装置中，腐蚀可以发生在高温的重油部位，如减压炉炉管、塔底等，也可以发生在低温部位，如常减压塔冷却器系统。为了减轻塔顶冷凝系统的腐蚀，目前炼油厂一般采用“一脱三注”的防腐措施。其中“一脱”即为原油电脱盐又叫原油蒸馏前的预处理；“三注”即为塔顶挥发线注氨、注缓蚀剂、注水(碱性水)。这样氨、缓蚀剂、破乳化剂、碱等就称为原油常减压蒸馏的辅助材料。

(1) 原油注碱

目前由于工艺要求，国内炼油厂一般都停止了对原油的注碱。如果工艺允许，原油注碱对控制腐蚀十分有益，可以考虑对原油注碱。根据对日本、韩国炼油装置的腐蚀调查，目前它们仍采用原油注碱，注在加热炉之前，并且严格控制碱的注入量。

(2) 挥发线注中和剂

无机氨是价格最便宜的中和剂，注氨是我国“一脱四注”防腐蚀的重要手段，但是有以下缺点：

① 在大多数应用中，氨不会与初期冷凝水一起凝析，NH_3 与 HCl 的沸程不同步。在常压塔塔顶系统中，50%的游离 HCl 集中在5%的初期冷凝水中，全部 HCl 集中在20%的冷凝水中，在水的露点温度下，NH_3 与 HCl 的中和作用不大，所以仍然有 HCl 的腐蚀作用。

② 氨和 HCl 会形成 NH_4Cl 的固体，造成结垢与管线堵塞以及形成垢下腐蚀。在不同 pH 值的情况下，氨与 H_2S 形成硫氢化铵和硫化铵，硫氢化铵和硫化铵容易发生水解从而造成腐蚀。

③ 注氨难以将 pH 值控制在所需的范围。目前大多数炼厂采用注有机胺来替代注氨工艺，有机胺中和能力强，能快速进入初期冷凝水提升露点位置的 pH 值。如应用了乙醇胺作为一种中和剂，它能吸收 H_2S 等酸性气体，而且吸收后的生成物极易再生。有的中和剂的碱性比 NH_3 更强，成本不高，其对 H_2S 的吸收具有良好的选择性，与酸性气体反应温度不高，蒸气压低，对塔顶负荷影响不大。

另外，塔顶系统除 HCl 的腐蚀外，还存在 H_2S 的腐蚀问题，因此，控制稳定的 pH 值，对于塔顶系统的腐蚀控制是相当重要的，当 pH 值小于5时，HCl 的腐蚀会很严重，而当 pH 值大于8时，H_2S 的腐蚀作用最强。因此塔顶回流罐的 pH 值应控制在6～7的范围内。使用无机氨时，很难把 pH 值控制在这个范围，而使用有机胺时，则较容易达到。使用有机胺中和剂(需要考虑中和剂的中和能力、挥发性)，也可以采取有机胺与氨水混合使用，塔顶 pH 值一般控制在6.5～8.0，采取有机胺与氨水混合使用可将 pH 值控制在6～7。注入位置主要是在塔顶油气管线(发生露点部位之前)。

(3) 挥发线注缓蚀剂

塔顶挥发线注缓蚀剂可以对注入点以后一系列设备进行防护，如果塔顶内部腐蚀严重，应在塔顶回流系统注入缓蚀剂。缓蚀剂用量过高，能够造成系统乳化，使油水分离出现困难，影响正常操作。因此，对特定的缓蚀剂应该进行评价，控制注入量，达到既控制腐蚀又不影响正常操作的目的。

注入位置：塔顶油气管线(发生露点部位之前，中和剂注入点之后，但要避免在管线内壁局部形成冲刷)、塔顶回流管线进蒸馏塔之前。

(4) 挥发线注水

注氨后塔顶系统可能出现氯化铵沉淀，不但影响冷凝冷却系统的传热效果，而且引起设备的垢下腐蚀。在挥发线上注水，可以使冷凝冷却器的露点部位外移，稀释腐蚀介质浓度，从而保护冷凝设备。

(5) 提高冷却水的流速

将冷却水的流速提高至正常值，尽可能使水冷器中的冷却水温度不超过设计温度，以利于减少杂物、泥沙等的沉积和水处理药剂的分解、积垢，减缓垢下腐蚀，提高换热效率。

(6) 逐步引进和摸索使用高温缓蚀剂

为了综合解决目前的腐蚀，特别是目前最突出的问题就是加氢料铁离子容易超标的问题。从减压塔内不锈钢塔盘的腐蚀情况来看，单一靠提高设备材质的办法，滞后大，不一定能取得满意的效果，对在运的装置从工艺上采取注入高温缓蚀剂的方案值得考虑。

15.2.3 常减压蒸馏装置设备防腐

15.2.3.1 低温露点腐蚀的防腐对策

对重要腐蚀部位设备本体采取防腐处理。对腐蚀严重的三顶水冷器的碳钢管束可选用12Cr2AlMoV、3RE60或09Cr2AlMoRE等耐HCl、H_2S腐蚀的材质。有些换热器已选用8Cr2AlMo材质，但据资料介绍8Cr2AlMo的抗蚀性没有12Cr2AlMoV等材质好。

目前主要是在碳钢材料的基础上进行涂层防腐处理为主，例如，PPS工程塑料(250℃以下使用)、Ni－P非晶镀(400℃以下均可使用)。

冷凝硫酸有两大危害：一是腐蚀设备，二是吸附烟灰，从而构成难以清除的黏性积灰。因此，在常减压蒸馏装置中最好的防腐措施是降低烟气露点和提高换热面壁温，使设备在露点以上运行。通常可以采用以下措施：

① 使用低硫燃料降低烟气露点。燃料中的硫是造成装置腐蚀的主要原因。据文献介绍，使用含硫量0.5%以下的燃油，可有效地控制腐蚀，因此，尽量使用低硫燃油。如果使用气体燃料可以用脱除H_2S来减缓腐蚀。

② 提高冷介质的进口温度，避免酸的"露点"出现。

③ 提高换热面金属的表面温度。金属换热面温度除了受烟气温度影响外，主要由被预热的介质决定，尤其在介质入口更是如此，因此可以通过改进和采用更为先进的设计来提高换热面金属的表面温度，以减缓腐蚀。例如，在空气预热器的设计中，将管子水平放置，烟气在管外流动冲刷换热面，这样的布置其壁温较烟气走管内的立管预热器为高。值得一提的是，采用热管式空气预热器是一种较为先进的设计，由于冷、热流体完全隔开，热管整体温度较均匀，壁温也易调整。一般来说，热管式装置比其他类型更有利于防止露点腐蚀。

④ 注入添加剂。可在重油燃料中加入适当的添加剂，以降低燃料的腐蚀性或烟气的露点。

⑤ 选用耐硫酸露点腐蚀材料。如国内目前使用效果较好的NS1钢、ND钢。

⑥ 采用耐蚀防护涂层。

15.2.3.2 高温部位腐蚀的防腐对策

主要是采用混炼的方法降低油品酸值和对高温腐蚀部位材质升级。

对于加工高硫原油的装置来说，高温硫腐蚀是主要的腐蚀类型，高温硫腐蚀是指原油中的硫化物在高温下与设备、管道材质发生化学反应造成的腐蚀，腐蚀形态为均匀腐蚀减薄。高温硫腐蚀速度快，如果一旦造成泄漏，很容易引起着火爆炸，危害性相当大。高温硫腐蚀的防护主要采用材料防腐，依据《加工高硫原油重点装置管道设计选材导则》、《加工高含硫原油部分装置在用设备及管道选材指导意见》，结合高温硫腐蚀的机理和实际生产经验，兼顾其经济性。加工高硫原油常减压装置高温部位选材参考见表15－1。

表15－1 常减压蒸馏装置部分在用管道选材参考表

序号	部位	推荐选材	备注
1	初馏塔底至常压炉进料线 240～288℃ ≥288℃	 碳钢、1Cr5Mo 1Cr5Mo	注1
2	常压炉出口低速转油线	碳钢＋0Cr13Al(0Cr13) 碳钢＋0Cr18Ni10Ti 碳钢＋00Cr17Ni14Mo2	注2

续表

序号	部　　位	推 荐 选 材	备 注
3	常压加热炉出口高速转油线	1Cr5Mo(直管) 0Cr18Ni10Ti 00Cr17Ni14Mo2	注 2
4	常一中管线	碳钢	
5	常二中管线 常压塔至一次换热管线 一次换热至二次换热 二次换热至三次换热	 1Cr5Mo 碳钢、1Cr5Mo 碳钢、1Cr5Mo	注 1
6	常三中管线 240~288℃ ≥288℃	 碳钢、1Cr5Mo 1Cr5Mo	注 1
7	常底抽出至常底泵管线 常压塔抽出至常底泵 常底泵出口至减压炉对流段	 1Cr5Mo 1Cr5Mo	
8	常一线 常压塔至常压汽提塔 常压汽提塔返回线 常压汽提塔至常一泵 常一泵至常一油一次换热器	 碳钢 碳钢 碳钢 碳钢	
9	常二线 常压塔至常压汽提塔 常压汽提塔返回线 常压汽提塔至常二泵 常二泵至常二油一次换热器	 碳钢、1Cr5Mo 碳钢、1Cr5Mo 碳钢、1Cr5Mo 碳钢、1Cr5Mo	注 1
10	常三线 常压塔至常压汽提塔 常压汽提塔返回线 常压汽提塔至常三泵 常三泵至常三油一次换热器 一次换热至二次换热 二次换热至三次换热(空气预热器)	 1Cr5Mo 1Cr5Mo 1Cr5Mo 1Cr5Mo 1Cr5Mo 碳钢、1Cr5Mo	注 1
11	常四线 常压塔至常压汽提塔 常压汽提塔返回线 常压汽提塔至常四泵 常四泵至常四油一次换热器 一次换热至二次换热 二次换热至三次换热	 1Cr5Mo 1Cr5Mo 1Cr5Mo 1Cr5Mo 碳钢、1Cr5Mo 碳钢	注 1
12	减压炉出口低速转油线	碳钢+0Cr13Al(0Cr13) 碳钢+0Cr18Ni10Ti 碳钢+00Cr17Ni14Mo2	注 2
13	减压炉出口高速转油线	0Cr18Ni10Ti 00Cr17Ni14Mo2	注 2
14	减一中线 减压塔至减一中泵 减一中泵至减一中换热器 换热器出口返塔	 碳钢、1Cr5Mo 碳钢、1Cr5Mo 碳钢	

续表

序号	部　　位	推　荐　选　材	备　注
15	减二中线		
	减压塔至减二中泵	1Cr5Mo	
	减二中泵至减二中一次换热器	1Cr5Mo	
	一次换热至二次换热	碳钢、1Cr5Mo	注 1
	二次换热至三次换热	碳钢、1Cr5Mo	
	三次换热器出口返塔	碳钢、1Cr5Mo	
16	减二线		
	减压塔至减压汽提塔	碳钢、1Cr5Mo	
	减压汽提塔返回线	碳钢、1Cr5Mo	注 1
	减压汽提塔至减二泵	碳钢、1Cr5Mo	
	减一泵至减二油一次换热器	碳钢、1Cr5Mo	
17	减三线		
	减压塔至减压汽提塔	1Cr5Mo	
	减压汽提塔返回线	1Cr5Mo	
	减压汽提塔至减三泵	1Cr5Mo	
	减三泵至减三油一次换热器	1Cr5Mo	
	一次换热至二次换热	碳钢、1Cr5Mo	注 1
18	减四线		
	减压塔至减压汽提塔	1Cr5Mo	
	减压汽提塔返回线	1Cr5Mo	
	减压汽提塔至减四泵	1Cr5Mo	
	减四泵至减四油一次换热器	1Cr5Mo	
	一次换热至二次换热	碳钢、1Cr5Mo	注 1
	二次换热至三次换热	碳钢、1Cr5Mo	
19	减五线		
	减压塔至减压汽提塔	1Cr5Mo	
	减压汽提塔返回线	1Cr5Mo	
	减压汽提塔至减五泵	1Cr5Mo	
	减五泵至减五油换热器	1Cr5Mo	
20	减底线		
	减压塔抽出至减底泵	1Cr5Mo、1Cr9Mo	
	减底泵至减底油一次换热器	1Cr5Mo、1Cr9Mo	
	减底油一次换热器至二次换热器	1Cr5Mo	
	减底油二次换热器出口至三次换热	碳钢、1Cr5Mo	注 1

注 1：现用碳钢，有可靠数据证明腐蚀速率 <0.25mm/a，且腐蚀余量足够时可继续使用，但应加强监测。

注 2：由于原油品种较多，硫含量变化幅度大，以及考虑到有些企业原油含酸值虽未达到 0.5mgKOH/g，但存在环烷酸腐蚀，根据各企业目前实现用材的情况，常压、减压转油线在 SH/T 3096—1999 的基础上增加了耐腐蚀性能更优良的材料品种。

第十六章　生产技术管理

本章包括蒸馏装置生产能力的评价、蒸馏装置有关的计算、装置标定等内容。

16.1　装置生产能力的评价

常减压蒸馏装置生产能力指的是装置加工原油量的大小，有几种评价方法，如年加工量、月加工量、日加工量。一般以年加工量作为常减压蒸馏装置生产能力的评价指标。常减压蒸馏装置作为炼油生产的“龙头”装置，其生产能力的大小代表着炼厂的规模大小。

在衡量处理量的大小时，国内一般采用万吨/年为单位，国际上则以桶/日为单位，两者之间的换算关系见表16－1。

表16－1　处理量换算关系表

品　种	桶→吨	吨→桶	桶/日→吨/年	吨/年→桶/日
原油	0.136	7.33	50	0.0201
汽油	0.118	8.45	43	0.0232
煤油	0.128	7.80	47	0.0214
柴油	0.133	7.50	50	0.0205
重油	0.149	6.70	55	0.0184

注：根据上述品种平均密度选取的系数(不包括LNG)。

常减压蒸馏装置生产能力的高低跟装置的设计、工艺类型、设备技术水平、原油结构、产品结构、操作水平等因素有关。

16.2　工艺计算

16.2.1　能耗计算

(1) 能耗的组成

常减压蒸馏装置能耗主要是工艺过程必须消耗的燃料、水蒸气、电力、水等所产生的能量消耗。其中，燃料能耗比例最大，达60%～85%；其次是电和蒸汽，均占总能耗的10%～15%；水的能耗约占总能耗的4%左右。

(2) 能耗的计算

常减压蒸馏装置的能耗是生产过程中所消耗的燃料、蒸汽、电力、耗能介质(各种水、压缩空气)的能量的总和，通常用单位能耗来表示。即加工1t原油平均消耗的能量。

单位能耗的计算公式如下：

$$E_p = E_f + E_s + E_e + E_w + E_x + E_h$$

式中　E_p——装置能耗，MJ/t原油；

E_f——装置燃料能耗，MJ/t原油；

E_s——装置电力能耗，MJ/t原油；

E_e——装置蒸汽能耗，MJ/t 原油；

E_w——装置各种水的能耗，MJ/t 原油；

E_x——装置其他能耗介质的能耗，MJ/t 原油；

E_h——装置与界外交换的有效热量，MJ/t 原油。

上述各分项能耗，可用实物消耗量与相应的换算系数的乘积计算出来。公式如下：

$$E_i = G_iA_i$$

式中 E_i——分项能耗，MJ/t 原油；

G_i——实物消耗量，t(或 Nm^3，kW·h)/t 原油；

A_i——各种实物的换算系数。见表 16－2。

表 16－2 各种耗能工质的能耗换算系数

序号	能源或耗能介质名称	实物计量单位	换算系数	
			MJ	kg 标油
1	燃料油	1t	41868	1000
2	燃料气	1t	39775	950
3	新鲜水	1t	7.12	0.17
4	循环水	1t	4.19	0.1
5	软化水	1t	10.47	0.25
6	除盐软化水	1t	96.3	2.3
7	凝结水(凝气透平)	1t	152.8	3.65
8	凝结水(加热设备)	1t	320.3	7.65
9	电	1kW·h	10.89	0.26
10	蒸汽(1.0MPa)	1t	3182	76
11	蒸汽(0.3MPa)	1t	2763	66

装置与界外交换的有效热量的取值规定如下：装置热进料或热出料只计算高出规定温度部分的热量。汽油的规定温度为60℃，柴油为80℃，蜡油(催化裂化原料)为90℃，渣油为130℃。装置输出热量为负值，输入热量为正值。

例 16－1 某蒸馏装置当月处理量为 25×10^4t，加热炉当月用燃料油为 450t，求燃料油当月能耗为多少 kg 标油/t?

解：则燃料油能耗 $E_i = G_iA_i = (450/250000)\times1000 = 1.80$(kg 标油/t)

按中国石化股份有限公司炼油事业部修订的能量消耗计算方法(2003 年 12 月)。现将某厂常减压装置 2005 年能耗计算于表 16－3 中。

表 16－3 某厂常减压装置 2005 年能耗表

项目		用量/t	单耗/(t/t)	能耗/(kgEo/t)
处理量		2346706		
水	循环水	11405720	4.860	0.486
	新鲜水	106803	0.046	0.008
	软化水	127720	0.054	0.014
电		9719783	4.142	1.077
蒸汽	1.0MPa	－23826	－0.010	－0.772
	0.35MPa	－1931	－0.001	－0.054
炉燃料	燃料油	7589	0.003	3.234
	燃料气	14868	0.006	6.019
能耗合计				10.011

16.2.2 机泵的有关计算

离心泵的主要性能参数有流量、扬程、功率和效率四项。

(1) 扬程(压头)H_e

扬程是泵加给每千克液体的能量，是液体进泵前与进泵后的压头差，用 H_e表示，其单位为所输送液体的液柱高度(m)。

(2) 流量 Q_e(m^3/h)

泵的流量是泵在单位时间内排出的液体体积，它是衡量机泵的重要参数之一，用符号 Q_e表示，其单位是 m^3/h。

(3) 功率和效率

单位时间内液体经泵之后，实际得到的功称为有效功率，用符号 N_e 表示。

$$N_e = H_e Q_e \rho / 102(\text{kW})$$

或

$$N_e = H_e Q_e' \gamma / 367$$

式中 H_e——泵的扬程，m 液注；

Q_e、Q_e'——输送温度下液体的流量，m^3/s、m^3/h；

ρ、γ——输送温度下液体的密度、相对密度。

102、367——单位换算常数。

泵从电动机得到的实际功率称为轴功率，泵的有效功率比轴功率小，两者之比 η 称为泵的总效率。$\eta = N_e / N_{e轴}$

例 16－2 有一台 100Y60 型油泵，用来输送常压塔顶回流油，回流油的密度为 640kg/m^3。该泵在流量为 101.6m^3/h 时，扬程为 62.5m，效率为 70%，试求该泵的有效效率、轴功率和电动机功率(安全系数 $k=1.25$)。

解：泵的有效功率

$$N_e = \frac{QH\rho}{102} = \frac{101.6 \times 62.5 \times 640}{3600 \times 102} = 11.07\text{kW}$$

因为 1h＝3600s

泵的轴功率 $N = N_e/\eta = 11.07/0.7 = 15.8\text{kW}$

电动机功率 $N_电 = kN = 1.25 \times 15.8 = 19.75\text{kW}$

例 16－3 某离心泵运转时，测得排液量 10m^3/min，液体密度为 720kg/m^3，压力表和真空表的读数分别为 343Pa 和 180mmHg，两表测压点处的垂直距离为 324mm，吸入管和排出管内径分别为 400mm 和 350mm，泵的效率为 80%，试求泵的实际压头、实际功率和所配电动机的功率(安全系数 $K=1.1$)。

解：泵的压头即扬程为：

$$H = H_压 + H_真 + h_0 + \frac{\omega_2^2 - \omega_1^2}{2g}$$

压力表所测的表压以 m 液柱计，即：

$$h = \frac{P}{\rho g}$$

则

$$H_压 = \frac{343 \times 10^3}{720 \times 9.81} = 48.6\text{m}$$

真空表所测得得真空度以 m 液柱计：

$$H_{真} = \frac{\rho_{汞} \cdot Z_{汞}}{\rho_{液}} = \frac{13600 \times 0.18}{720} = 3.4\text{m(液柱)}$$

$$h_0 = 0.324\text{m}$$

油在吸入管路中得流速：

$$\omega_1 = \frac{4Q}{\pi d_1^2} = \frac{4 \times 10}{3.14 \times 0.4 \times 60} = 1.33\text{m/s}$$

油在排出管路中的流速：

$$\omega_2 = \omega_1 \left(\frac{d_1}{d_2}\right)^2 = 1.33 \times \left(\frac{0.4}{0.35}\right)^2 = 1.74\text{m/s}$$

则泵的压头为：

$$H = 48.6 + 3.4 + 0.324 + \frac{1.74^2 - 1.33^2}{2 \times 9.81} = 52.4\text{mm(液柱)}$$

泵的实际功率即轴功率：

$$N_{轴} = \frac{Q\rho g H}{\eta} = \frac{10 \times 720 \times 9.81 \times 52.4}{0.8 \times 60} = 77.1\text{kW}$$

取安全系数 $K = 1.1$，则适配电机功率为：

$$N_{电} = 1.1 N_{轴} = 77.1 \times 1.1 = 84.8 \approx 85\text{kW}$$

（4）特性曲线

离心泵的特性曲线，表明一台离心泵在一定的转速下，流量与扬程、功率、效率和必需汽蚀余量之间的关系，即一般由 $H_e \sim Q_e$，$N_{轴} \sim Q_E$，$\eta \sim Q_e$，$(\text{NPSH})_r \sim Q_e$ 四条曲线所组成，这些参数之间的定量关系通常由实验测定。

图 16－1 所示为 2B－31 型离心水泵的特性曲线，在转速为 2800r/min 情况下测得的。

由于样本上特性曲线都是用常温 20℃水做介质测定的，在实际使用时有时操作条件相差很大，必须做适当换算。

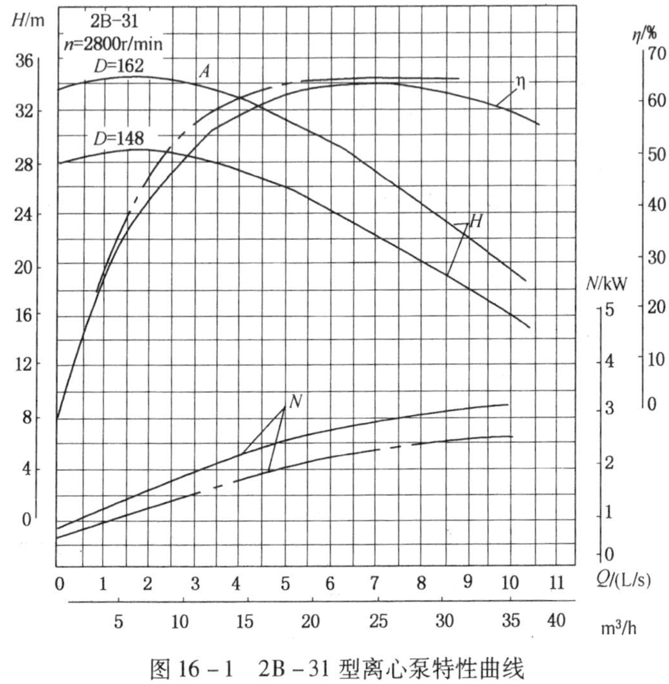

图 16－1　2B－31 型离心泵特性曲线

① 黏度的影响。在用离心泵输送比清水黏度大的液体时，泵内能损失加大，黏度愈大，在最高效率点的排出量和扬程就愈小，轴功率就越大。因此，泵效率也随之降低，对较小型泵尤为显著。

泵的特性曲线，在操作温度下液体运动黏度小于 10mm/s 时，可以不必换算。如果运动黏度大于 10mm/s 时，则需要进行换算。

② 密度的影响。炼油化工用泵输送液体的密度变化范围很广。密度的差异对泵的体积流量、压头及效率无关，但泵的轴功率将随液体密度不同而改变。应按 $N_{轴}=\frac{H_e Q_e \gamma}{120\eta}$ 进行修正。

③ 泵的转速的影响。当离心泵的转速 n 改变时，它的流量、扬程、功率和效率也一起跟着改变，原有的特性曲线不再适用。理论上 H_e、Q_e、N_e 与转速 n 的关系可按下式计算：

$$\frac{Q_e}{Q_e{'}}=\frac{n}{n'} \qquad \frac{H_e}{H_e{'}}=\left(\frac{n}{n'}\right)^2 \qquad \frac{N_e}{N_e{'}}=\left(\frac{n}{n'}\right)^3$$

n 是正常额定转速。

n' 是调速后的转速。

④ 泵的车削定律。泵叶轮外径车削后，其流量、扬程、功率与外径的关系，称为车削定律。

计算公式为：

$$\frac{Q}{Q'}=\frac{D}{D'} \qquad \frac{H}{H'}=\left(\frac{D}{D'}\right)^2 \qquad \frac{N}{N'}=\left(\frac{D}{D'}\right)^3$$

式中　Q、H、N、D——未经车削时泵的流量、扬程、功率和叶轮外径；

Q'、H'、N'、D'——经车削时泵的流量、扬程、功率和叶轮外径。

采用改变转速的方法可以得到不同工况时的泵特性曲线，然而这种方法在实际中受到限制，因大多数泵是由交流电动机拖动的，这种电动机的转速不是可以随时改变的。因此，为了得到所要求的泵性能参数，就用车削叶轮外径的方法，来使特性曲线发生变化。但必须注意车削叶轮只能用在需要降低流量、扬程、功率的场合。

叶轮车削后，效率都要降低，为了不使效率降低过多对叶轮的车削量就要加以限制。

（5）允许吸上真空度 H_s

泵的允许吸上真空度就是指泵入口处的真空允许数值。泵入口的真空度是由下面三个原因造成的：

① 泵产生了一个吸上高度 H_g；

② 克服吸入管水力损失 h_w；

③ 在泵入口造成适当流速 V_s；

用公式表示就是：

$$H_s=H_g+h_w+\frac{V_s^2}{2g}$$

三个因素中，吸上高度 H_g 是主要的，真空高度 H_s 主要由 H_g 的大小来决定。吸上高度愈大，则真空度愈高。当吸上高度增加到泵因汽蚀不能工作时。吸上高度就不能再增加，这个工况的真空度也就是泵的最大吸上真空度，用 H_{smax} 表示。为了保证运行时产生汽蚀，应留 0.5m 的安全量，即：

$$[H_s] = H_{smax} - 0.5$$

$[H_s]$称为允许吸上真空度。标注在泵样本上或说明书上的$[H_s]$值系以760mmHg，以20℃清水的标准状况为准的数值，安装泵时应根据公式求出吸上高度 H_g（或称为几何安装高度）。

（6）离心泵的汽蚀余量

汽蚀性能的参数称为必需汽蚀余量（NPSH）r，必需汽蚀余量就是指泵吸入口处单位质量液体所必需具有的超过汽化压强的富余能量，是泵的一种性能因素，单位以 mHg 来表示。用公式表示：

$$\Delta h = \frac{102P_1}{\rho g} - \frac{102P_v}{\rho g} + \frac{W_1^2}{2g}$$

式中　Δh——汽蚀余量，mH_2O；

P_1——叶轮进口处的最小吸入压力，Pa；

P_v——液体在操作条件下的饱和蒸气压，Pa；

W_1——液体进叶轮前的流速，m/s。

g——重力加速度，m/s^2；

ρ——输送温度下的液体密度，kg/m^3。

泵样本上的必需汽蚀余量$(NPSH)_r$，与允许吸上真空高度 H_s的关系为$(NPSH)_r = 10 - H_s$

（7）有效汽蚀余量

有效汽蚀余量$(NPSH)_a$是泵进口侧系统提供给泵进口处超过汽化压力的能量。$(NPSH)_a$可按下式计算：

$$(NPSH)_a = 10^2(P_{vs} - P_v)/\rho g - h_{vs} - H_{gs}$$

式中　P_{vs}——吸入侧容器液面压力，Pa（绝）；

P_v——输送温度下液体饱和蒸气压，Pa（绝）；

ρ——输送温度下液体密度，kg/m^3；

h_{vs}——吸入侧管路系绝阻力，m 液柱；

H_{gs}——泵实际几何安装高度，m（灌注时为负值）。

当液体处于气液平衡状态时，上式变为：

$$(NPSH)_s = -(h_{vs} + H_{gs})$$

为防止汽蚀现象出现，必须做到有效汽蚀余量$(NPSH)_a$大于必需汽蚀余量（NPSH）γ，有效吸上真空度 H_{sa}小于泵的允许吸上真空度 H_s，具体要求是：

$$(NPSH)_a \geqslant (\Delta h_r)(1 + \alpha)$$

$$\alpha = 0.1 \sim 0.3$$

$$(NPSH)_a = (NPSH)_r + S_1$$

S_1值对一般常压操作泵取0.6～1.0m，对真空塔底泵取2～3m。

16.2.3　冷换设备的计算

换热器的传热计算主要有传递热量的计算及对数平均温差的计算，计算公式：

$$Q = KA\Delta t_m$$

式中　Q——换热量或热负荷，W

K——总传热系数，是各项热阻之和的倒数，$W/m^2 \cdot ℃$；

A——传热面积（以管外表面积为基准），m^2；

Δt_m——对数平均温差,℃。

其中，换热量或热负荷 Q 还可以由热平衡计算求得：

$$Q = WC_P(T_1 - T_2)$$

或

$$Q = W(i_1 - i_2)$$

式中 W——流体的流率，kg/h；

C_P——流体的比热容，kJ/kg·℃；

i——流体的热焓，kJ/kg；

T——温度,℃。下标 1、2 分别指进口和出口条件。

Δt_m的计算按下式计算：

$$\Delta t_m = \frac{\Delta t_h - \Delta t_c}{\ln \dfrac{\Delta t_h}{\Delta t_c}} = \frac{(T_1 - t_2) - (T_2 - t_1)}{\ln\left(\dfrac{T_1 - t_2}{T_2 - t_2}\right)}$$

式中 Δt_m——对数平均温差，即热端温差与冷端温差的对数平均值,℃；

T_1、T_2——热流进出口温度,℃；

t_1、t_2——冷流进出口温度,℃。

在两侧流体的流动方向不同(逆流)和相同(顺流)时，Δt_h和 Δt_c可按以下方式求出：

逆流：

$$\begin{array}{rl} & T_1 \rightarrow T_2 \\ -) & t_2 \leftarrow t_1 \\ \hline & \Delta t_h \quad \Delta t_c \end{array}$$

顺流：

$$\begin{array}{rl} & T_1 \rightarrow T_2 \\ -) & t_1 \rightarrow t_2 \\ \hline & \Delta t_h \quad \Delta t_c \end{array}$$

实际生产中使用的换热器很少是纯逆流或纯顺流的，其中常伴有各种交叉曲折的流动方式，为此，通常采用先按纯逆流的情况计算，然后再根据实际情况加以校正，即有效平均温差：$\Delta T = F_r \Delta t_m$。

校正系数 F_r 与冷热两流体温度变化有关，是 R 和 P 两因素的函数，即：

$$F_r = f(P \cdot R)$$

式中：

$$R = \frac{T_1 - T_2}{t_2 - t_1} = \frac{\text{热流体的温降}}{\text{冷流体的温升}}$$

$$P = \frac{t_2 - t_1}{T_1 - t_1} = \frac{\text{冷流体的温升}}{\text{两流体的最初温差}}$$

F_r 值不得小于 0.8，若低于 0.8 时，应增加管程数或壳程数，或者用几个换热器串联；必要时亦可调整温度条件，F_r 值可由有关换热器计算资料中查得。

下面分别举例就两流体顺流、逆流时 T_m的计算。

例 16-4 某工艺过程生产的常二线油泵出口温度 $T_1 = 300$℃，今设计一台换热器对其进行冷却，要求冷却至 $T_2 = 200$℃，冷流体为原油，由 $T_1 = 25$℃被加热到 $T_2 = 180$℃，试计算顺流和逆流时的 T_m，并比较其大小。

解：顺流时：

常二线 T_1(300℃)→T_2(200℃)

原　油 t_1(25℃)→t_2(180℃)

$$\Delta t_{m1} = \frac{(T_1 - t_1) - (T_2 - t_2)}{\ln\left(\frac{T_1 - t_1}{T_2 - t_2}\right)}$$

$$= \frac{(300 - 25) - (200 - 180)}{\ln\left(\frac{300 - 25}{200 - 180}\right)}$$

$$= 97.3℃$$

逆流时：

常二线 T_1(300℃)→T_2(200℃)

原油 t_2(180℃)←T_1(25℃)

$$\Delta t_{m2} = \frac{(T_1 - t_1) - (T_2 - t_2)}{\ln\frac{(T_1 - t_2)}{(T_2 - t_1)}}$$

$$= \frac{(300 - 180) - (200 - 25)}{\ln\frac{(300 - 180)}{(200 - 25)}}$$

$$= 145.8℃$$

$$\Delta t_{m2} > \Delta t_{m1}$$

16.2.4 加热炉的计算

(1) 燃料的发热值

单位质量或单位体积的燃料完全燃烧时所放出的热量称之为燃料的发热值，其相应单位为 MJ/kg 或 MJ/Nm^3。液体燃料通常以质量发热值表示，气体燃料以体积发热值表示。

发热值根据燃烧产物中水分所处的状态不同，又分为高、低发热值两种。高发热值是指燃料的燃烧热和燃烧产物中水蒸气的冷凝潜热之总和；而低发热值仅表示燃料的燃烧热，不包括水蒸气的冷凝潜热。显而易见，同一燃料其高发热值大于低发热值。在加热炉燃烧及燃料耗量计算中，由于燃烧产物中的水分往往是以气态排入大气，因此，应以低发热值作为计算依据。在加热炉的燃料油用量估算中，往往以 10^4kcal/kg 燃料(41.9MJ/kg 燃料)作为燃料的低发热值。

① 对于气体燃料

$$Q_L = \sum q_{Li} y_i \quad \text{MJ/Nm}^3$$

式中 y_i——气体燃料中各组分的体积百分比；

q_{Li}——气体燃料中各组分的体积低发热值，MJ/Nm^3。

常用气体组分的体积低发热值 q_{Li} 如下表：

气 体 组 分	体积低热值 q_{Li}/(MJ/Nm^3)	气 体 组 分	体积低热值 q_{Li}/(MJ/Nm^3)
甲烷(CH_4)	35.07	丙烯(C_3H_6)	86.4
乙烷(C_2H_6)	63.6	丁烯(C_4H_8)	113.7
丙烷(C_3H_8)	91.0	氢(H_2)	10.7
丁烷(C_4H_{10})	118.4	一氧化碳(CO)	12.6
戊烷(C_5H_{12})	145.7	硫化氢(H_2S)	23.4
乙烯(C_2H_4)	59.2		

例16－5　某燃料气组成见下表：

组　分	CH_4	C_2H_6	C_3H_8	C_4H_{10}	C_5H_{12}
组成/%（体）	45.6	20.1	16.7	7.2	2.4

试求 Q_L。

解：$Q_L = 35.07 \times 45.6\% + 63.6 \times 20.1\% + 91.0 \times 16.7\% + 118.4 \times 7.2\% + 145.7 \times 2.4\%$

$= 56.0(MJ/Nm^3)$

② 对于液体燃料

$$Q_L = 33.9C + 103.0H + 10.9(S-O) - 2.5W \quad MJ/kg\ 燃料$$

式中　C、H、S、O、W——分别表示燃料中碳、氢、硫、氧及水的质量百分比。

燃料油中绝大部分元素是碳和氢，缺乏元素组成分析数据时，推荐如下经验式近似计算其C、H质量百分含量值：

$$H\% = 0.26 - 0.15 \times \rho \times 10^{-3}$$

$$C\% = 1.00 - (H\% + S\%)$$

式中　ρ——燃料油20℃的密度，kg/m^3；

H、C、S——燃料油中各元素的质量百分比，%。

例16－6　某燃料油20℃时密度为968kg/m^3，含硫0.9%，含水及O_2微量，试求其低发热值 Q_L。

解：

$$H\% = 0.26 - 0.15 \times 968 \times 10^{-3} = 11.48\%$$

$$C\% = 1.00 - (11.48\% + 0.9\%) = 87.62\%$$

$$Q_L = 33.9 \times 87.62\% + 103 \times 11.48\% + 10.9 \times (0.9\% - 0) - 2.5 \times 0 = 41.6(MJ/kg)$$

（2）燃料用量

在无外界热源预热燃烧用空气时，加热炉燃料消耗量可由下式进行简化计算：

$$B = \theta_{有} / Q_L \times \eta$$

式中　B——燃料用量，kg/h；

$\theta_{有}$——加热炉有效热负荷，MJ/h；

Q_L——燃料低发热值，MJ/kg；

η——加热炉热效率，%。

例：某加热炉有效热负荷 $\theta_{有} = 39077.3$MJ/h。燃料油低发热值气＝41.9MJ/kg，热效率 $\eta = 86\%$，试求燃料用量。

解：

$$B = 39077.3/41.9 \times 86\% = 1084.5(kg/h)$$

（3）热负荷的计算

加热炉的热负荷是指炉子每小时内传给被加热物料的总热量，单位为MW（1MW＝86万kcal/h）＝3600MJ/h，此值越大，炉子的生产能力也越大。而加热炉炉管内各种物料升温、汽化、反应等所需要的总热量叫作加热炉的有效热负荷。全炉热效率则指炉子供给被加热物料的有效热量与燃料燃烧放出的总热量之比，此值越高，完成相同热负荷所消耗的燃料越少。

加热炉有效热负荷 $Q_{有}$ 的计算方法如下：

$$Q_{有} = W_F[eI_V + (1-e)I_L - I_1] + W_S(I_{S2} - I_{S1}) + \theta'$$

式中 $Q_{有}$——加热炉有效热负荷，MJ/h；

W_F——油料流率，kg/h；

e——炉出口油料汽化率，%；

I_L、I_V——炉出口温度、压力条件下油料液相、气相之热焓，MJ/kg；

I_1——炉进口温度下油料液相热焓，MJ/kg；

W_g——过热水蒸气流率，kg/h；

I_{S1}、I_{S2}——水蒸气进炉、出炉之热焓，MJ/kg；

θ'——其他热负荷，如注水气化热，化学反应热等，MJ/h。

例 16－7　某减压炉的原料油－常压渣油流率 $W_F = 132000$ kg/h，20℃时密度 $\rho = 908.9\text{kg/m}^3$，炉出口汽化率 $e = 24\%$，入炉温度 337℃，出炉温度 418℃，试求有效热负荷 $Q_{有}$为多少？

解：根据油品密度及出炉温度有关手册，得：入炉 337℃时，$I_i = 0.84$ MJ/kg，出炉 418℃时，$I_V = 1.275$MJ/kg，$I_L = 1.104$ MJ/kg。

$$Q_{有} = 132000[24\% \times 1.275 + (1-24\%) \times (1.104 - 0.849)]$$
$$= 39077.3\text{MJ/h}$$

在无外界热源预热燃烧用空气时，加热炉热效率 η 通常可按下列公式计算：

$$\eta = Q_{有}/(B \times Q_L)$$

式中 η——加热炉热效率，%；

$Q_{有}$——全炉物料吸热量，即全炉有效热负荷，MJ/h；

B——燃料用量，kg/h；

Q——燃料的低发热值，MJ/kg。

（4）热效率的计算

加热炉炉管内物料所吸收的热量占燃料燃烧所发出的热量及其他供热之和的百分数即为加热炉的热效率。它是表明燃料有效利用率的一个指标，是加热炉操作的一个主要工艺参数。通常以符号“η”表示。

在无外界热源预热燃烧用空气时，加热炉热效率 η 通常可按以下两种方法进行简化估算(正常应按有关规定执行)：

① 根据炉管内物料吸热量和燃料用量用下式计算(正平衡计算)：

$$\eta = Q_{有}/(B \times Q_L)$$

式中 η——加热炉热效率，%；

Q_L——全炉物料吸热量，即全炉有效热负荷，MJ/h；

B——燃料用量，kg/h。

② 根据烟囱排烟温度 T_S及过剩空气系数 α 值由下式进行近似计算(反平衡计算)：

$$\eta = 1 - [q' + (2\% \sim 4\%)]$$

式中 q'——与排烟温度 T_S及过剩空气系数 α 有关的常数。其值由图 16－2 查得。

此图只适用于空气不预热的情况。

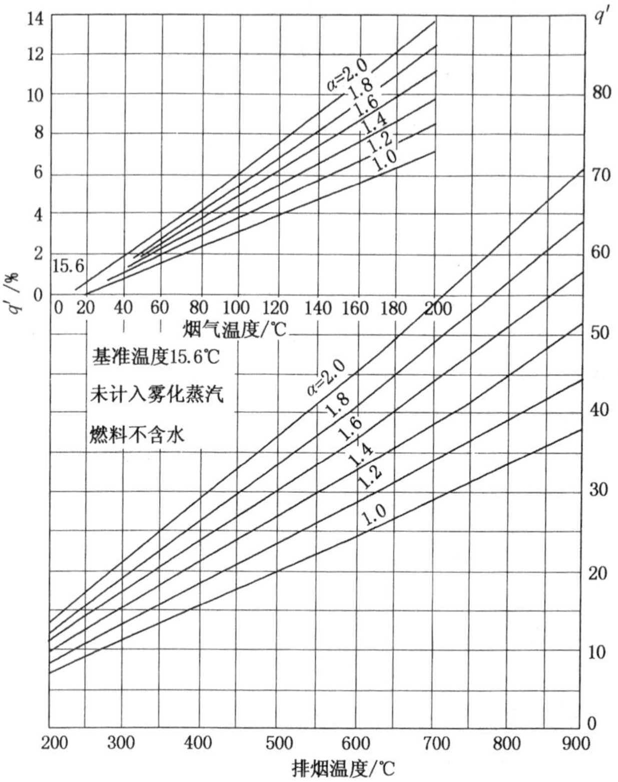

图 16－2　排烟温度与 q' 的关系

例 16－8　加热炉排烟温度 $T_S=350℃$，过剩空气系数 $\alpha=1.2$，试求炉效率 η。

解：查图 16－2 得 q' 为 15.5%。

$$\eta = 1-[15.5\% + (2\% \sim 4\%)]$$
$$= (82.5 \sim 80.5)\%$$

（5）空气用量的计算

① 理论空气用量、实际空气用量和过剩空气系数。

燃料燃烧是一个完全氧化的过程。燃料由可燃元素碳、氢、硫等所组成。1kg 碳、氢或硫在氧化反应过程中所需氧量是不同的，其理论值分别为 2.67kg、8kg 和 1kg。供燃烧用的氧气来自空气，因空气中含氧量是一个常数(21%体)，故可以根据燃料组成，计算出燃烧 1kg 燃料所需的空气用量理论值，这就叫燃料燃烧的理论空气用量，单位为 kg 空气/kg 燃料，对于液体燃料，其值约为 14kg 空气/kg 燃料。

在实际燃烧中，由于空气与燃料的均匀混合不能达到理想的程度，为使 1kg 燃料达到完全燃烧，实际所供空气量应比理论空气量稍多一些，即要过剩一些。该数值就叫燃料的实际空气用量，单位仍为 kg 空气/kg 燃料。

实际空气量和理论空气量的比值，即“实际空气量/理论空气量”表示了空气的过剩程度，叫过剩空气系数，通常以“α”(音阿耳法)表示。炼厂加热炉根据燃料种类、火嘴形式及炉型的不同，其 α 值约在 1.05～1.35 范围内。

② 使用燃料油时理论空气量和实际空气量。

在有元素分析数据的情况下，按可燃元素燃烧反应的化学平衡式和空气的质量百分组成：O_2 23.2%，N_2 76.8%推导出燃料油燃烧所需要的理论空气量，计算公式如下：

$$L_0 = \frac{2.67C + 8H + S - O}{23.2}$$

实际空气量 L 等于：

$$L = \alpha L_0$$

③ 使用燃料气时理论空气量和实际空气量。

燃料气的理论空气量 V_0

$$V_0 = \sum V_{0i} X_i$$

式中 V_0——燃料气的理论空气用量，Nm^3/Nm^3；

X_i——气体燃料中各组分的体积百分数；

V_{0i}——气体燃料中各组分的理论空气用量，Nm^3/Nm^3。

16.2.5 塔的有关计算

物料平衡的根据是基于物质守恒定律。在稳定生产时，进入一个系统或设备的物料质量与离开的物料质量相等。原油蒸馏的物料平衡可分为全塔平衡和局部物料平衡，以下以全塔物料平衡进行分析，最后可以列出物料平衡计算式：

如图16-3的塔系统，进入系统的物料有：

F——原油进塔量，kg/h；

S——塔底汽提水蒸气量，kg/h。

离开隔离系统物料有：

D——塔顶汽油量，kg/h；

S_1——塔顶冷凝水量，kg/h；

M——煤油量，kg/h；

G——柴油量，kg/h；

W——塔底重油量，kg/h。

① 物料平衡：

根据物料平衡，总进料量等于总出料量，故：

$$F + S = D + M + G + W + S_1$$

对于油系统：

$$F = D + M + G + W$$

对于水蒸气：

$S = S_1$（没有考虑侧线汽提蒸气）

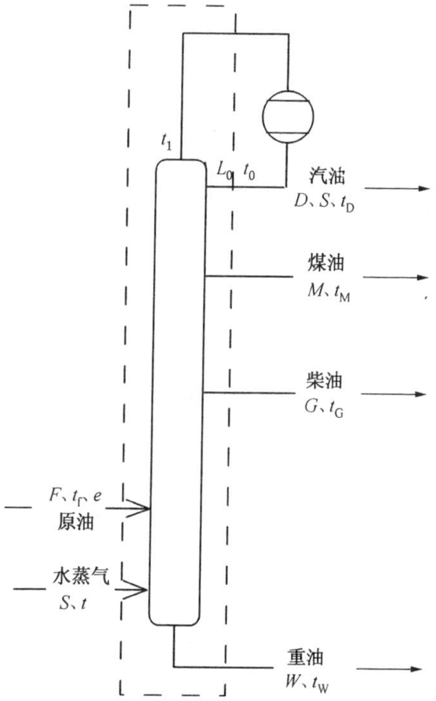

图16-3 精馏塔热平衡示意图

例16-9 初馏塔底抽出量为260t/h，初顶产品量为35t/h，初侧抽出量为22t/h，求该初馏塔进料量。

解：初底进料量=260+35+22=317(t/h)

答：初底进料量为317t/h。

② 热平衡。根据能量守衡定律，进入系统的总能量应等于离开系统的总能量。即：

$$Q_{入} = Q_{出} + Q_{损失}$$

一般保温较好的精馏塔，散热量与总能量相比较，数值很小，可以忽略，上式可简化为：

$$Q_{入} = Q_{出}$$

以 F、D、M、G、W、S 分别表示原料、汽油、煤油、柴油、重油、水蒸气的流量，单位 kg/h。其温度依次为 t_F、t_D、t_M、t_C、t_W、t_S（℃），塔顶温度为 t_1（℃）。L_0 为塔顶回流量 kg/h，其温度为 T_0（℃），e 为汽化率。q 表示热焓，kJ/kg。上角的 V 表示气相；L 表示液相。

进入隔离系统的热量为：

$$Q_{入} = F \cdot e \cdot q_{t_F}^{V} + F \cdot (1-e) \cdot q_{t_F}^{L} + S \cdot q_{t_S}^{V} + L_0 q_{t_0}^{L}$$

出隔离系统的热量为：

$$Q_{出} = D \cdot q_{t_1}^{V} + L_0 q_{t_1}^{V} + S_1 \cdot q_{t_1}^{V} + M \cdot q_{t_M}^{L} + G \cdot q_{t_G}^{L} + W \cdot q_{t_W}^{L}$$

根据能量守衡定律：

$$F \cdot e \cdot q_{t_F}^{V} + F \cdot (1-e) \cdot q_{t_F}^{L} + S \cdot q_{t_S}^{V} + L_0 q_{t_0}^{L} =$$

$$D \cdot q_{t_1}^{V} + L_0 q_{t_1}^{V} + S_1 \cdot q_{t_1}^{V} + M \cdot q_{t_M}^{L} + G \cdot q_{t_G}^{L} + W \cdot q_{t_W}^{L}$$

回流热的定义：

$$Q_{回} = L_0(q_{t_1}^{V} + q_{t_0}^{L})$$

因此，全塔回流取热量应为：

$$Q_{回} = L_0(q_{t_1}^{V} + q_{t_0}^{L})$$

$$= (F \cdot e \cdot q_{t_F}^{V} + F \cdot (1-e) \cdot q_{t_F}^{L} + S \cdot q_{t_S}^{V}) - (D \cdot q_{t_1}^{V} + S_1 \cdot q_{t_1}^{V} + M \cdot q_{t_M}^{L} + G \cdot q_{t_G}^{L} + W \cdot q_{t_W}^{L})$$

上面讨论的是仅有塔顶冷回流的热平衡方程式，在有中段循环回流存在的情况下还需要考虑每一中段回流的取热量，方法类似。

例 16 - 10　某塔顶循量 35t/h，抽出温度 176℃，焓值为 432.63kJ/kg，入塔温度为 80℃，焓值为 198.55kJ/kg，顶循环取热占全塔取热的 24.2%。求该塔全塔取热为多少。

解：　$Q_{循} = W(H_{出} - H_{入}) = 35200 \times (432.63 - 198.55) = 823.96 \times 10^4 (\text{kJ/h})$

$$Q_{全} = Q_{循}/24.2\% = 823.96 \times 10^4/24.2\% = 3402.52 \times 10^4 (\text{kJ/h})$$

答：初馏塔全塔取热为 3402.52×10^4 kJ/h。

16.2.6　流体的有关计算

16.2.6.1　流体力学基本方程

（1）流体的物理性质及基本概念

流体的密度：单位体积的流体所具有的质量称为流体的密度，其表达式为：

$$\rho = m/V$$

式中　ρ——流体的密度，kg/m^3；

m——流体的质量，kg；

V——流体的体积，m^3。

气体是可以压缩的流体，其密度随压强和温度变化而变化。因此，气体的密度必须标明其状态。从手册中查到的气体密度往往是某一指定条件下的数值。对于压强不太高，温度不太低的气体，把它按照理想气体来处理，其体积、压强和温度之间的变化关系为：

$$\frac{PV}{T} = \frac{P'V'}{T'}$$

将密度的定义代入上式并整理得：

$$\rho = \rho' \frac{T'P}{TP'}$$

理想状态下（0℃、1 标准大气压）的气体密度可以按以下计算：

$$\rho = \frac{PM}{RT}$$

或

$$\rho = \frac{MT_0P}{22.4TP_0}$$

式中　M——气体的相对分子质量；

R——气体常数，其值为 8.315J/(mol·K)；下标 0 表示标准状态。

（2）流体的黏度

流体具有流动性，即没有固定的形状，在外力作用下其内部产生相对运动。在运动的状态下，流体还有一种抗拒运动的特性称为黏性。

黏度的物理意义是促使流体流动产生单位速度梯度的剪应力。黏度是流体物理性质之一，其值由实验测定。液体的黏度随温度升高而减小，气体的黏度则随温度升高而增大。压强变化时，液体的黏度基本不变；气体的黏度随压强增加而增加得很少，在一般工程计算中可以忽略，只有在极高或极低的压强下，才需考虑压强对气体黏度的影响。

（3）流体的静压强

流体单位面积上所受的压力，称为流体的静压强，简称压强，其表达式为：

$$p = \frac{P}{A}$$

式中　p——流体的静压强，Pa；

P——垂直作用于流体表面上的压力，N；

A——作用面的面积，m^2。

工程上为了使用和换算方便，常将 $1kgf/cm^2$ 近似地作为 1 个大气压，称为 1 工程大气压。以绝对零压做起点计算的压强，称为绝对压强，是流体的真实压强。流体的压强可以用测压仪表来测量，当被测量流体的绝对压强大于外界大气压强时，所用的测量仪表称为压强表。压强表上的读数表示被测流体的绝对压强比大气压强高出的数值，称为表压强。即：

表压强 = 绝对压强 - 大气压强

当被测流体的绝对压强小于外界大气压强时，所用测量仪表称为真空表。真空表上的读数表示被测流体的绝对压强低于大气压强的数值，称为真空度，即：

真空度 = 大气压强 - 绝对压强

例 16-11　在兰州平均大气压为 85.3×10^3 Pa，在天津平均大气压为 101.33×10^3 Pa，若兰州的一套常减压蒸馏装置的减压塔塔顶真空表读数为 79×10^3 Pa，同样的装置如果在天津其真空表读数应为多少？

解：根据兰州地区的大气压，可以求得塔顶的绝对压力为：

85300 - 79000 = 6300 Pa

同样的装置在天津时塔顶绝对压力就是 6300Pa

所以，真空度 = 大气压力 - 绝对压力 = 101330 - 6300 = 95030Pa

答：在天津压力表的读数应为 95030Pa。

（4）静力学基本方程

如图 16-4 所示，当流体在重力和压力作用下，处于相对静止状态时，其内部的压强变化规律可以由流体静力学基本方程式描述。即在静止的液体中任取两点，则有：

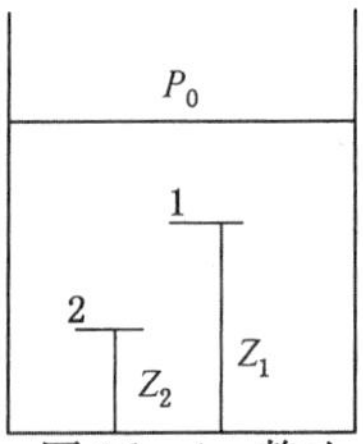

图 16－4 静止液体内部的压强分布

$$\frac{P_1}{\rho}+gZ_1=\frac{P_2}{\rho}+gZ_2$$

我们可以对上式进行变化，假设 1 点处于液面上方，液面上方的压力为 P_0 则上式改写为：

$$P=P_0+\rho gh$$

从上式我们可以得出以下结论：

① 当容器上方的压强一定时，静止液体内部任意一点压强 P 的大小与液体本身的密度 P 和该点距离液面的深度 h 有关。因此，在静止的、连续的同一液体内，处于同一水平面上的各点压强都相等。

②当液面上方的压强有改变时，液体内部各点的压强也发生同样大小的改变。

③上式是以恒密度推导出来的，气体的密度除随温度变化外，还随压强而变化，因此，也随它在容器内的位置高低而改变。

（5）流体静力学基本方程式的应用

例 16－12　如图 16－5 所示，容器中装有水，顶部压力表 P_1 读数为 0.132MPa，底部压力表读数为 0.141MPa，试求容器中水的高度 h（水的密度按 1.0t/m^3 计算）。

解：取液面顶部一点和底部一点，按流体静力学基本方程式，则有：

$$\frac{P_1}{\rho}+gZ_1=\frac{P_2}{\rho}+gZ_2$$

由于：

$$h=Z_2-Z_1$$

简化上式得：

$$g(Z_2-Z_1)=\frac{P_1-P_2}{\rho}=\frac{0.141-0.132}{1.0}=0.009$$

$$h=\frac{0.009}{9.81\times10^{-3}}=0.917(\mathrm{m})$$

答：液面的高度为 0.917m。

例 16－13　常减压蒸馏装置的抽真空系统如图 16－6 所示，真空表的读数为 94×10^3 Pa，试求水封高度 h（忽略冷却器及管线的阻力，大气压为 101.3×10^3Pa）。

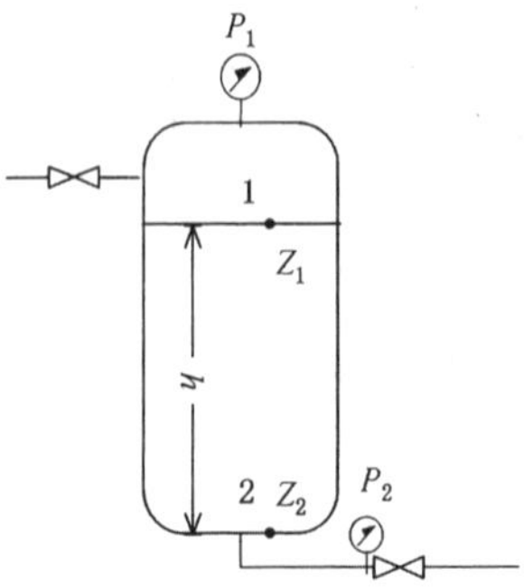

图 16－5　容器内水的有关参数

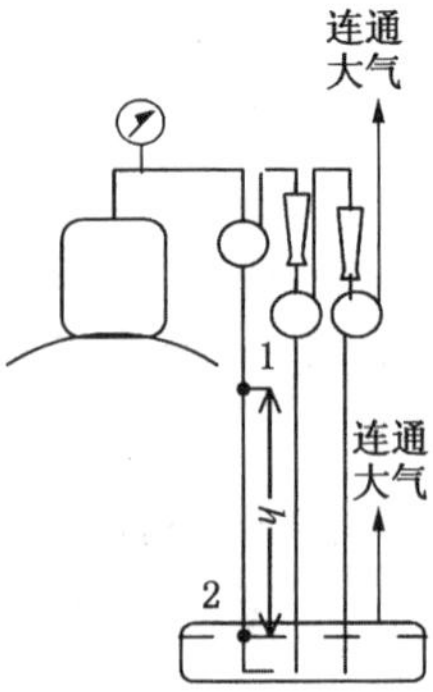

16－6　抽真空系统

解：压力表处实际压力为：

$$101300-94000=7300\ \mathrm{Pa}$$

在水封管液面最上部取一点为1，在水封罐液面表面取一点为2。

由于忽略阻力，1点的压力等于压力表的压力。

根据静力学方程式有：

$$\frac{P_1}{\rho} + gZ_1 = \frac{P_2}{\rho} + gZ_2 (h = Z_2 - Z_1)$$

$$h = (Z_2 - Z_1) = \frac{P_1 - P_2}{\rho g} = \frac{101300 - 7300}{1.0 \times 9.8 \times 10^3} = 9.59(\text{m})$$

答：水封的高度为9.59m。

16.2.6.2 流体在管内的流动

对于流动着的流体内部压强变化的规律，液体从低位流到高位或从低压流到高压，需要输送设备对液体提供能量；从高位槽向设备输送一定量的液体时，高位槽的安装位置等，都是在流体输送过程中常常遇到的问题，要解决这些问题，必须找出流体在管内流动的规律。反映流体流动规律的有连续性方程式和柏努利方程式。

(1) 流量与流速

单位时间内流过管道任一截面的流体量称为流量。若流量用体积来计量，则称为体积流量，用 V_S表示，单位为 m^3/s。若以质量来计量，则称为质量流量，以 ω_S来表示，单位为kg/s。

体积流量与质量流量的关系为：

$$\omega_S = V_S \rho$$

单位时间内流体在流动方向上所流过的距离，称为流速，以 u 表示，其单位为m/s。实验证明，流体流经管道内任一截面上各点的速度沿管径而变化，即在管截面中心处为最大，越靠近管壁流速将越小，在管壁处的流速为零。流体在管截面上的速度分布规律较为复杂，工程上为方便常用平均速度。

其表达式为：

$$u = \frac{V_S}{A} \quad 或 \quad u = \frac{\omega_S}{\rho A}$$

式中　A——与流体方向相垂直的管道截面积，m^2。

由于气体的体积流量随温度和压强而变化，其流速亦随之而变化。因此，采用质量流速比较方便。质量流速的定义是单位时间内流过管道单位截面积的质量，亦称为质量通量，用 G 表示，表达式为：

$$G = \frac{\omega_S}{A} = \frac{V_S \rho}{A} = u\rho$$

一般的圆形管道，若以 d 表示管道内径，平均流速的表达式可以变为：

$$A = \frac{\pi d^2}{4}$$

$$u = \frac{V_S}{A} = \frac{\omega_S}{\rho A} = \frac{4V_S}{\pi d^2} = \frac{4\omega_S}{\pi d^2 \rho}$$

流体输送管路的直径可以根据流量和流速计算出来，而流量一般是由生产任务所决定的，所以流速的选择很关键，若流速选择得太大，管径虽然可以减小，但是流体流过管道的阻力增大，消耗的动力就大，操作费用就大。反之，流速选择得太小，操作费用可以相应减小，但管径增大，管路的基建费用就大。所以当流体以大流量在长距离的管路中输送时，需要根据具体情况在操作费用与基建费用之间确定适宜的流量。某些流体在管路中的常用流量范围如表 16－4。

表 16－4　管路中的流体常用流速范围

流体类别及情况	流速范围/(m/s)	流体类别及情况	流速范围/(m/s)
自来水	1～1.5	蒸汽	30～50
水及低黏度液体	1.5～3	一般气体	10～20
高黏度液体	0.5～1		

(2) 流体的流动状态

在流动系统中，若各截面上流体的流速、压强、密度等有关物理量仅随位置变化而不随时间变化，这种流动称为定态流动；若流体在各截面上的有关物理量既随位置变化又随时间变化，则称为非定态流动。化工生产中大多属于定态过程。

在蒸馏装置生产中，以下几个方面经常要应用流体流动的基本原理及流动规律。

① 流体的输送。欲想把流体从一个设备送到另一个设备，就需要选用适宜的流动速度，确定输送管路的直径，为选用输送设备提供依据，这些都要应用流体流动规律的数学表达式进行计算。

② 压强、流速和流量的测量。为了了解和控制生产过程，需要对管路或设备内的压强、流速和流量等参数进行测定，以便合理地选用和安装测量仪表，而这些测量仪表的操作原理又多以流体的静止或流动规律作为依据。

③ 为强化设备提供适宜的流动条件。蒸馏装置的传热、传质等过程中都是在流体流动的情况下进行的，设备的操作效率与流体的流动状况有密切关系，因此，研究流动对寻找设备的强化途径有重大意义。

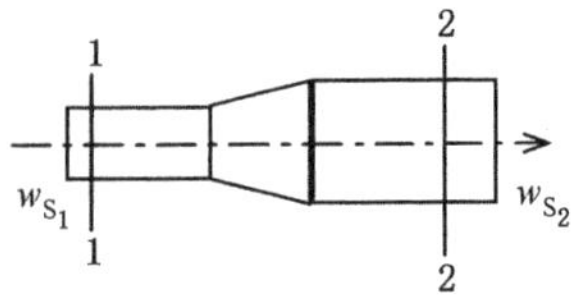

图 16－7　连续性方程式的推导

(3) 连续性方程式

在定态流动系统中，对直径不同的管段做物料衡算，如图 16－7所示，以管内壁截面 1—1、2—2 为衡算范围，当流体充满管道，并连续不断地从截面 1—1 流入，从截面 2—2 流出。根据物料平衡，即输入量等于输出量，单位时间进入截面 1—1 的流体的质量与流出截面 2—2 的流体质量相等。

$$w_{S_1} = w_{S_2}$$

因

$$w_S = uA\rho$$

上式可以写成：

$$w_S = u_1A_1\rho_1 = u_2A_2\rho_2 = \cdots\cdots = uA\rho$$

如果流体可视为不可压缩的流体，即 ρ 为常数，上式可改写为：

$$w_S = u_1A_1\rho = u_2A_2\rho = \cdots\cdots = uA\rho$$

或

$$V_S = u_1A_1 = u_2A_2 = \cdots\cdots = uA$$

例 16－14　在定态流动系统中，水连续地从粗管流向细管，粗管的内径是细管的 3 倍，求细管内水的流速是粗管的几倍。

解：以下标 1 及 2 分别表示粗管和细管，水可视为不可压缩流体，根据连续性方程：

$$u_1A_1 = u_2A_2 \quad 或 \quad \frac{u_1}{u_2} = \frac{A_2}{A_1}$$

圆管的截面积：

$$A = \frac{\pi}{4}d^2$$

由此可得：

$$\frac{u_1}{u_2} = \frac{A_2}{A_1} = \frac{\frac{\pi}{4}d_2^2}{\frac{\pi}{4}d_1^2} = \left(\frac{d_2}{d_1}\right)^2 = \left(\frac{3d_1}{d_1}\right)^2 = 9$$

可见，当体积流量一定时，流速与管径的平方成反比。

（4）能量衡算方程式

对于一定质量的流体，其总能量包括以下几部分：

① 内能，物质内部能量的总和。1kg 流体输入与输出的内能分别以 U_1 和 U_2 表示，单位为：J/kg。

② 位能，流体因受重力作用，在不同的高度处具有不同的位能，相当于质量为 m 的流体自基准水平面升举高到某高度 Z 所做的功。即：位能 $= mgZ$，单位：J。

1kg 流体输入与输出的位能分别为 gZ_1 和 gZ_2，其单位为 J/kg。位能是个相对值，若以水平面为基准，在水平面以上的位能为正值，以下的为负值。

③ 动能，流体以一定速度运动时，便具有一定的动能。质量为 m、流速为 u 的流体所具有的动能为：

$$动能 = \frac{1}{2}mu^2 \quad \text{J}$$

1kg 流体流入与输出的动能为 $\frac{1}{2}u_1^2$ 和 $\frac{1}{2}u_2^2$ 其单位为 J/kg。

④ 静压能（压强能），静止流体内部任一处都具有一定的静压强。流动着的流体内部任何位置也都有一定的静压强。如果在内部有流体流动的管壁上开孔，并与一根垂直的玻璃管相接，液体便会在玻璃管内上升，上升的液柱高度便是运动着的流体在该截面处静压强的表现。如图 6－18 所示。

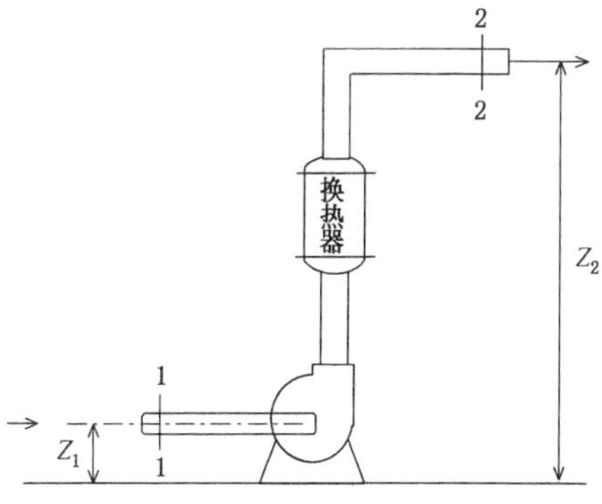

图 16－8　流体流动系统

设质量为 m、体积为 V_1 的流体通过截面 1—1′，把该流体推进此截面所需的作用力为 P_1A_1，而流体通过此截面所走的距离为 $\frac{V_1}{A_1}$，则流体带入系统的静压能为：

输入的静压能：

$$p_1A_1\frac{V_1}{A_1} = p_1V_1$$

对于 1kg 的流体，则：

$$输入的静压能 = p_1A_1\frac{V_1}{A_1} = p_1V_1 = p_1mv_1 = p_1v_1 \qquad \text{J/kg}$$

同理，1kg 的流体离开系统时输出的静压能为 p_2v_2，单位：J/kg。

其中，位能、动能及静压能又称为机械能，三者之和称为总机械能或总能量。

此外，在图 16－8 中的管路还有安装换热器、泵，则进出该系统的能量还有：

① 热，即流体在换热器吸收或放出的热量。以 Q_e表示，单位：J/kg。

② 外功，流体经过泵所获得的能量。以 W_e来表示，单位：J/kg。

根据能量守恒定律，连续定态流动系统的能量衡算是以输入的总能量等于输出的总能量为依据的，于是可以列出 1kg 流体为基准的能量衡算式，即：

$$U_1 + gZ_1 + \frac{u_1^2}{2} + p_1v_1 + Q_E + W_E = U_2 + gZ_2 + \frac{u_2^2}{2} + p_2v_2$$

令：

$$\Delta U = U_2 - U_1 \qquad \Delta Z = Z_2 - Z_1$$

$$\Delta\frac{u^2}{2} = \frac{u_2^2}{2} - \frac{u_1^2}{2} \quad \Delta(pv) = p_2v_2 - p_1v_1$$

上式可以改写为：

$$\Delta U + g\Delta Z + \Delta\frac{u^2}{2} + \Delta(pv) = Q_e + W_e$$

以上就是定态流动过程的总能量衡算式，也就是流动系统中热力学第一定律的表达式。

16.2.6.3 柏努利方程式

对于不可压缩流体，假设流体流动时不产生流动阻力，又没有外功加入，可以从以上的能量衡算方程式简化为：

$$\frac{p_1}{\rho} + gZ_1 + \frac{u_1^2}{2} = \frac{p_2}{\rho} + gZ_2 + \frac{u_2^2}{2}$$

这就是柏努利方程式。

流体的流动现象：流体在管子里流动时，当流速不大时，流体做的是滞流流动，当流速增加到一定程度时，流体做湍流流动。雷诺用实验证明了流体存在着以上两种截然不同的流动状态，从实验中分析发现影响流动状态的不仅仅是流速 u，而且管径 d、流体的黏度 μ、密度 ρ 都能影响流动状态。通过进一步分析研究，可以把这些影响因素组合为$\frac{du\rho}{\mu}$的形式，用 Re 准数表示，即：

$$Re = \frac{du\rho}{\mu}$$

实验证明，流体在管子里流动时，当 $Re \leqslant 2000$ 时，流体流动类型属于滞流，当 $Re \geqslant 4000$ 时，流体属于湍流，而 Re 值在范围 2000～4000 时，可能是滞流也可能是湍流。这一范围称为过渡区。

16.2.6.4 流体在管内的流动阻力

流体在管路中的阻力包括直管的阻力损失和局部的阻力损失。流体在圆形直管阻力引起的能量损失可以由以下式计算：

$$h_f = \lambda\frac{1}{d}\frac{u^2}{2} \quad 或 \quad \Delta p_f = \lambda\frac{l}{d}\frac{\rho u^2}{2}$$

其中 λ 是一个系数，称为摩擦系数。它是雷诺准数的函数，应用以上公式计算阻力损失时，关键是要找到 λ 的值。

当流体流动状态为滞流时

$$\lambda = \frac{64}{Re}$$

当流体处于湍流状态时，λ 的值比较复杂，一般是根据实验测得数据以$\frac{\varepsilon}{d}$为参数，绘成 Re 与 λ 图表。计算时直接根据从 Re 直接从图表上查出。

流体在管路中的局部阻力损失是指流体在管路的进口、出口、弯头、阀门、扩大、缩小等局部位置流过时，其速度大小和方向都发生了变化，且流体受到干扰或冲击，使涡流现象加剧而产生能耗损失，这部分的能耗损失称为局部阻力损失。计算局部损失的办法一般有：阻力系数法和当量长度法。

阻力系数法就是将流体经过阀门、弯头等产生的局部阻力，用一个系数ξ代替$\lambda \frac{l}{d}$，那么，局部阻力又可以表示为$h_f = \frac{u^2}{2}$。一般ξ从图表中查的，而这些图表都是经过实验得出的数据后绘制成的。

当量长度法就把将流体经过阀门、弯头等产生局部阻力时，将这一局部阻力当量为相同长度的直管的阻力，那么，局部阻力又可以表示为$h'_f = \lambda \frac{l_e}{d} \frac{u^2}{2}$。

由于管件、阀门在构造细节和加工精度的差别往往很大，从手册中查到的ξ和l_e的值也是约略值，所以计算出来也是一种估算。

16.2.6.5 管路计算

例 16－15 如图 16－9 所示，支管 1 和支管 2 分别是内径为 53mm 和 80.5mm 的普通钢管，管 1 长 30m，管 2 长 50m，总管路中水的流量为 $60m^3/h$，试求两支管中的流量。两支管的长度已经包括局部阻力的当量长度，两支管的摩擦系数也可以近似的相等。

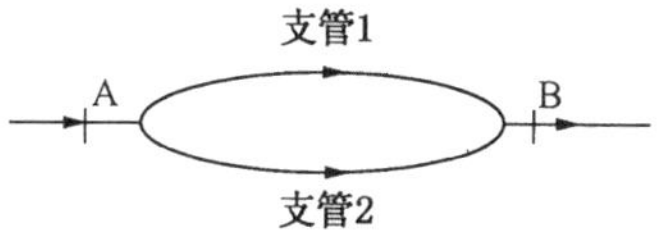

图 16－9 管路计算

解：在 A、B 两截面列柏努利方程式：

$$gZ_A + \frac{u_A^2}{2} + \frac{P_A}{\rho} = gZ_B + \frac{u_B^2}{2} + \frac{PB_B}{\rho} + \sum h_{f,A-B}$$

对于支管 1：

$$gZ_A + \frac{u_A^2}{2} + \frac{P_A}{\rho} = gZ_B + \frac{u_B^2}{2} + \frac{PB_B}{\rho} + \sum h_{f,1}$$

对于支管 2：

$$gZ_A + \frac{u_A^2}{2} + \frac{P_A}{\rho} = gZ_B + \frac{u_B^2}{2} + \frac{PB_B}{\rho} + \sum h_{f,2}$$

比较以上三式得：

$$\sum h_{f,A-B} = \sum h_{f,1} = \sum h_{f,2}$$

即各支路能量损失相等。

另外，主管中的流量必等于支管流量之和，即：

$$V_S = V_{S1} + V_{S2} = 0.0167 m^3/s$$

以上两为并联管路的流动规律，尽管各支路的长度、直径相差悬殊，但单位质量的流体流经两支管的能量损失必然相等。

对于支管1：

$$\sum h_{f,1} = \lambda_1 \frac{l_1 + \sum l_{e1}}{d_1} \cdot \frac{u_1^2}{2} = \lambda_1 \frac{l_1 + \sum l_{e1}}{d_1} \cdot \frac{\left(\dfrac{V_{S1}}{\dfrac{\pi}{4}d^2}\right)^2}{2}$$

对于支管2：

$$\sum h_{f,2} = \lambda_2 \frac{l_2 + \sum l_{e2}}{d_2} \cdot \frac{u_2^2}{2} = \lambda_2 \frac{l_2 + \sum l_{e2}}{d_2} \cdot \frac{\left(\dfrac{V_{S2}}{\dfrac{\pi}{4}d^2}\right)^2}{2}$$

所以：

$$\lambda_1 \frac{l_1 + \sum l_{e1}}{d_1} \cdot \frac{\left(\dfrac{V_{S1}}{\dfrac{\pi}{4}d^2}\right)^2}{2} = \lambda_2 \frac{l_2 + \sum l_{e2}}{d_2} \cdot \frac{\left(\dfrac{V_{S2}}{\dfrac{\pi}{4}d^2}\right)^2}{2}$$

由于 $\lambda_1 = \lambda_2 \quad l_2 + \sum l_{e2} = 50 \quad l_1 + \sum l_{e1} = 30$

上式简化为：

$$V_{S1} = V_{S2}\sqrt{\frac{l_2 + \sum l_{S2}}{l_1 + \sum l_{S1}}\left(\frac{d_1}{d_2}\right)^5} = V_{S2}\sqrt{\frac{50}{30}\left(\frac{0.053}{0.0805}\right)^5} = 0.454V_{S2}$$

联立方程：

$$V_S = V_{S1} + V_{S2} = 0.0167\text{m}^3/\text{s}$$

解得：

$$V_{S1} = 18.7\text{m}^3/\text{h}$$

$$V_{S2} = 41.3\text{m}^3/\text{h}$$

从以上计算结果可以看出，当流程出现分支时，每一支路的流量大小由该支路的总阻力大小决定。常减压蒸馏中的许多工艺流程存在这种情况，如初馏塔、常压塔顶的流程一般也设计成分支流程，一路出装置，另一路打入塔顶做冷回流，又如加热炉分多路进料。因此，在对这些工艺参数调节时，要考虑到偏流现象，通过调节各支路的调节阀，可以改变各个支路的总阻力 $\sum h_f$，从而改变该支路的流量。

16.3 装置标定

常减压蒸馏装置标定是为了更进一步摸清装置的现状，适应原油品种的变化，提高装置炼油加工效率。在各级部门的领导下，对装置的工艺、设备、安全、环保、能耗、物耗、产品质量等方面做较为全面标定工作。现在以某装置的标定为例，对装置的标定作一详细说明。

16.3.1 装置标定方案

（1）标定目的

① 对常减压蒸馏装置的工艺、设备、安全、环保、能耗、物耗、产品质量进行全面

标定。

② 对常减压蒸馏装置的整体性能进行标定，为了更进一步摸清装置的现状，适应原油品种的变化，提高装置炼油加工效率。

（2）标定时间

标定时间为3～7天。

（3）标定范围及内容

① 考察装置目前的最大处理能力下，生产的操作状况，产品质量情况。

② 装置的主要技术经济指标(轻油收率、总拔、损失率、综合能耗等)。

③ 装置进出物料的含硫分析，以便核算硫平衡。

④ 考察加热炉运行情况，进行工艺和能量平衡计算。

⑤ 考察常压塔、减压塔的运行情况。

⑥ 加工含硫原油对设备的腐蚀以及防腐等级的核定。

⑦ 对其他用电设备进行测试，考察运行情况及能耗情况。

⑧ 对装置的环境、大气、外排污水、工业卫生等进行监测。

⑨ 找出达到计算的综合配套加工能力和达到一次加工能力设计值时蒸馏装置、辅助装置和系统配套工程等存在的“瓶颈”。

（4）标定条件

① 装置满负荷生产，各系统操作平稳，产品质量合格。

② 确定原料油种。

③ 装置的进料和产品尽可能安排单独进罐，以确保计量准确。

④ 罐区要保证平稳操作。

（5）加工方案

确定标定时的生产方案。

（6）准备工作

按标定的工作要求与有关部门联系好。

（7）数据的采集

① 确定数据采集的时间。

② 采集装置标定的参数，包括现场记录，凡是缺温度计或流量计的位置要以点温度计或超声波流量计补测。

③ 确定装置物料平衡所需计量数据的计量单位。

（8）标定工作安排

按照标定要求作好记录，定时进行计量统计和物料平衡的计量。

（9）有关记录表格

主要包括：操作标定记录表、物料平衡表、公用工程消耗记录表、加热炉热效率标定记录、烟气标定记录表、含硫污水标定记录等。

16.3.2 标定总结

（1）标定前状况

主要介绍装置的标定前运行情况。

（2）标定目的

① 常减压蒸馏装置的工艺、设备、安全、环保、能耗、物耗、产品质量进行全面标定。

② 对常减压蒸馏装置的整体性能进行标定，为了更进一步摸清蒸馏装置的现状，适应原油品种的变化，提高装置炼油加工效率。

(3) 标定内容、项目

① 考察装置在目前的最大处理能力下，生产的操作状况，产品质量情况，装置的主要技术经济指标(轻油收率、总拔、损失率、综合能耗等)。

② 装置进出物料的含硫分析，以便核算硫平衡。

③ 加工含硫原油对设备的腐蚀以及防腐等级的核定。

④ 对其他用电设备进行测试，考察运行情况及能耗情况。

⑤ 对装置的环境、大气、外排污水、工业卫生等进行监测。

⑥ 找出达到计算的综合配套加工能力和达到一次加工能力设计值时蒸馏装置、辅助装置和系统配套工程等存在的“瓶颈”。

(4) 标定时间、计量、检测方法说明

① 对标定时间进行说明。

② 检测、计量方法说明。各单位负责的有关参数和计量情况说明。

(5) 标定条件

① 原料油种和负荷。

② 生产方案。附上标定生产方案。

③ 标定期间的产品和馏出口分析项目及频率、环保排放指标的分析项目及频率和其他相关数据的收集准确齐全。

(6) 标定情况

① 操作条件、操作参数。

② 产品质量。

③ 物料平衡。

④ 能量平衡，能耗、公用工程消耗、物耗情况等。

(7) 标定结果分析

① 装置运转状况(包括瓶颈所在)。

② 产品质量、能耗、物耗、三剂情况分析。

③ 含硫情况、分布，防腐问题、防腐手段。

(8) 总结

主要有装置存在问题，目前处理办法和改造建议等。

16.4　车间班组经济核算

炼油装置生产过程中要投入资金、劳动力、材料和设备等资源，产品销售后获得经济收入，两者相抵后取得利润，收入和支出的计量都是用同一种货币，经济核算实质上就是核算收入和支出之间的现金差额或比例。

工业产品的成本是指工厂生产某种产品所需费用的总和，成本是决定工厂经济效益最重要的因素。关于成本组成的划分，国内与国外，国内各工业系统之间略有差别。

我国石油化工系统目前采用下式表示项目总成本：

总成本费用 = 生产成本 + 管理费用 + 销售费用 + 财务费用

作为生产装置的班组经济核算内容：包括两大部分：收入部分、支出部分。

（1）收入部分

包括装置各种产品：气体、汽油等产品的产量、收率、金额；

各产品金额 = 各产品的产量 × 各产品单价

（2）支出部分

包括装置原料部分、辅助材料、燃料及动力、制造费用、生产工人工资及福利等。

① 制造费用。包括企业各个生产单位为组织和管理生产所发生的折旧费、修理费及生产单位管理人员工资、福利、办公、差旅、运输、保险、劳动保护等其他费用。

② 原材料和辅助材料。原料及主要材料指经过加工构成产品实体的各种原材料和半成品（包括添加剂）。

辅助材料指不构成产品实体但有助于产品形成的材料。

③ 燃料及动力。直接用于产品生产的燃料、水、电、汽、风等。

④ 生产工人工资及福利。直接从事生产的工人的工资、资金、津贴、补贴及福利费。

以上各项构成生产成本。

参 考 文 献

1 杨光路，侯祥麟等编．中国大百科全书(化工)．北京：中国大百科全书出版社，1987
2 侯祥麟主编．中国炼油技术(第二版)．北京：中国石化出化版社，2001
3 梁文杰主编．石油化学．山东：石油大学出版社，2005
4 林世雄等编．石油炼制工程．北京：石油工业出版社，1988
5 马伯文主编．清洁燃料生产技术．北京：中国石化出版社，2001
6 蔡风英，谈宗山等编著．化工安全工程．北京：科学出版社，2000
7 唐孟海，胡兆灵编．常减压蒸馏装置技术问答．北京：中国石化出版社，2004
8 中国石油和石化工程研究会编．炼油设备工程师手册．北京：中国石化出版社，2003
9 聂清德编．化工设备设计．北京：化学工业出版社，1991
10 钱家麟主编．管式加热炉第二版．北京：中国石化出版社，2003
11 刘运桃编．管式加热炉技术问答，第二版．北京：中国石化出版社，2000
12 蔡乔方主编．加热炉．北京：冶金工业出版社．1983
13 靖秀清等．常减压蒸馏装置系统操作，中国石油化工总公司职工培训教材编审工作委员会，1997.10
14 厉玉鸣．化工仪表及自动化．北京：化学工业出版社，1988
15 天津大学化工原理考研室．化工原理．天津：天津科学技术出版社，1983
16 中国石油化工股份有限公司科技开发部编．高硫原油加工工艺、设备及安全．北京：中国石化出版社，2001
17 张德义主编．含硫原油加工技术．北京：中国石化出版社，2003
18 王兵，胡佳，高会杰编著．常减压蒸馏操作指南．北京：中国石化出版社，2006